21世纪高等学校规划教材 | 计算机应用

U0271287

C语言程序设计基础（第2版）
——基于案例教学

肖朝晖 洪雄 何进 全文君 丛超 等 编著

清华大学出版社

北京

内 容 简 介

C语言是国内外广泛使用的计算机语言。学会使用C语言进行程序设计是一项最基本的技能。

本书是C语言程序设计教学用书，全书共分10章，依托经典教学案例，由浅入深，循序渐进，层次推进，同时兼顾全国计算机等级考试需要，介绍目前流行的计算机语言，通过案例驱动学习法帮助读者快速掌握C语言编程技术；依据C程序设计课程要求，按照教学安排配套设计分类教学模块和教学内容，依次由C程序设计基础、简单程序设计（顺序结构程序设计）、C语言语法、选择结构和循环结构程序设计、数组与函数使用、指针、预编译及复杂数据类型、文件及附录中的俄罗斯方块游戏设计，实现一个循序渐进、系统的教学模块体系，可以快速提高学习C语言编程的效率。

本书既可作为高等院校计算机专业和非计算机专业学习C语言程序设计的教材，也可供相关工程技术人员和计算机爱好者学习计算机程序设计使用。

图书在版编目(CIP)数据

C语言程序设计基础：基于案例教学/肖朝晖等编著. —2版. —北京：清华大学出版社，2020.2（2022.7重印）
21世纪高等学校规划教材·计算机应用
ISBN 978-7-302-52424-3

Ⅰ. ①C… Ⅱ. ①肖… Ⅲ. ①C语言－程序设计－高等学校－教材 Ⅳ. ①TP312.8

中国版本图书馆CIP数据核字(2019)第041780号

责任编辑：贾 斌 李 晔
封面设计：傅瑞学
责任校对：梁 毅
责任印制：丛怀宇

出版发行：清华大学出版社
　　　　　网　　　址：http://www.tup.com.cn，http://www.wqbook.com
　　　　　地　　　址：北京清华大学学研大厦A座　　　　　邮　　编：100084
　　　　　社 总 机：010-83470000　　　　　　　　　　　邮　　购：010-62786544
　　　　　投稿与读者服务：010-62776969，c-service@tup.tsinghua.edu.cn
　　　　　质量反馈：010-62772015，zhiliang@tup.tsinghua.edu.cn
　　　　　课件下载：http://www.tup.com.cn，010-83470236
印 装 者：三河市金元印装有限公司
经　　销：全国新华书店
开　　本：185mm×260mm　　印　张：19　　　　字　　数：460千字
版　　次：2011年6月第1版　2020年4月第2版　　印　　次：2022年7月第4次印刷
印　　数：4501～5500
定　　价：49.80元

产品编号：077975-01

前 言

  C 语言是目前广泛使用的一种结构化高级计算机程序设计语言。C 语言功能丰富、表达能力强、使用灵活方便、应用面广、目标程序效率高、可移植性好,既有高级语言的优点同时又兼具低级语言的优点,因此使用 C 语言不仅可以编写应用软件,也可以编写系统软件。

  目前有各种 C 语言程序设计的教材,每本教材都各有自己的特色,C 语言程序设计课程不仅应当使学生掌握程序设计的基本知识、基本方法和编程技能,对学生更应是一种理念、思维方式和知识综合应用能力的培养。本书的编写以此为出发点,其特点是:内容涵盖教育部《关于进一步加强高等学校计算机基础教学的意见》(即白皮书)及全国计算机等级考试二级考试大纲;在教材内容的组织及选材上采用基于案例教学的引导法,精选经典教学案例,引导学生形成良好的学习习惯和思维方式,同时在体系结构上具有完整性、系统性和合理性;坚持以计算机程序设计的思想和方法为核心,通过理论知识及案例的讲解,使学生从应用程序的组织、协调和控制中领会计算思维的综合应用方法。同时每章均附有习题,以培养学生的编程技能和实际应用能力。

  全书由重庆理工大学肖朝晖、洪雄、何进、全文君、丛超等老师编写,全书共分 10 章,其中第 1 章为概述,第 2 章为 C 语言基础,第 3 章为顺序结构程序设计,第 4 章为选择结构程序设计,第 5 章为循环程序设计,第 6 章为数组,第 7 章为指针,第 8 章为函数,第 9 章为复杂数据类型,第 10 章为文件,附录提供了俄罗斯方块游戏设计案例。

  本书既可作为高等院校计算机专业和非计算机专业学习 C 语言程序设计的教材,也可供相关工程技术人员和计算机爱好者学习计算机程序设计使用,同时也可作为参加全国计算机二级等级考试的参考用书。

  本书虽经反复修改,但限于作者水平,不当之处在所难免,谨请广大读者指正。

编 者

2019 年 9 月

目　录

概述

C 语言是目前世界上广泛使用的一种结构化高级程序设计语言。使用 C 语言不仅可以编写应用软件,也可以编写系统软件。本章在简要介绍程序设计与算法的基础上,通过典型而简单的 C 语言实例,引入 C 程序设计的基本方法,使读者在短期内掌握 C 程序设计的基本概念。同时,本章也对 C 语言的特点、集成开发环境 Visual C++ 6.0(简称为 Visual C++ 6.0)及其调试方法、其他常用开发语言进行了简单介绍。

1.1 程序设计与算法简介

1.1.1 计算机语言与程序设计的概念

1. 计算机语言

计算机语言是人与计算机进行交流的工具,是用来编写计算机程序的工具。按照程序设计语言的发展过程,可以分为机器语言、汇编语言和高级语言 3 类,其特点如表 1-1 所示,举例说明如表 1-2 所示。

表 1-1 3 类语言的特点比较

低级语言	机器语言	机器指令(由 0 和 1 组成),可直接执行	难学、难记 依赖机器的类型
	汇编语言	用助记符代替机器指令,用变量代替各类地址	克服记忆的难点 依赖机器的类型
高级语言		类似数学语言,接近自然语言	具有通用性和可移植性 不依赖具体的计算机类型

表 1-2 3 类语言的程序举例

机器指令	汇编语言指令	指令功能	高级语言(C 语言)

10110000
00001000
	MOV AL,3	把 3 送到累加器 AL 中	# include < stdio. h >
			void main( ) //完成 3 + 2 的运算
			{

00000100
00000001
	ADD AL,2	2 与累加器 AL 中的内容相加(即完成 2+3 的运算),结果仍存在 AL 中	int a, b, c;
			a = 3;
			b = 2;

11110100	HLT	停止操作	c = a + b;
			printf("a + b = %d\n", c);
			}

注意：由于计算机只能识别由 0 和 1 组成的机器语言，所以汇编语言和高级语言都需要翻译成机器语言才能执行。

将汇编源程序翻译为目标程序（机器语言）的过程称为汇编，如图 1-1 所示。

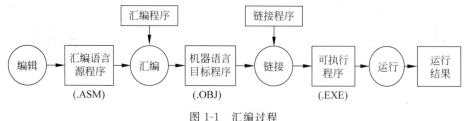

图 1-1   汇编过程

高级语言翻译为目标程序的方式有两种：解释方式和编译方式。

解释方式是将高级语言源程序逐句解释为机器语言并执行，好比口译方式，执行过程如图 1-2 所示。解释方式灵活方便，不产生目标程序，但因为是边解释、边执行，所以程序执行效率低。

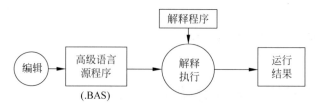

图 1-2   解释过程

编译方式是将高级语言源程序翻译成目标程序后，再链接成机器可直接运行的可执行文件，执行方式如图 1-3 所示。链接的原因是由于在目标程序中还可能要调用一些标准程序库中的标准子程序或其他自定义函数等，由于这些程序还没有链接成一个整体，因此，需通过"链接程序"将目标程序和有关的程序库组合成一个完整的"可执行程序"。由于产生的可执行程序可以脱离编译程序和源程序独立存在并反复使用，故编译方式执行速度快，但每次修改源程序后，必须重新编译。一般高级语言 C/C++、Visual Basic、Java 等都采用编译方式。

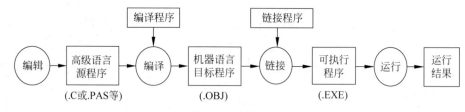

图 1-3   编译过程

说明：汇编语言源程序和高级语言源程序都是纯文本文件，可用文字编辑器生成，如记事本、Visual C++ 6.0 的新建文件功能。

2．程序设计

计算机通过执行程序来完成工作，如计算、通信、控制等。所谓程序，就是遵循一定规则并能完成指定工作的一系列指令和数据的集合。采用计算机语言对程序进行编写，以使计算机解决问题的整个处理过程就称为程序设计,计算机解决问题的基本过程如图 1-4 所示。

图 1-4 计算机解决问题的基本过程

1.1.2 算法简介

算法,就是解决某一应用问题的步骤,是程序设计的基础。例如,红、蓝两个墨水瓶中的墨水被装反了,要把它们分别按颜色归位,这就是一个"交换算法"。该算法的关键在于引入第三个瓶子,假设为白瓶子。过程如下:首先将蓝瓶子的墨水倒入白瓶子;然后将红瓶子的墨水倒入蓝瓶子;最后将白瓶子的墨水倒入蓝瓶子。

著名的计算科学家沃思(N. Wirth)提出了一个经典的公式:

$$程序＝数据结构＋算法$$

数据结构描述的是数据的类型和组织形式,算法解决计算机"做什么"和"怎么做"的问题。每一个程序都要依赖数据结构和算法,采用不同的数据结构和算法会带来程序的不同质量和效率。

一个算法应该具有如下特点:

(1) 有穷性。算法仅有有限的操作步骤(空间有穷),并且在有限的时间内完成(时间有穷)。如果一个算法需执行 10 年才能完成,虽然是有穷的,但超过了人们可以接受的限度,不能算是一个有效的算法。

(2) 确定性。算法的每一个步骤都是确定的,无二义性。例如,a 大于等于 b,则输出 1;a 小于等于 b,则输出 0。在算法执行时,如果 a 等于 b,算法的结果就不确定了。因此,该算法是一个错误的算法。

(3) 有效性。算法的每一个步骤都能得到有效的执行,并得到确定的结果。例如,如果一个算法将 0 作为除数,则该算法无效。

(4) 有 0 个或多个输入。

(5) 有 1 个或多个输出。没有输出的算法没有任何意义。

算法的表示方法有多种,这里仅介绍自然语言法、流程图法和计算机语言法。

【例 1.1】 输出两个数中较大的一个数。

方法 1:用自然语言描述。

步骤 1:输入两个任意数,分别存入变量 x 和 y 中;

步骤 2:比较 x 和 y 的值,如果 x 大于 y,则输出 x 的值,否则输出 y 的值。

可以看到,用自然语言描述易于理解,但冗长,难以描述复杂算法,例如用自然语言描述输出 10 个数的最大值就很复杂。

方法 2:用流程图表示,如图 1-5 所示。

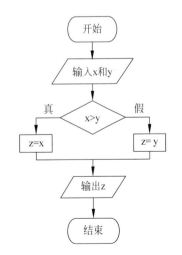

图 1-5 用流程图表示例 1.1 算法

流程图（flow chart）是用框图和流程线来表示程序的执行过程。常用的符号如表 1-3 所示，可以看到，用流程图进行描述，直观、形象、易于理解，是目前广泛使用的一种方法。

表 1-3　流程图常用的符号

图　形	名　称	说　明
→—→	流程线	表示算法的流程方向
⬭	开始、结束框	表示算法的开始和结束
▭	处理框（矩形框）	表示算法的处理步骤
▱	输入输出框	表示原始数据的输入和处理结果的输出
◇	判断框	允许有一个入口，两个或两个以上的可选择出口

方法 3：用计算机语言——C 语言进行描述。

```c
# include < stdio.h >
void main( )
{
    int x, y;
    scanf("%d, %d", &x, &y);        //输入两个整数依次存入 x,y 两个变量中
    if (x > y)                      //x 和 y 比较
     {
       printf("最大值为：%d", x);    //如果 x > y,屏幕上显示的最大值为 x 的值
     }
    else
     {
       printf("最大值为：%d", y);    //否则,即 x≤y,屏幕上显示的最大值为 y 的值
     }
}
```

输入及程序运行过程：

2, 3 ↵
最大值为：3

说明："↵"表示回车键。

【例 1.2】　求解 $1+2+3+\cdots+100$。

方法 1：用自然语言描述。

步骤 1：先求 $1+2$,得到结果 3；

步骤 2：将步骤 1 得到的和加上 3,得到结果 6；

步骤 3：将步骤 2 得到的和加上 4,得到结果 10；

　　……

步骤 99：将步骤 98 得到的和加上 100,得到结果 5050。

方法 2：流程图法,如图 1-6 所示。

方法 3：用计算机语言——C 语言进行描述。

```c
# include < stdio.h >
```

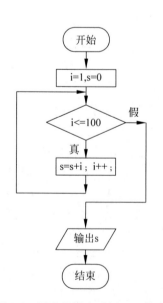

图 1-6　用流程图表示例 1.2 算法

```
void main( )
{
  int i = 1, s = 0;
  while (i <= 100)                    //当 i <= 100 时,执行 s = s + i
    {
      s = s + i;
      i++;                            //i = i + 1
    }
   printf("1 + 2 + 3 + … + 100 = %d", s);
  }
```

程序运行结果：

1 + 2 + 3 + … + 100 = 5050

1.1.3 结构化程序设计

程序设计是一门艺术,需要相应的理论、技术、方法和工具来支持。"清晰第一,效率第二"已成为当今主导的程序设计风格。C 语言就属于结构化语言的代表。

程序由以下 3 种基本结构组成。

① 顺序结构：按照从上到下的书写顺序依次执行语句。

② 选择结构：按照条件判断选择执行语句。

③ 循环结构：通过条件控制循环执行语句。

如果一个程序仅包含这 3 种基本结构,则称为结构化程序设计。结构化程序设计方法的基本思路是：把一个复杂的求解过程分阶段进行,每个阶段处理的问题都控制在人们容易理解和处理的范围内。其主要原则包括以下几个方面：

① 自顶向下,逐步求精。

② 模块化设计。

③ 限制使用 goto 语句。

1.1.4 面向对象程序设计

面向对象程序设计语言与结构化程序设计语言的根本不同点在于：前者的设计出发点是为了能直接描述客观世界中存在的对象以及它们之间的关系。C++语言、Java 语言是面向对象程序设计语言的代表。

面向对象的程序设计至少包含下面一些概念：

① 对象——是指实现世界中的一个实际存在的事物。它是面向程序设计的基本单元,具有属性(静态属性)和行为(动态属性)两个基本属性。例如,"张三"这个人就是一个对象,具有"性别""年龄"等属性和"说话""行走"等行为。

② 类——是具有相同属性和服务的一组对象的概括。例如,"张三""李四"等属性和行为相同的对象就构成了"人类"这个类。

类是对象的抽象,对象是类的实例(具体表现)。

③ 继承——一个类(称为子类)的定义可以在另一个已定义类(称为父类)的基础上进

行，子类可以获得父类中的属性和行为，也可以加入自己的属性和行为，这种方式称为继承。例如，"大学生"这个类就是"人类"的子类，它继承了"人类"的所有属性和行为，也加入了自己的属性（如专业）和行为（如学习）。

1.2　C语言简介

1.2.1　C语言的特点

C语言是一种通用的、程序结构化、面向过程的计算机程序设计语言。C语言不仅可用来实现系统软件设计，也广泛用于开发应用软件。同时它还广泛使用在大量且不同的软件平台和不同架构的计算机上，而且几个流行的编译器都采用它来实现。C语言还极大地影响了很多其他的流行程序设计语言，尤其是C++程序设计语言，该语言是C语言的一个超集。

C语言的起源与UNIX操作系统的开发紧密相连。1969年，美国贝尔实验室的Ken Thompson等人用PDP-7汇编语言编写了最初的UNIX系统；接着，又对剑桥大学的Martin Richards设计的BCPL（Basic Combined Programming Language）语言进行了简化，并为UNIX设计了一种编写系统软件的语言，命名为B语言，并用B语言为DEC PDP-7写了UNIX操作系统。B语言简单而且很接近硬件，它是一种无类型的语言，直接对机器字操作，这和后来的C语言有很大不同。1972—1973年，贝尔实验室的Denis Ritchie改造了B语言，为其添加了数据类型的概念，并由此设计出C语言。BCPL、B和C全都严格符合以FORTRAN和ALGOL 60为代表的传统过程类型语言。它们都面向系统编程、小、定义简洁，以及可被简单编译器翻译。1973年，Ken Thompson小组在PDP-11机上用C重新改写了UNIX的内核。与此同时，C语言的编译程序也被移植到IBM 360/370、Honeywell 11以及VAX-11/780等多种计算机上，迅速成为应用最广泛的系统程序设计语言。

1978年Brian Kernighan和Dennis Ritchie（合称K&R）出版了名著*The C Programming Language*第一版，这本书作为一种程序设计语言的规范说明使用了很多年。在20世纪80年代，C语言的使用广泛传播，并且编译器几乎出现在每一种机器体系结构和操作系统中，使它变成一种个人计算机上流行的编程工具。

由于没有统一的标准，使得应用于不同计算机系统上的C语言之间有一些不一致的地方，到1982年，C语言标准化势在必行。美国国家标准协会（ANSI）于1983年夏天组建了X3J11委员会，为C语言制定了第一个ANSI标准，称为ANSI C，简称标准C。1987年ANSI又公布了新标准——87 ANSI C。1988年，K&R根据ANSI C标准重新写了他们的经典著作，并发表了*The C Programming Language*，*Second Edition*。87 ANSI C在1989年被国际标准化组织（ISO）采用，被称为ANSI/ISO Standard C（即C89）。现代的C语言编译器绝大多数都遵守该标准。

1999年发布的C99在基本保留C语言特征的基础上，增加了一系列C++中面向对象的新特征，使C99成为C++的一个子集。

面向对象的编程语言目前主要有C++、C♯、Java语言。这3种语言都是从C语言派生出来的，C语言的知识几乎都适用于这3种语言。

C语言的编程环境一直在发展。美国 Borland 公司于 1987 年在 Borland Pascal 的基础上成功推出了 Tubro C,它不仅能够满足 ANSI 标准,还提供了一个集成开发环境。它不仅保留了按传统方式提供命令行编译程序的方法,更重要的是它采用了下拉式菜单,将文本编辑、程序编译、链接及程序运行等一系列过程进行了集成,大大简化了程序的开发过程。随着 Windows 编程的兴起,Borland C 和 Microsoft C(MSC,只能在 DOS 下采用命令行撰写 Windows 程序)受到用户的欢迎。目前流行的是兼容 C 语言的 Microsoft Visual C++ 6.0 集成开发环境,本书采用 VC++ 6.0 集成开发环境。

C 的成功远远超出了 Ken Thompson 和 Dennis Ritchie 等人早期的期望。很多著名系统软件,如 dBASE IV 等都是用 C 编写的,同时在图像处理、数据处理和数值计算等应用领域都可以很方便地使用 C 语言。

以下特点促进了 C 语言的广泛使用:

(1) C 语言是一种通用性语言,通用性、设计自由度大和可扩展性强使得它对许多程序员来说显得简洁紧凑、方便灵活。

(2) C 语言是一种程序结构化语言。C 语言吸取了 FORTRAN 和 ALGOL 68 语言的结构化思想,出现了结构类型和 Union 联合类型,采用了复合语句"{}"形式和函数调用模式,并具有顺序结构、条件选择结构和循环结构化程序流程。这样,对于设计一个大型程序来说,可方便程序员分工编程和调试,提高了并行编程的效率,也使得 C 语言相对于汇编语言而言具有"高级"语言的特点。

(3) C 语言继承了 B 语言中与机器字换算的特点,并吸取了汇编语言的精华,从而生成的代码质量高、运行速度快。C 代码的执行效率可达到汇编语言的 90%,使得 C 语言具有"低级"语言的特点。

C 语言提供了对位、字节和地址的操作,使得程序可以直接对内存进行访问,可以直接对硬件进行操作。

C 语言引入了宏汇编技术中的预处理器,提供文件包含♯include 和参数化宏♯define 预处理命令。在 C99 中还增加了 const 和 volatile 关键字,提高了 C 语言的可靠性。

C 语言可以方便地与汇编语言进行混合编程,这使得 C 语言的代码执行效率更接近汇编语言。

(4) 可移植性好。它适合不同架构 CPU 的微机系统和多种操作系统。不同于汇编语言或一些高级语言只能依赖机器硬件或操作系统。

(5) C 语言的应用领域很广泛。单片机、嵌入式系统和 DSP 等都将 C 语言作为自己的开发工具。尽管 C++语言发展很快,但仍然无法替代 C 语言在面向 OEM 底层开发时的应用。

C 语言虽取得了极大成功,但也有很多缺陷。如类型检查机制相对较弱、缺少支持代码重用的语言结构等缺陷,造成用 C 语言开发大程序比较困难。虽然如此,C 语言符合系统实现语言的需要,足以取代汇编语言,并可在不同环境中流畅地描述算法。更重要的是,学好 C 语言,就为学习程序设计打下坚实的基础,也为以后的工程应用打开了一扇门。

1.2.2 C 语言程序的基本结构

用 C 语言编写的程序称为 C 语言源程序,简称 C 程序。C 程序以 . c 作为文件扩展名。下面从 3 个简单的例子入手讲解 C 程序的基本结构,使读者对 C 程序有一个大概的了解。

【例 1.3】 编写一个 C 程序,功能是在屏幕上显示"Hello World!"。

```
# include < stdio. h >              //文件包含
void main( )                        / * 主函数,程序从这里开始执行. void 为函数类型,表示函
                                       数无返回值;( )里面为空,表示函数参数为空。* /
{                                   //函数体以"{"开始,"}"结束
  printf("Hello World!\n");         //调用标准输出函数 printf 在屏幕上输出信息
                                    //字符串"Helo World!", "\n"表示回车
}
```

程序运行结果:

Hello World!

【例 1.4】 编写一个 C 程序,计算两个数的和,并在屏幕上显示出结果。

```
# include < stdio. h >
void main( )
{
    int a, b, c;                    //定义 3 个整型变量 a,b,c
    a = 3;                          //把数值 3 存入变量 a 中
    b = 2;                          //把数值 2 存入变量 b 中
    c = a + b;                      //把 a + b 的结果存入变量 c 中
    printf("%d + %d = %d\n", a, b, c); //在屏幕上输出 c 的值,屏幕显示为:3 + 2 = 5
}
```

程序运行结果:

3 + 2 = 5

说明:C 语言中变量要先定义后使用。在 VC++ 6.0 中,变量的定义要放在函数体内部最前面的位置。

【例 1.5】 编写一个 C 程序,功能是任意输入两个数,在屏幕上显示出两数之和。

```
# include < stdio. h >
void main( )
{
    int a, b, c;                    //定义 3 个整型变量 a,b,c
    scanf("%d, %d", &a, &b);        //从键盘任意输入两个数到变量 a,b 中,如输入 3, 2
    c = a + b;                      //把 a + b 的结果存入 c 中
    printf("%d + %d = %d\n", a, b, c); //在屏幕上输出 c 的值,屏幕显示为:3 + 2 = 5
}
```

输入及程序运行过程:

3, 2 ↵
3 + 2 = 5

由以上例子,C 程序的基本结构如下:

① C 程序由函数组成,但有且仅有一个主函数 main(),且程序从 main()函数处开始执行,在 main()函数中结束。

② 函数由函数首部和函数体组成。函数首部由函数类型、函数名和参数组成。函数体

以大括号{}作为标志。

③ C 程序有两种注释方法："/＊　＊/"为块注释，"//"为行注释。注释可以出现在任何位置并且不参加编译。注释可以增加程序的可读性。一个好的程序应该有较多的注释，编程者应该养成写注释的好习惯。

注意：*标准 C 不支持行注释。*

④ C 程序以";"作为语句结束标志。

⑤ C 语句严格区分大小写。例如，a 和 A 就是两个截然不同的变量。

⑥ C 程序书写格式自由，可以多条语句写在一行，也可以每条语句单独写一行。在 VC++ 6.0 中，可以在 Ctrl＋A 快捷键按下后，按 Alt＋F8 进行格式调整。

⑦ C 语言的标准输入、输出函数由标准库函数中的 scanf() 和 printf() 等函数完成，但程序开头要用"♯include＜stdio.h＞"把标准库函数包含进程序中。

1.3　C 语言程序的上机步骤

1.3.1　Visual C++ 6.0 上机指南

Visual C++ 6.0 是 Microsoft 公司开发的基于 Windows 平台的 C/C++可视化集成开发工具，可以在其中编辑、编译、链接、运行、调试 C 程序。

1. 启动 VC++6.0

执行"开始"→"程序"→Microsoft Visual Studio 6.0→Microsoft Visual C++ 6.0 命令，可启动 VC++ 6.0。也可以在桌面上创建 VC++ 6.0 的快捷方式，双击该图标，即可启动 VC++ 6.0。

2. VC++ 6.0 的窗口

启动后将看到 VC++ 6.0 的主窗口，如图 1-7 所示。

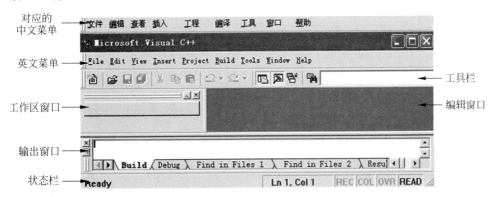

图 1-7　Visual C++ 6.0 的主窗口

3. 新建 C 程序文件

首先在本地硬盘上新建一个工作目录，这里为"D:\work"。因为编译 C 程序会生成很多文件，如.dsw、.exe 等，所以在工作目录下为所需运行的 C 程序再建一个子目录

"HelloWorld"。简单的 C 程序只包含一个源文件。选择 File→New 命令，单击如图 1-8 所示的 Files 标签，选中 C++ Source File。然后在 File 文本框中输入文件名，例如 HelloWorld.c，其中 C 程序扩展名.c 不能省略。在 Location 文本框中输入文件存放位置，例如 D：\WORK\HELLOWORLD，或单击右边的"…"按钮，进行位置选择。设置完毕后后单击 OK 按钮，便可打开 VC++ 6.0 的编辑窗口。

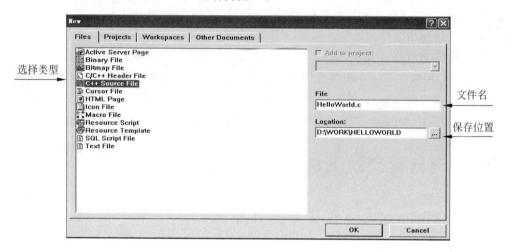

图 1-8　新建文件对话框

4．编辑文件

根据例 1.3 在文件编辑窗口输入程序代码，如图 1-9 所示。再单击 File→Save 命令或工具栏上的 Save 按钮进行保存。

图 1-9　编辑并保存文件

5．编译链接程序

如图 1-10 所示，打开 Build 菜单，选择 Compile 命令或 Build 命令对 HelloWorld.c 进行编译或编译链接，或单击编译微型条的 Compile 按钮或 Build 按钮进行。编译微型条的各工具按钮功能如图 1-11 所示。

图 1-10 编译程序

图 1-11 编译微型条的工具按钮组功能

注意：Build ＝Compile＋Link。

部分 Build 菜单中的重要菜单项的含义如表 1-4 所示。

表 1-4 部分 Build 菜单功能描述

菜 单 项	功 能 描 述
Compile	编译源代码窗口中的活动源文件,生成.obj 文件
Build	查看工程中的所有文件,并对最近修改过的文件进行编译和链接,生成.obj 和.exe 文件
Rebuild All	对工程中的所有文件全部进行重新编译和链接
Start Debug	选择该项将弹出级联菜单,主要包含有关程序调试的选项
Execute	运行应用程序

单击编译或编译链接之后,VC++ 6.0 会立即弹出一个询问对话框,如图 1-12 所示。意思是:"需要有一个活动项目的工作区才可以执行编译命令,是否要创建一个默认的项目工作区?",此时需要单击"是"按钮。

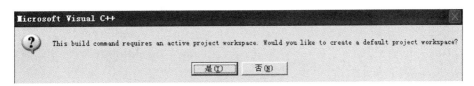

图 1-12 创建默认的项目工作区询问对话框

注意：工作区扩展名为.dsw。

6. 运行程序

选择 Build→Execute 命令,或单击编译微型条的！按钮,便可运行当前程序。当输出窗口出现"0 error(s),0 warning(s)"的提示信息后,如图 1-13 所示,VC++ 6.0 将打开一个控制台窗口,并在其中运行该程序,如图 1-14 所示,按任意键将关闭该窗口。

```
--------------------Configuration: HelloWorld - Win32 Debug--------------------
Compiling...
HelloWorld.c

HelloWorld.obj - 0 error(s), 0 warning(s)
```

图 1-13　编译和链接信息

```
D:\WORK\HELLOWORLD\Debug\HelloWorld.exe
Hello World!
Press any key to continue
```

图 1-14　程序输出窗口

说明：

① "Hello World!"是程序输出的内容。

② "Press any key to continue"按任意键继续，是编程环境输出的内容。编程环境让程序停下来，以便编程者能够观察输出结果，按任意键则关闭窗口。

③ 如果离开编程环境而运行编译后的可执行程序 HelloWorld.exe，则运行结果将一闪而过，不会停下来让我们观察。为了解决这个问题，可以在程序末加一条输入语句 getch()。

7. 调试程序

编写程序难免会出现错误，因此程序需要调试。

8. 关闭工作区

选择 File→Close Workspace 命令关闭当前工作区，此时会关闭工作区中所有已打开的文件。

下面列出 VC++ 6.0 中常用的快捷键。

Ctrl+N：新建程序　　　　　　　Ctrl+O：打开程序

Ctrl+S：保存程序　　　　　　　Ctrl+F7：Compile（编译）

F7：Build（编译链接）　　　　　Ctrl+F5：Execute Program（执行程序）

F5：Go（开始调试）　　　　　　F9：Insert/Remove BreakPoint（插入/删除断点）

F11：Step into（单步调试，可进入函数体内部）

F10：Step over（单步调试，不能进入函数体内部）

Ctrl+Break：Stop Build（停止编译链接）

Ctrl+F10：Run to Cursor（运行到光标处）

Shift+F5：Stop Debugging（取消调试）

1.3.2　打开 C 程序文件

打开 C 程序文件有多种方法，本书介绍最常用的两种。

方法一：如果用户保存了.c 文件和.dsw 等文件，可以使用 File 菜单的打开工作区功能来再次打开,如图 1-15 所示。在弹出的对话框中进行浏览,双击扩展名为.dsw 或.dsp 的文件就能打开上次编译时产生的工作区(项目),如图 1-16 所示。工作区打开后,可对上次编写的程序进行修改、编译、链接、运行、调试,如图 1-17 所示。

图 1-15 打开 C 程序文件第一步

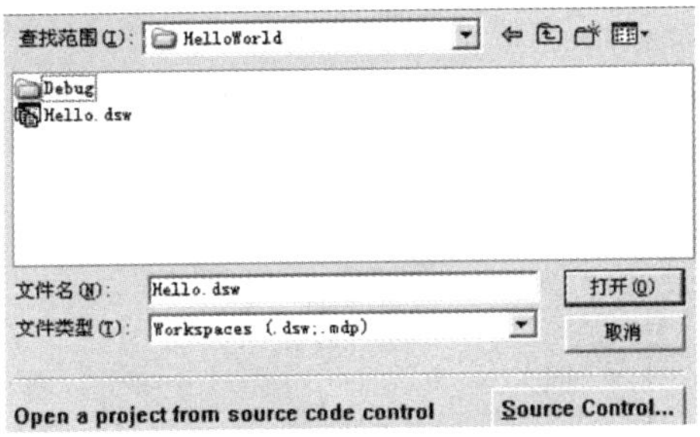

图 1-16 打开 C 程序文件第二步

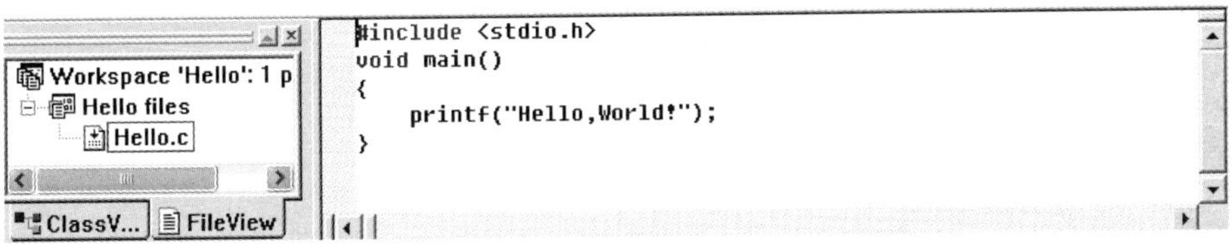

图 1-17 修改程序

方法二:如果用户仅保留了.c 文件,就不能用方法一打开。如果此时已打开了工作区则应先关闭,然后用 File 菜单的打开文件功能打开.c 文件,同样可对上次写的程序进行修改、编译、链接、运行、调试。

一个打开的工作区中可以新建(或添加)多个.c、.h 等文件,但所有文件中只能有一个主函数 main()。如果有多个主函数将产生错误,如图 1-18 所示。解决办法是把其中一个文件从工作区中移除。为此选择需要移除的文件,然后按 Delete 键,则该文件从工作区中移除(注意:不会删除该文件)。

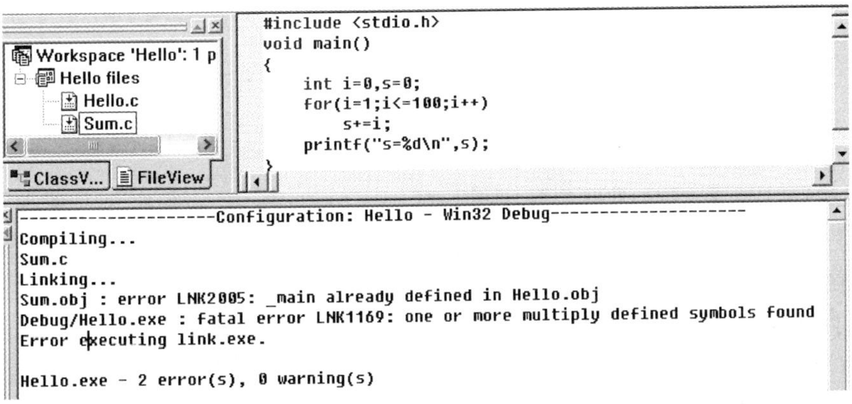

图 1-18 两个主函数引起的错误

如果需要向工作区添加已存在的文件,可右击工作区的 Hello files 行,选择 Add Files to Project(添加文件到工程)命令,如图 1-19 所示。在弹出的对话框中浏览并打开相应文件，即可成功添加。

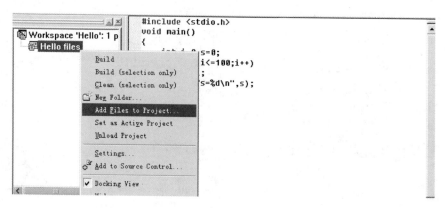

图 1-19　向工作区添加文件

注意：向工作区添加的所有文件都将参与编译。而在工作区打开之后，通过 File 菜单打开的文件不会参与编译，但可进行修改。

1.3.3　程序调试

除了较简单的情况，一般的程序很难一次就完全正确。在上机过程中，根据出错现象找出错误并改正的过程称为程序调试。我们在学习程序设计的过程中，逐步培养调试程序的能力是非常重要的。这是一种经验的积累，不可能靠几句话描述清楚，要靠读者在上机练习中不断摸索总结。

程序中的错误大致可分为 3 类：

（1）编译错误。编译错误是指程序编译时检查出来的语法错误。编译错误通常是编程者违反了 C 语言的语法规则，如大括号不匹配、语句少分号等。

（2）链接错误。链接错误是指程序链接时出现的错误。链接错误一般由未定义或未指明要链接或包含的函数，或者函数调用不匹配等因素引起。

对于编译错误和链接错误，C 语言系统会提供出错信息，包括出错位置（行号）、出错提示信息。编程者可以根据这些信息，找出错误所在。

注意：有时系统会提示一大串错误信息，但并不表示真的有这么多错误。这往往是由于前面的一两个错误带来的，所以当纠正了前几个错误后，可以再编译一次，然后根据最新的出错信息继续纠正。

（3）运行错误。运行错误是指程序执行过程中的错误。有些程序虽然通过了编译链接，并能够在计算机上运行，但得到的结果不正确。这类错误相对前两种错误较难改正，所以要求程序设计者认真分析程序的执行过程。

错误的原因一部分是程序书写错误带来的，例如应该使用变量 x 的地方写成了变量 y，虽然没有语法错误，但意思完全错了；另一部分可能是程序的算法不正确，解题思路不对。还有一些程序的计算结果有时正确，有时错误，这往往是编程时对各种情况考虑不周所致。修正运行错误的首要步骤就是错误定位，即找出出错的位置，才能予以纠正。通常先设法确定错误的大致位置，然后通过调试工具找出真正的错误。

程序调试可通过 Build 菜单下 Start Debug 子菜单进行，或在工具栏空白处右击，选择快捷菜单中的 Debug 工具条选项,还可以使用调试微型条辅助进行,如图 1-20 所示。

以下通过 3 个例子来讲解如何进行程序调试。

图 1-20 调试微型条

【例 1.6】 调试编译错误和链接错误。

以例 1.4(程序名为 HelloWorld.c)所讲解的源文件为例进行编译错误调试。

调试前,故意把倒数第二行末尾的分号删除后,再进行编译。如图 1-21 所示,得到错误提示信息的意思为"语法错误:在'}'前缺少';'"。

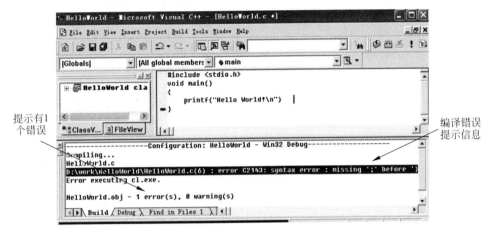

图 1-21 编译错误提示窗口

此时,可在错误信息上双击,VC++6.0 将在输出窗口高亮度显示该行提示信息,并切换到出错的源文件编辑器窗口。可以看到,在编辑窗口左侧的蓝色箭头指向了错误所在行。根据错误提示信息,把";"加在错误行前一行的末尾,修改后再进行调试。

注意:根据错误信息直接修改错误是改正编译错误和链接错误的通用方法。

【例 1.7】 调试程序运行错误。

以例 1.5(程序名为 AddTwoNum.c)源文件为例进行程序运行错误调试。

调试前,故意把程序倒数第三行的"+"号改成"-"号后,再进行编译。编译和链接均通过,但运行结果为 1,而不为 5。因此初步估计错误发生在倒数第三行 c=a-b。下面通过调试找出真正的错误。

① 在该行位置上单击,选择图 1-11 所示编译微型条的 按钮,设置一个断点。此时,该行前面出现一个红色圆点标志。也可以先将光标定位在此行,再选择编译微型条的 按钮也可以达到同样效果。

注意:断点通常用于调试较长的程序,且程序可同时设置多个断点;而 按钮的功能是程序运行到光标处暂停。

② 选择编译微型条的 按钮开始调试。程序运行该行就会暂停,如图 1-22 所示,编辑窗口中左侧的彩色箭头表示当前程序暂停的位置。

此时,在图 1-22 左下角窗口中系统自动显示了有关变量的值,其中 a 和 b 的值分别是 3、2,但变量 c 的值是任意值。这是因为程序刚运行到此处,并未执行 c=a-b 语句,因而还未对变量 c 赋值。

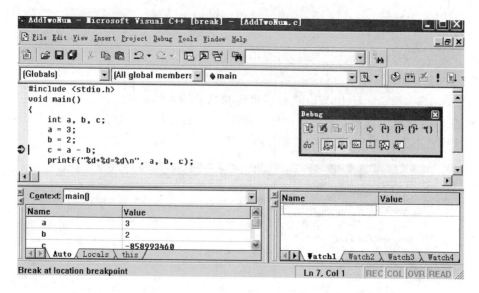

图 1-22　程序在断点处暂停

③ 选择调试工具条的 ⬚ 按钮进行单步调试。此时，箭头下移一行。如图 1-23 所示，左下角窗口中 c 的值被更新为 1（注意：变量的值更新后用红色表示）。真正的错误就是发生在这一行。因为程序需要完成的是 3＋2 的运算，而非 3－2。

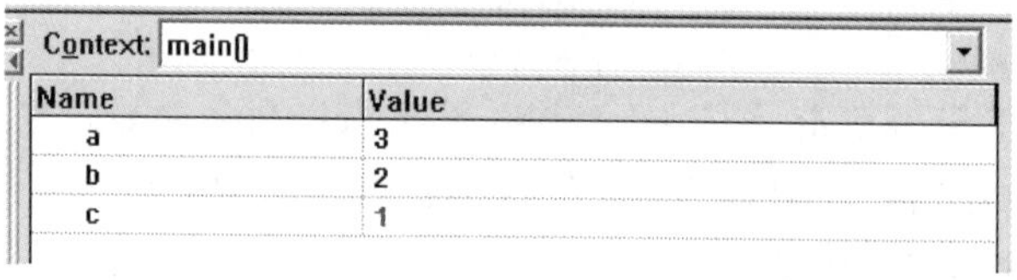

图 1-23　变量观察窗口

④ 找到真正的错误后，单击调试工具条上的 ⬚ 按钮结束调试，同时返回到程序编辑窗口进行修改。

如程序仍需再次调试，可重复以上步骤。

注意：使用断点可以使程序暂停。但一旦设置了断点，无论是否还需要调试，每次执行程序时都会在断点处暂停。因此调试结束后应取消所定义的断点。方法是先把光标定位在断点所在行，再单击编译微型条中的 ⬚ 按钮。该按钮是一个开关，第一次单击是设置断点，第二次单击是取消断点。如果想取消全部断点，可选择 Edit→Breakpoints 命令，屏幕上会显示 Breakpoints 窗口。窗口下方会列出程序中所设置的所有断点，单击 Remove All 按钮，将取消所有断点。

如果一个程序设置了多个断点，按一次快捷键 Ctrl＋F5 会暂停在第一个断点，再按一次快捷键 Ctrl＋F5 会继续执行到第二个断点暂停，依次执行下去。

【**例 1.8**】　函数跟踪调试：输入两个数，输出其中的较大值。

注意：函数相关知识点将在后面章节介绍，此处仅介绍函数的调试跟踪方法。

为讲解此部分，给出下面的例子，程序名为 max.c。

```
# include < stdio. h >
int max( int x, int y)                  /* 自定义 max 函数,x、y 为形参 */
{
    int z ;
    if (x > y)
    {
        z = x;
        }
    else
    {
        z = y;
    }
    return(z);
}
void main( )
{
    int a, b, c;
    scanf("% d, % d", &a, &b);
    c = max(a, b);                      /* 调用 max 函数,求 a 和 b 中大数,其中 a 和 b 为实参 */
    printf("max = % d\n", c);
}
```

输入及程序运行过程:

2, 3 ↵
max = 3

① 单击主函数的 scanf 语句所在行,再单击编译微型条的 按钮。程序运行到此处会暂停。

② 单击调试工具条的 按钮,进行单步调试,程序执行"scanf("%d,%d",&a,&b);"语句。此时,需要在已经打开的控制台窗口中输入变量 a、b 的值,如输入"2,3 ↵"。输入完成后,编辑窗口中光标已经下移一行,指向"c = max(a,b);"语句。

③ 由于函数调用的实质是实参传递给形参,因此需要跟踪进到函数体内部进行检查。此时,单击调试工具条的 按钮进入 max 函数,如图 1-24 所示,光标进入了 max 函数体。同时,左下角窗口中可看到形参 x、y 接收了实参 a、b 传递过来的值,因此 x=2,y=3。

注意:两个单步调试按钮的区别。

 step into 单步调试,进到函数体内部。

 step over 单步调试,不进到函数体内部。

④ 单击 按钮,继续单步调试。由于 x<y,所以程序运行到双分支 if 结构时将执行 else 后的语句。

⑤ 单击 按钮,程序执行"z=y;"语句。此时,z 被赋值为 3。

⑥ 单击 按钮,程序执行"return(z);"语句,把 z 的值返回给调用函数,即 main 函数。

⑦ 单击 按钮(或单击 按钮,跳出 max 函数体)程序已返回到 main 函数"c=max(a,b);"语句行。

⑧ 再次单击 按钮,如图 1-25 所示,c 的值被更新为 3,即 max 函数返回值。

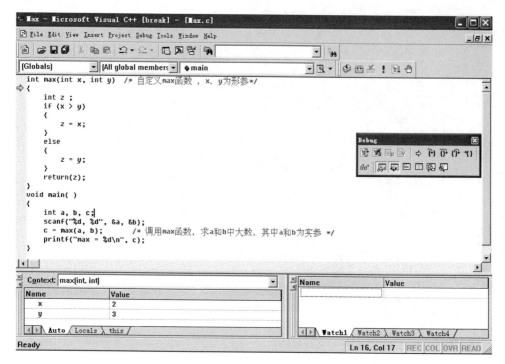

图 1-24　跟踪进入函数体内部

Name	Value
a	2
b	3
c	3

图 1-25　函数调用后的变量观察窗口

⑨ 单击 按钮，程序执行"printf("max＝％d\n"，c)；"语句，控制台窗口显示"max＝3"。

⑩ 单击试工具条上的 按钮，结束调试。

1.3.4　MSDN 简介

　　MSDN 是 Microsoft Developer Network 的首字母缩写，直译过来是微软开发人员网络。这是 Microsoft 针对开发者的开发计划，可以在 http：//msdn.microsoft.com 查看有关软件开发的资料。MSDN 不仅仅是一般的软件帮助文档，而且支持各种关键字的查询、网上动态查询等多种功能。

　　VC++6.0 安装完毕之后系统会建议插入安装 MSDN Library 的光盘，其中包括帮助文件和许多与开发相关的技术文献。

1.4　常用开发语言简介

　　目前，较为流行的面向对象开发语言有 C++、C♯、Java、JavaScript 和 Ruby，本节分别进行简要介绍。

1.4.1　C++

随着 C 语言的发展，人们认识到 C 的不足，从而发展了 C++，本书所用的编程环境
VC++ 6.0 对 C 和 C++ 都有很好的支持。C 与 C++ 的相同之处是 C++ 包括了 C 的全部内容，
也就是基本数据类型、基本语法、基本语句都一样，主要的不同之处如下：

① C 源程序文件的扩展名是.C,C++ 的源程序的扩展名是.CPP。

② C++ 比 C 多了一种输入方法——cin。

③ C++ 比 C 多了一种输出方法——cout。

④ C++ 比 C 多了一种参数类型——引用。

⑤ C++ 比 C 多了运算符重载。

⑥ C++ 比 C 多了一种内存分配方法——new。

⑦ C++ 比 C 多了类，类是面向对象编程的基础。

⑧ C 的头文件扩展名是.h,如 math.h,C++ 的头文件无扩展名,如 cmath。

在 VC++ 6.0 编程中，程序有两种风格。一种是 C 的风格，例如：

```c
# include < stdio.h >
# define PI 3.14
void main( )
{
    / * 求 (1 + 2 + … + n) π * /
    int i,n;
    float s = 0;
    scanf(" % d", &n);
    for(i = 1; i < = n; i++)
     {
     s += i;
        }
    printf("s = % f", s * PI);
}
```

源程序文件的扩展名是.c。

另一种是 C++ 风格，例如：

```cpp
# include < iostream >
using namespace std;
const float PI = 3.14;
void main( )
{
    / * 求 (1 + 2 + … + n) π * /
    int i,n;
    float s = 0;
    cin >> n;
    for(i = 1;i < = n;i++)
     {
     s += i;
        }
```

```
        cout << "s = " << s * PI;
    }
```

源程序文件的扩展名是.cpp,在 C++的程序中也可以使用 scanf()及 printf()。

1.4.2　C♯

C♯(读作 C Sharp)是 Microsoft 公司发布的一种面向对象的高级程序设计语言。C♯来源于 C++,开发效率高于 C++。但是 C♯编译后的结果是中间语言,必须运行于. NET Framework 之上。

1.4.3　Java

Java 是由 Sun Microsystems 公司于 1995 年 5 月推出的 Java 程序设计语言(以下简称 Java 语言)和 Java 平台的总称。Java 的语言特点类似于 C++。

Java 平台由 Java 虚拟机(Java Virtual Machine)和 Java 应用编程接口(Application Programming Interface,API)构成。Java 应用编程接口为 Java 应用提供了一个独立于操作系统的标准接口,可分为基本部分和扩展部分。在硬件或操作系统平台上安装一个 Java 平台之后,Java 应用程序就可运行。现在 Java 平台已经嵌入了几乎所有的操作系统。这样 Java 程序可以只编译一次,就可以在各种系统中运行。Java 应用编程接口已经从 1.1x 版发展到 1.2 版。目前常用的 Java 平台基于 Java 1.4。

Java 分为 3 个体系:J2SE(Java2 Standard Edition)、J2EE(Java 2 Platform,Enterprise Edition)和 J2ME(Java 2 Micro Edition)。

1.4.4　JavaScript

JavaScript 是由 Netscape 公司开发的一种脚本语言(scripting language),或者称为描述语言。JavaScript 于 1995 年推出,语言特点类似于 C++。JavaScript 是为了适应动态网页制作的需要而诞生的一种新的编程语言,如今越来越广泛地使用于 Internet 网页制作上。在 HTML 基础上,使用 JavaScript 可以开发交互式 Web 网页。JavaScript 的出现使得网页和用户之间实现了一种实时性的、动态的、交互性的关系,使网页包含更多活跃的元素和更加精彩的内容。JavaScript 短小精悍,又是在客户机上执行,大大提高了网页的浏览速度和交互能力。同时它又是专门为制作 Web 网页而量身定做的一种简单的编程语言。现在 JavaScript 已经是每一个主流 Web 浏览器都具备的重要特性,随着 AJAX(Asynchronous JavaScript and XML)技术的兴起,JavaScript 成了网站开发者的必学内容。

1.4.5　Ruby

Ruby 是一种功能强大的面向对象的脚本语言。1995 年 12 月松本行弘推出了 Ruby 的第一个版本 Ruby 0.95。使用 Ruby 可以方便快捷地进行面向对象编程。Ruby 简单明了,扩展性强,移植性好,使文本处理和系统管理变得简单。Ruby 是开发网站效率最高的语言之一。最新的 Ruby 开发框架是 David Heinemeier Hansson 于 2004 年 7 月推出的 Rails。

1.4.6　Python

Python(英国发音：/ˈpaɪθən/，美国发音：/ˈpaɪθɑːn/)是一种面向对象的解释型计算机程序设计语言，由荷兰人 Guido van Rossum 于 1989 年发明，第一个公开发行版发行于 1991 年。Python 是纯粹的自由软件，源代码和解释器 CPython 遵循 GPL(GNU General Public License)协议。

Python 语法简洁清晰，其特色之一是强制用空白符(white space)作为语句缩进。Python 具有丰富和强大的库。它常被昵称为胶水语言，能够把用其他语言制作的各种模块(尤其是 C/C++)很轻松地联结在一起。常见的一种应用情形是，使用 Python 快速生成程序的原型(有时甚至是程序的最终界面)，然后对其中有特别要求的部分，用更合适的语言改写，比如 3D 游戏中的图形渲染模块，性能要求特别高，就可以用 C/C++ 重写，而后封装为 Python 可以调用的扩展类库。需要注意的是，在使用扩展类库时可能需要考虑平台问题，有些可能不提供跨平台的实现。

习题 1

一、选择题

1. 最早开发 C 语言是为了编写(　　)操作系统。
   　A. Windows　　　　　B. DOS　　　　　　C. UNIX　　　　　D. Linux

2. 下面关于程序的说法中，(　　)是正确的。
   　A. 程序就是人与计算机交流的语言
   　B. 程序是指由二进制 0、1 构成的代码
   　C. 将需要计算机完成的工作写成一种形式化的指令，而这些单个的指令就是程序
   　D. 程序的设计形式是一致的

3. 下面叙述中不属于 C 语言的特点的是(　　)。
   　A. C 语言允许直接对位、字节和地址进行操作
   　B. C 语言具有可移植性
   　C. C 语言是一种面向对象的程序设计语言
   　D. C 语言数据类型丰富，功能强大，使用方便，灵活

4. 编写 C 程序一般需要经过的几个步骤依次是(　　)。
   　A. 编译、编辑、链接、调试、运行　　　　　B. 编辑、编译、链接、运行、调试
   　C. 编译、运行、调试、编辑、链接　　　　　D. 编辑、调试、编辑、链接、运行

5. 由 C 源程序文件编译而成的目标文件的默认扩展名为(　　)。
   　A. .cpp　　　　　　　B. .exe　　　　　　C. .obj　　　　　D. .c

6. C 语言程序由(　　)组成。
   　A. 子程序　　　　　　B. 函数　　　　　　C. 主程序　　　　D. 过程

7. C 语言中主函数的个数是(　　)。
   　A. 2 个　　　　　　　B. 3 个　　　　　　C. 任意多个　　　　D. 1 个

8. 下面( )不属于 C 语言集成开发环境包含的程序。

   A. 编辑程序　　　　　B. 编译程序　　　　　C. 汇编程序　　　　　D. 调试程序

二、填空题

1. 在 C 程序的编辑、编译、链接、运行和调试过程中，编译是指_____的过程。

2. 程序设计语言分为高级语言和低级语言。低级语言分为_____和_____。

3. 目前，有两种重要的程序设计方法，分别是_____和_____。

4. 程序调试的目的是_____。

5. C 程序的注释有两种，其中块注释由_____标识，行注释由_____标识。

三、程序设计题

1. 参照书上例题，运行例 1.3、例 1.4、例 1.5，熟悉 VC++ 6.0 编程环境。

2. 编写程序，输出如下信息。

```
***********************
            HOW ARE YOU
-----------------------
```

第 2 章

C语言基础

本章介绍 C 语言的基础知识,主要内容包括标识符、数据类型、常量形式、变量、运算符、表达式、输入输出函数及程序的良好结构。

2.1 标识符

在 C 语言中,通常采用具有一定含义的名字来表示程序中的数据类型、变量、函数等,以便能按照名字来访问这些对象,这个名字就叫标识符。

标识符仅允许使用下画线"_"、数字字符(0~9)、英文小写字母和英文大写字母 4 种字符,并且标识符的第 1 个字符必须是英文字母或下画线。ANSI C 语言规定,函数外部标识符由 1~6 个字符组成,函数内部标识符由 1~31 个字符组成;VC++ 6.0 允许标识符由 1~247 个字符组成。

如 stud、a_stud、i、j、s、a、x1、x2、_p,这些都是合法的标识符。

在 C 语言中,大写字母与小写字母是不同的字母,如 ch 与 Ch 是不同的标识符,在编程时应注意区分大小写。

有些字符的组合是不能作为标识符的,如 char、if 等,这是因为它们已经被系统使用,系统使用的标识符称为关键字。关键字是系统规定的专用的字符序列,不能当作普通标识符使用。这和其他程序设计语言一致,每种语言都有自己的关键字。

下面列出了 C 语言的一些主要关键字。

数据类型:char,int,float,double,void

输入输出:scanf,printf,getchar,putchar,getch,getche

语句:if,else,switch,case,default,break,while,for,do,continue,goto,return

运算符:sizeof

关于 C 语言的各关键字及其用途,请参阅附录 B。

编程者在程序中定义的标识符应该是易读、易记、易懂的。如根据程序中变量的含义,可用意思相同或相近的英文单词或汉语拼音作标识符。

循环变量常用 i、j 或 k 表示。和的变量常用 s 表示。常量标识符常用大写字母表示,如 PI。

2.2　C 语言的数据类型

C 语言中包括了丰富的数据类型，按照数据类型的构造方式，可以分为基本数据类型、构造类型（也称派生类型）和其他类型，如图 2-1 所示。

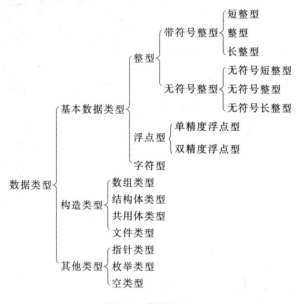

图 2-1　数据类型

在 VC++ 6.0 中，基本数据类型的数据在内存中所占的字节数和数据的取值范围如表 2-1 所示。

表 2-1　VC++ 6.0 中基本数据类型的数据所占空间与取值范围

类　　型	长度(Byte)	取　值　范　围
char(字符型)	1	$-128 \sim 127$
unsigned char(无符号字符型)	1	$0 \sim 255$
signed char(有符号字符型)	1	$-128 \sim 127$
int(整型)	4	$-2\ 147\ 483\ 648 \sim 2\ 147\ 483\ 647$
unsigned int(无符号整型)	4	$0 \sim 4\ 294\ 967\ 295$
signed int(有符号整型)	4	同 int
short(短整型)	2	$-32\ 768 \sim 32\ 767$
unsigned short(无符号短整型)	2	$0 \sim 65\ 535$
signed short(有符号短整型)	2	同 short
long(长整型)	4	$-2\ 147\ 483\ 648 \sim 2\ 147\ 483\ 647$
signed long(有符号长整型)	4	同 long
unsigned long(无符号长整型)	4	$0 \sim 4\ 294\ 967\ 295$
float(单精度浮点型)	4	$\pm(3.4 * 10^{-38} \sim 3.4 * 10^{38})$，6 位有效数字
double(双精度浮点型)	8	$\pm(1.7 * 10^{-308} \sim 1.7 * 10^{308})$，16 位有效数字

C 语言提供了一个测定数据类型的数据所占空间字节数的运算符 sizeof,使用格式为:

sizeof(数据类型或数据)

【例 2.1】 用 sizeof 运算符测定数据类型的数据所占空间的字节数。

分析:%d 表示对应表达式的值按十进制输出,\n 表示输出一个换行符使得下一次输出从新行开始。

```
#include <stdio.h>
void main( )
{
    printf("char:%d 字节\n", sizeof(char));
    printf("short:%d 字节\n", sizeof(short));
    printf("int:%d 字节\n", sizeof(int));
    printf("long:%d 字节\n", sizeof(long));
    printf("float:%d 字节\n", sizeof(float));
    printf("double:%d 字节\n", sizeof(double));
}
```

程序运行结果:

char:1 字节
short:2 字节
int:4 字节
long:4 字节
float:4 字节
double:8 字节

说明:

① 存储有符号整数时,以其最高位(即最左边一位)表示数的符号,以 0 表示正,以 1 表示负。

② 存储无符号整数时,不再有符号位,所有的位都用来表示数值,也就是只能存正数,不能存负数。与同样长度的有符号正数相比,它所能表示的正数范围扩大了一倍。

③ 字符型数据也分为 unsigned 和 signed。signed char 表示的 ASCII 码范围为 $-128 \sim 127$,而 unsigned char 表示的 ASCII 码范围为 $0 \sim 255$。

注意:

① 基本数据类型是编译系统已定义的类型,其特点是它的值不可以再分解为其他类型。

② 构造数据类型是用户自定义的类型,是根据已定义的一个或多个数据类型构造出来的。一个构造类型的值可以最终分解到基本数据类型的若干个"成员"或"元素"。在 C 语言中,构造类型主要有数组类型、结构体类型、共用体(联合)类型和文件类型。

③ 指针类型是一种特殊的又非常重要的数据类型。它用来表示某个变量在内存储器中的存放地址。指针提供了动态处理变量的能力,使得 C 语言在应用上更加灵活。指针变量不同于整型量,它们一个代表地址、一个代表数值,一定不能混淆。其类型说明符为"*",在第 7 章将做详细介绍。

④ 空类型的主要用途有二:一是在调用函数值时,用作函数的返回类型;二是用作指

针的基本类型，描述一个可以指向任何数据的指针。其类型说明符为 void。

2.3　常量

常量是在程序运行中不可改变的量。在 C 语言中，常量可分为 5 种类型：数值型常量、字符型常量、字符串常量、符号常量、枚举型常量。

2.3.1　数值型常量

数值型常量包括整型常量和实型常量。

1. 整型常量

C 语言中，整型常量有十进制、八进制、十六进制 3 种形式。以 0 开头的数字系列是八进制数，以 0x 或 0X 开头的数字系列是十六进制数，其他情况是十进制数。下面是合法的整型常量：

20——十进制正数

0757——八进制正数

0x5a——十六进制正数

−32 767——十进制负数

−066——八进制负数

−0xfa——十六进制负数

在字长为 16 位的系统中，整数的范围为−32 768～32 767，超出该范围的整数，要用长整数（32 位）表示。整数后面加字母 l 或字母 L 表示长整数，例如，1276699990L，系统会用 4 个字节来存储，长整数的范围为−2 147 483 648～2 147 483 647。

在字长为 32 位的系统中，整数默认为长整数，不需要加 L，例如，1 276 699 990。

2. 实型常量

1）实型数据表示方法

实型也称为浮点型。实型数据也称为实数（real number）或者浮点数（floating point number）。在 C 语言中，实数有两种形式：十进制小数形式和指数形式。

（1）十进制小数形式：由数字 0 ～ 9 和小数点组成。注意，必须有小数点，且小数点的前面或后面必须有数字。

例如，3.141 592 6、0.0、0.1、7.0、780.、−25.860 等均为合法的实数。

（2）指数形式：由十进制数（基数）、加阶码标志 e 或 E 以及指数（阶码，只能为整数，可以带符号）组成。

其一般形式为：

a E n(a 为十进制数——基数，n 为十进制整数——阶码)

其值为 $a \times 10^n$。

如：1.6E2(等于 1.6×10^2)、$-4.7E-6$(等于 -4.7×10^{-6})、$5.2E-5$(等于 5.2×10^{-5})、$0.2E3$(等于 0.2×10^3)。

注意：阶码标志 e(或 E)之前必须有数字，且 e 后的指数必须为整数。例如，e3、2.7e3.5、e 都是不合法的指数形式。标准 C 允许浮点数使用扩展名。扩展名为 f 或 F 即表示该数为浮点数，如 356f 和 356.是等价的。

虽然 C 语言没有规定指数形式中基数部分和指数部分的取值，但建议使用规范化的指数形式。规范化的指数形式：在字母 e(或 E)之前的小数部分中，小数点左边有且仅有一位非零数字。例如，3.5478e2 就是规范化的指数形式。

2）实型数据在内存中的存放形式

实型数据一般占 4 字节(32 位)内存空间。与整型数据的存储方式不同，实型数据按指数形式存储。系统把一个实型数据分为小数部分和指数部分分别存放。指数部分采用规范化的指数形式表示。例如，实数 7.15731 在内存中的存放形式如图 2-2 所示。

图 2-2 实型数据的存放

图 2-2 中是用十进制形式来表示的，实际上计算机中是用二进制来表示小数部分，以及用 2 的幂次来表示指数部分的。对于 4 个字节中，究竟用多少位来表示小数部分，多少位来表示指数部分，标准中并未规定。小数部分占的位(bit)数越多，数的有效数字越多，精度越高。指数部分占的位数越多，则能表示的数值范围越大。

2.3.2 字符型常量

字符型常量简称字符，是用单引号括起来的一个字符，例如，'x'、'a'、'A'、'b'、'$'、'#'。

注意：单引号只用来表示字符常量，不是字符常量的一部分，所用单引号必须是半角符号。字符常量在计算机内存中占一个字节。字符型数据在内存中存储该字符的 ASCII 码，如'A'的 ASCII 码为 65，在内存中存储形式为 01000001。

2.3.3 转义字符

有些字符无法通过键盘输入，因而要用转义字符来表示，同时能通过键盘输入的字符也可用转义字符表示。C 语言用反斜杠"\"来表示转义字符，有 3 种表示方法：

① 用反斜杠开头后面跟一个字母代表一个控制符。

② 用"\\"代表字符\，用"\'"代表单引号'，用"\""代表双引号"。

③ 用"\"后跟 1～3 个八进制数代表 ASCII 码为该八进制数的字符；用"\x"后跟 1～2 个十六进制数代表 ASCII 码为该十六进制数的字符。转义字符见表 2-2。

注意：字符常量'\0'与'0'是不同的字符，'\0'表示 ASCII 码为 0 的字符即空字符，'0'是字符 0，ASCII 为 48，见附录 A。

表 2-2 转 义 字 符

字符形式	功　　能	字符形式	功　　能
\0	字符串结束符	\f	走纸换页
\n	换行	\\	反斜杠字符\
\t	横向跳格	\'	单引号字符
\v	纵向跳格	\''	双引号字符
\b	退格	\ddd	ASCII 码为八进制数 ddd 的字符
\r	回车	\xhh	ASCII 码为十六进制数 hh 的字符

【例 2.2】 通过输出结果观察转义字符的作用。

分析：'\x40'是用十六进制数 40 表示的转义字符，其十进制为 64，字符为@；'\101'是用八进制数 101 表示的转义字符，其十进制为 65，字符为 A，见附录 A。'\\'表示字符\；'\''表示字符'；'\"'表示字符"；%c 表示按字符输出。

```
# include < stdio. h >
void main( )
{
  printf(" % c, % c, % c, % c, % c\n", '\x40', '\101', '\\', '\'', '\"');
}
```

程序运行结果：

@ , A , \ , ' , "

注意：字符 A 有 3 种表示方法（'A'、'\x41'和'\101'）。

2.3.4　字符串常量

字符串常量简称字符串，是用双引号括起来的零个或多个字符系列，例如，"a"、"12"、"abc"、"C 语言"。

注意：

① 每个字符串都包含字符串结束符'\0'，也就是空字符。

② "a"与'a'不同，"a"包含两个字符'a'及'\0'，在存储时占两个字节，'a'在存储时占一个字节。例如，

char c; c = 'A'; / * 正确 * / 而 c = "A"; / * 错误 * /

③ ""是空串，仅含字符'\0'。

2.3.5　符号常量

C 语言中，用宏 # define 来定义符号常量，例如，# define PI 3.14，PI 就代表 3.14。

符号常量的好处是标识符有一定的含义，容易让人明白。

枚举常量将在后面介绍。

符号常量在使用之前必须先定义，其一般形式为：

define 标识符 常量

其中♯define 也是一条预处理命令(预处理命令都以"♯"开头),称为宏定义命令(在后面第 8 章的编译预处理中将进一步介绍),其功能是把该标识符定义为其后的常量值。一经定义,以后在程序中所有出现该标识符的地方均代之以该常量值。一般习惯上符号常量的标识符用大写字母,变量标识符用小写字母,以示区别。

【例 2.3】　符号常量的使用。

```
# define LENGTH 30
# include < stdio. h >
void main( )
{
int area, width;
width = 10;
area = width * LENGTH;
printf("area = % d",areal);
}
```

程序运行结果:

area = 300

程序分析:

使用符号常量参与运算,符号常量与变量不同,它的值在其作用域内不能改变,也不能再被赋值。使用符号常量的好处是:含义清楚;能做到"一改全改"。

2.4　变量

变量是指其值可以改变的量。一个变量应该有一个名字,在内存中占据一定的存储单元。变量在使用之前必须进行定义——即为每个变量取一个名称(变量名),同时规定它的数据类型,以便编译时根据数据类型分配存储空间。

2.4.1　变量的定义

变量是在程序运行中可以改变的量。变量是通过数据类型来定义的,变量在内存中占一定的存储空间,各种变量所占的存储空间由数据类型决定,见表 2-1。

例如,int x 定义了整型变量 x,在内存中占 4 个字节。char ch 定义了字符型变量 ch,在内存中占 1 个字节,如图 2-3 所示。

下面是定义变量的一些例子:

地址	存储单元	变量名
...		
1000		
1001		
1002		x
1003		
1004		
1005		ch
1006		
...		

图 2-3　存储空间

```
char c;
double wage;
int month = 12; //在定义时,可对变量初始化
char ch = 'w';
int m, n;        //可在类型标识符后连续定义同类型
                 //多个变量,但变量间必须以逗号分隔
```

说明：

① 使用变量必须"先定义,后使用"。

② 在同一程序块中,每一个变量都有唯一的名称,不能重复定义。

2.4.2　变量的赋值

C语言中赋值运算符是"="，通过赋值可以改变变量的值,赋值运算符的格式为：

变量 = 表达式

说明：

① "="是赋值符号,不是等于号。等于号用"= ="表示,等于号属于关系运算符。

② 赋值运算的方向为由右向左,即将"="右侧表达式的值赋给"="左侧的变量,执行步骤为先计算表达式的值,再向变量赋值。

③ C语言把赋值号连接变量和表达式的式子称为赋值表达式。如 a=4+6 是一个赋值表达式。赋值表达式的值就是赋值后左边变量的值。可以将一个赋值表达式的值再赋给另一个变量。例如,b=(a=4+6),省略括号后变为 b=a=4+6。

注意：赋值号"="左边只能是变量,不能是常量或表达式,因为只有变量才有存储空间,才能接受赋值。

【例 2.4】　定义变量,并给变量赋值。

分析：变量赋值后的结果如图 2-4 所示,为便于分析,用了十六进制形式。内存中存的是二进制形式,如 f3 在内存中是 1111011。%x 表示对应的表达式按十六进制输出。

```
# include < stdio. h >
void main( )
{ unsigned int y;
   char ch;
   y = 0x1afe1f3;
   ch = 'A';
   printf(" % x , % x , % c\n", y, ch, ch);
}
```

地址	存储单元	变量名
...		
1000	f3	
1001	e1	
1002	af	y
1003	1	
1004	41	ch
1005		
1006		
...		

图 2-4　存储单元

程序运行结果：

1afe1f3, 41, A

一个变量定义后,涉及 3 个相关的内容：变量名、变量的存储空间、变量的地址,在例 2.3 中,变量 y 的变量名是 y,其存储空间为 4 个字节；变量 y 的地址是 1000,是 y 的存储空间的首字节的地址。

【例 2.5】　给字符变量赋值的 6 种方式。

分析：给字符型变量 c1、c2、c3、c4、c5 和 c6 赋值后,它们的值都是字符 A 的 ASCII 码 65,按字符输出也得到字符 A,按十进制输出时得到整数 65。用逗号分隔的多个赋值表达式"c1='A',c2='\x41',c3='\101',c4=65,c5=0x41,c6=0101;"由于只有一个分号,因而格式上是一条语句。

```
#include<stdio.h>
void main( )
{
    char c1, c2, c3, c4, c5, c6;
    c1 = 'A', c2 = '\x41', c3 = '\101', c4 = 65, c5 = 0x41, c6 = 0101;
    printf("%c, %c, %c, %c, %c, %c \n", c1, c2, c3, c4, c5, c6);
    printf("%d, %d, %d, %d, %d, %d \n", c1, c2, c3, c4, c5, c6);
}
```

程序运行结果：

```
A, A, A, A, A, A
65, 65, 65, 65, 65, 65
```

2.5 运算符与表达式

2.5.1 算术运算符和算术表达式

1. 基本算术运算符

① ＋ （加法运算符或正值运算符，如 $3+5$，$+3$）
② － （减法运算符或负值运算符，如 $5-2$，-3）
③ ＊ （乘法运算符，如 $3*5$）
④ ／ （除法运算符，如 $5/3$）
⑤ ％ （模运算符，或称求余运算符，要求％两侧均为整数数据，例如 $7\%4$ 的结果为3）

如果参加除法运算为两个整数，则相除结果为整数，如 $5/3$ 的结果为 1，舍去小数部分；如果参加运算的两个数中有一个数为实数，则按实数进行运算，结果是实数，如 $5/3.0$ 的结果为 1.66667。

2. 算术表达式和运算符的优先级与结合性

用算术运算符和括号将运算对象（也称操作数）连接起来的、符合 C 语法规则的式子，称为算术表达式。运算对象包括常量、变量、函数等，单独的常量或变量也是算术表达式，下面都是合法的算术表达式：

```
35
x
x + y
x * y / z - 1.5 + 'a'
```

说明：字符 a 的 ASCII 码（整数）97 参与运算。

2.5.2 赋值表达式和复合赋值运算符

赋值运算符"＝"在给变量赋值的同时，还将左边的变量与右边的表达式连接起来构成了赋值表达式。赋值表达式的值是赋值后变量的值。例如：

```
int x = 2;
printf("%d", x = 4);        赋值后输出 4
```

在赋值符"="之前加上其他运算符，构成复合赋值运算符。如果在"="前加一个"+"运算符就构成了复合运算符"+="。例如：

```
a += 3              //等价于 a = a + 3
x *= y + 8          //等价于 x = x * (y + 8)
x %= 3              //等价于 x = x % 3
```

凡是二元（二目）运算符，都可以与赋值符一起组成复合赋值运算符。C语言规定可以使用 10 种复合赋值运算符：①+=，②-=，③*=，④/=，⑤%=，⑥<<=，⑦>>=，⑧&=，⑨^=，⑩|=。

2.5.3　逗号表达式

用逗号把表达式连接起来得到的表达式称为逗号表达式。系统会逐个计算各个表达式的值，并把最后一个表达式的值作为逗号表达式的值。例如：

```
int x = 2, y = 2, z; z = (x+1, y++, x * y); printf("%d", z);       //输出结果 6
```

2.5.4　自增自减运算符

1. C语言的自增自减运算符

在C语言中提供了两个特殊的运算符：自增运算符"++"和自减运算符"--"。自增运算符"++"的功能是使变量的值自增 1。自减运算符"--"的功能是使变量值自减 1。它们均为单目运算，都具有右结合性，可以出现在运算符的前面或后面。有以下几种形式：

++i　　　i 自增 1 后再参与其他运算。

--i　　　i 自减 1 后再参与其他运算。

i++　　　i 参与运算后，i 的值再自增 1。

i--　　　i 参与运算后，i 的值再自减 1。

注意区分"++"（或"--"）出现在运算变量的前面还是后面，这决定着变量使用前进行加（减）操作，还是使用后进行加（减）的操作。例如 i 的初值为 3，则 j=++i 是先执行 i 加 1 后，再把 i 的值 4 赋给 j，最终 i 和 j 的值均为 4；而 k=i++ 是先把 i 的值 3 赋给 k 后，再执行 i 加 1，最终 k 的值为 3，i 的值为 4。

使用自增、自减运算符时，需注意以下几点：

* 自增运算符（++）和自减运算符（--）只能用于变量，而不能用于常量或表达式。例如，++26 或（a-b）++ 是不合法的。
* 自增、自减运算符是单目运算符，其优先级高于基本的算术运算符，与单目运算符"-"（取负值）的优先级相同，其结合方向是"自右至左"。

【例 2.6】　自增自减运算

```
#include<stdio.h>
void main()
```

```
{
    int i = 8;
    printf(" % d\n",++i);
    printf(" % d\n", -- i);
    printf(" % d\n",i++);
    printf(" % d\n",i-- );
    printf(" % d\n", - i++);
    printf(" % d\n", - i-- );
}
```

程序运行结果：

```
9
8
8
9
 - 8
 - 9
```

程序分析：

i的初值为8,输出语句第1行i加1后输出故为9；输出语句第2行减1后输出故为8；第3行输出i为8之后再加1(为9)；第4行输出i为9之后再减1(为8)；第5行输出-8之后再加1(为9),第7行输出-9之后再减1(为8)。注意,-i++和-i--之前的"-"为取负值运算符,因此按照结合性这两个表达式相当于-(i++)和-(i--)。

当自增、自减运算符出现在较复杂的表达式或语句中时,常常难以弄清,因此应仔细分析。

2．表达式使用中的问题说明

C语言中有的运算符为一个字符,有的运算符由两个字符组成,在表达式中如何组合呢？C编译程序在处理时会尽可能自左至右将若干个字符组成一个运算符(在处理标识符、关键字也按同一原则处理),如,a+++b将解释为(a++)+b。为避免误解,最好不要写成前一种,应写成后一种带括号的形式。

C语言的运算符和表达式使用灵活,利用这一点可以巧妙处理许多问题。但标准C并没有具体规定表达式中的子表达式的求值顺序,允许各编译系统自行安排。例如,对于调用函数

```
x = f1( ) + f2( )
```

各编译系统调用函数f1和f2的顺序并不相同,有时造成的结果也会不同,因此务必小心谨慎。

又如,i的初值为3,有以下表达式：

```
(i++) + (i++) + (i++)
```

有的系统按自左至右顺序求解括号内的运算,结果表达式相当于3+4+5,即12。而另一些系统(如 Turbo C)把3作为表达式中所有i的值,因此3个i相加,得到表达式的值为9。在求出表达式的值后再实现自加3次,i的值为6。应避免出现这种歧义,如想得到12,

可以将程序改写成下列语句：

```
i = 3;
a = i++;
b = i++;
c = i++;
d = a + b + c;
```

执行完上述语句后,d 的值为 12,i 的值为 6。虽然语句多了,但不会引起歧义。类似地还有"printf("%d,%d",i,i++);",也应改为两个语句

```
j = i++;printf("%d,%d",j,i);
```

总之,应尽量避免写出引起歧义的程序。

2.5.5　强制类型转换符

强制类型转换符就是"()",它是单目运算符,它把表达式的类型强制转换成小括号中的"数据类型名"所指定的类型。

其一般形式为：

(类型说明符)(表达式)

其功能是把表达式的运算结果强制转换成类型说明符所表示的类型。

例如：

```
(int) a             /* 把 a 转换为整型 */
(float)(x + y)      /* 把 x + y 的结果转换为实型 */
```

在使用强制转换时应注意以下问题：

- 类型说明符和表达式都必须加括号,单个变量可以不加括号。例如,不要把(int)a 写成 int(a)。上式(float)(x+y)如写成 float x+y 则只是将 x 转换成实型,再与 y 相加。
- 无论是强制转换或是自动转换,都只是为了本次运算的需要而对变量的数据长度进行的临时性转换,并不改变数据说明时对该变量定义的类型。例如,(int)a,如 a 原指定为 float 型,则进行强制类型转换后,得到一个 int 型的中间变量,它的值等于 a 的整数部分,而 a 的类型不变,仍为 float 型。

【例 2.7】 强制类型转换

```
#include < stdio.h >
void main( )
{
float a = 3.14;
int x;
x = (int)a;
printf("x = %d,a = %f\n",x,a);
}
```

程序运行结果：

```
x = 3,a = 3.140000
```

程序分析：

本例表明，a 虽强制转为 int 型，但只在运算中起作用，是临时的，而 a 本身的类型并不改变（仍为 float 型）。因此，(int)f 的值为 3（删去了小数）而 f 的值仍为 3.14。

在程序中利用强制类型转换可把已有变量转换为所需的类型，这样可避免在程序中多定义变量，节约内存空间。例如，sqrt() 开平方函数要求参数必须是双精度实型。如原来定义变量 x 为 int 型，在调用 sqrt() 时可用 sqrt((double)x)，把 x 的数据类型强制类型转换成 double 型。例如，"%"求余（也称求模）运算符要求两侧运算对象均为整型，若 a 为 float 型，则"a%32"不合法，必须对 a 进行强制类型转换：(int)a%32。因为强制类型转换运算优先级高于%运算，所以先进行(int)a 的运算，得到一个整型的中间量，然后对 32 求余。此外，在函数调用时，有时为了使实参与行参类型相一致，可以用强制类型转换运算符得到一个所需类型的参数。

2.5.6　关系运算符

C 语言提供了 6 种关系运算符：

① ＜　　（小于）

② ＜＝　（小于等于）

③ ＞　　（大于）

④ ＞＝　（大于等于）　　//①②③④优先级相同（高）

⑤ ＝＝　（等于）

⑥ !＝　（不等于）　　　//⑤⑥优先级相同（低）

详细情况请参见第 4 章。

2.5.7　逻辑运算符

C 语言提供 3 种逻辑运算符：

① &&　（逻辑与）　　　//相当于其他语言中的 AND

② ‖　　（逻辑或）　　　//相当于其他语言中的 OR

③ !　　（逻辑非）　　　//相当于其他语言中的 NOT

详细情况请参见第 4 章。

2.5.8　位运算符

C 语言提供 6 种位运算符：

① &　　（按位与）

② |　　（按位或）

③ ^　　（按位异或）

④ ～　　（按位取反）

⑤ ≪　　（位左移）

⑥ ≫　　（位右移）

2.5.9　运算符的优先级和结合性

C语言允许各种运算符组合在一起进行混合运算操作。因此，必须知道运算符的优先级。所谓"运算符的优先级"，是指不同的运算符运算的先后顺序。详见表2-3。

表2-3　运算符的优先级和结合性

优先级	运算符	运算符类型	运算对象的个数	结合性
1	（　）　［　］　->　.	基本	1个 单目运算符	自左至右
2	！　～　++ --　&　* sizeof （类型名）　+(正) -(负)	单目	2个 双目运算符	自右至左
3	*　　/　　%	算术	2个 双目运算符	自左至右
4	+　　-		2个 双目运算符	自左至右
5	≪　　　≫	移位	2个 双目运算符	自左至右
6	<　　<=　　>=　　>	关系	2个 双目运算符	自左至右
7	==　　!=		2个 双目运算符	自左至右
8	&		2个 双目运算符	自左至右
9	^	位逻辑	2个 双目运算符	自左至右
10	|		2个 双目运算符	自左至右
11	&&		2个 双目运算符	自左至右
12	||	逻辑	2个 双目运算符	自左至右
13	?:	条件	3个 三目运算符	自右至左
14	=　*=　/=　+= -=　%= ≪=　≫=　&=　^=　|=	赋值	2个 双目运算符	自右至左
15	,	逗号	n个	自左至右

说明：

运算符的优先级在表2-3中从上到下依次递减。所有运算符的优先级共分15级。基本运算符的优先级最高（为1级），逗号运算符的优先级最低（为15级）。

在分析C程序或编写程序时，要注意运算符的作用及其运算分量的个数。因为有些运算符虽"外表"一样，但却属于不同类型的运算符，例如：a*b，其中运算符"*"是乘号，它有左右两个分量。而在*p*a中，左边的"*"是单目运算符，只有一个运算分量，其作用是取出p(指针量)所指向内存单元的内容；右边的"*"是双目运算符，表示两数相乘。再比如-a-b中左边的"-"是单目运算符，只有一个运算分量，其作用是取变量a的负值；右边的"-"是双目运算符，表示两数相减。

2.5.10　各数据类型间的混合运算

前面讨论了不同类型的数据类型（整型、实型、字符型），它们之间是可以混合运算的，例如，整型与字符型之间可以通用。所以下面的表达式：

$$6.7+365-'a'*6+89563.9-58$$

是合法的。不同类型的数据在一起运算时，需要转换为相同的数据类型，然后进行运算。转换的方式采用自动类型转换，也称为隐式转换。自动类型转换是指系统根据规则，自动将不同数据类型的运算对象转换成同一数据类型的过程。对于某些数据类型，即使两个运算对象的数据类型完全相同，也要进行转换，例如，都是 char 或都是 float。

转换的原则就是为两个运算对象的计算结果尽可能提供多的存储空间。当运算符两端的运算对象的数据类型不一致时，在运算前先将类型等级较低的数据转换成等级较高的数据——保值转换。具体规则如图 2-5 所示。

图 2-5 中横向向左的箭头表示必定要进行的转换，如字符型必定先转换为 int 型，short 型转换为 int 型，float 型数据在运算时一律先转换为 double 型，以提高运算精度（即使两个 float 型数据相加减，也要先都转换为 double 型，然后再运算）。

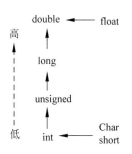

图 2-5 数据类型的转换关系

纵向的箭头表示当运算对象为不同类型时转换的方向。例如 int 型与 double 型数据进行运算，则先将 int 型的数据转换为 double 型，然后再在两个同一类型（double 型）的数据间进行运算，其结果为 double 型。注意，箭头方向只是表示数据类型级别的高低，由低向高转换，实际运算时不需逐级转换，可由运算对象中级别低的直接转换为级别高的。例如，int 型数据与 double 型数据进行运算，直接将 int 型转换为 double 型，而不必先转换为 unsigned int 型后再转换为 double 型。

例如，有如下定义

```
int i;
float j;
double k;
long m;
```

则对表达式"25＋'c'＋i＊j－k/m"运算时，计算机按自左至右的各优先级顺序扫描运算，转换步骤如下所示：

① 计算 i＊j，将 i,j 转换为 double 型，结果为 double 型。

② 计算 k/m，先将 m 转换为 double 型，k/m 结果为 double 型。

③ 计算 25＋'c'时，先将'c'转换成整型数 99，再进行运算，结果为整型数 124。

④ 将上述计算结果 124 转换为 double 型后与 i＊j 的结果相加，再减去 k/m 的结果，表达式计算完毕，结果为 double 型。

注意：上述的类型转换是由系统自动进行的。自动类型转换只针对两个运算对象，不能对表达式的所有运算对象做一次性的自动类型转换。

在赋值运算中，赋值号两边量的数据类型不同时，赋值号右边量的类型将转换为左边量的类型。如果右边量的数据类型长度左边长时，将丢失一部分数据，这样会降低精度，丢失的部分按四舍五入向前舍入。

【例 2.8】 数据类型转换

```
#include<stdio.h>
void main( )
{
  float PI = 3.14159;
```

```
    int s,r = 5;
    s = r * r * PI;
    printf("s = % d\n",s);
}
```

程序运行结果：

s = 78

程序分析：

本例程序中，PI 为实型；s、r 为整型。在执行 s＝r＊r＊PI 语句时，r 和 PI 都转换成 double 型计算，结果也为 double 型。但由于 s 为整型，故赋值结果仍为整型，舍去了小数部分。

再比如表达式"6/4＋6.7"的计算结果为 7.7，而表达式 6.0/4＋6.7 的计算结果为 8.2，原因就在于 6/4 按整型计算结果为 1，再加上 6.7 得到整个表达式的结果 7.7。

如果是初学者，通过上述运算，可能会被不同类型的数据运算搞得晕头转向。因此，在设计程序时，最好的方法是尽量避免不同类型的数据在同一语句中出现。

如若无法避免不同类型的数据出现在同一语句中，通过 C 语言提供的强制类型转换，可避免上述问题。

习题 2

一、填空题

1. C 程序中数据有_____和_____之分，其中，用一个标识符代表一个常量的，称为_____常量。C 语言规定在程序中对用到的所有数据都必须指定其_____类型，对变量必须做到先_____，后使用。

2. C 语言所提供的基本数据类型包括单精度型、双精度型、_____、_____。

3. C 语言中，字符型数据和_____数据之间可以通用。

4. C 语言中的构造类型有_____类型、_____类型和_____类型 3 种。

5. 在 C 语言中，以 16 位 PC 为例，一个 char 型数据在内存中所占的字节数为_____；一个 int 型数据在内存中所占的字节数为_____，则 int 型数据的取值范围为_____。一个 float 型数据在内存中所占的字节数为_____；一个 double 型数据在内存中所占的字节数为_____。单精度型实数的有效位是_____位，双精度型实数的有效位是_____位。

6. C 规定：在一个字符串的结尾加一个_____标志'\0'。

7. C 语言中的标识符只能由 3 种字符组成，它们是_____、_____和_____。且第一个字符必须为_____。

8. C 的字符常量是用_____引号括起来的_____个字符，而字符串常量是用_____号括起来的_____序列。

9. 自增运算符＋＋和自减运算符－－只能用于_____，不能用于常量或表达式。＋＋和－－的结合方向是"自_____至_____"。

10. 负数在计算机中是以_____形式表示。

11. 若 a 是 int 型变量,则执行下面表达式后 a 的值为_____。

a = 25/3 % 3

12. 写出下列数所对应的其他进制数(D 对应十进制,B 对应二进制,O 对应八进制,H 对应十六进制)。

32D＝_____ B＝_____ O＝_____ H

75D＝_____ B＝_____ O＝_____ H

13. 字符串"abcke"长度为_____,占用_____字节的空间。

14. 假设已指定 i 为整型变量,f 为 float 变量,d 为 double 型变量,e 为 long 型变量,有式子 10＋'a'＋i＊f－d/e,则结果为_____型。

15. 若有定义:

char c = '\010';

则变量 c 中包含的字符个数为_____。

16. 若有定义:

int x = 3,y = 2; float a = 2.5,b = 3.5;

则下面表达式的值为_____。

(x + y) ％ 2 + (int)a/(int)b

17. 若 s 为型变量,且 s=6,则表达式 s％2+(s+1)％2 的值为_____。

18. 在 ASCII 代码表中可以看到每一个小写字母比它相应的大写字母 ASCII 码大_____(十进制数)。

19. 5/3 的值为_____,5.0/3 的值为_____。

20. 若有以下定义:

int m = 5,y = 2;

则执行表达式 y＋＝y－＝m＊＝y 后的 y 值是_____。

二、选择题

1. 以下选项中合法的用户标识符是(　　　)。

    A. long   B. _2Test   C. 3Dmax   D. A. dat

2. 下列关于 C 语言用户标识符的叙述中正确的是(　　　)。

    A. 用户标识符中可以出现下画线和中画线(减号)

    B. 用户标识符中不可以出现中画线,但可以出现下画线

    C. 用户标识符中可以出现下画线,但不可以放在用户标识符的开头

    D. 用户标识符中可以出现下画线和数字,它们都可以放在用户标识符的开头

3. 以下选项中合法的字符常量是(　　　)。

    A. "B"   B. '\061'   C. 68   D. D

4. 以下选项中,非法的字符常量是(　　　)。

    A. '\t'   B. '\17'   C. "n"   D. '\xaa'

5. 以下选项中可以作为 C 语言合法整数的是（　　　）。

　　A. 10110B　　　　　　B. 0386　　　　　　C. 0Xffa　　　　　　D. x2a2

6. 以下符合 C 语言语法的浮点型常量是（　　）。

　　A. 1.2E0.5　　　　　　B. 3.14.159E　　　　C. .5E−3　　　　　D. E15

7. 已定义 c 为字符型变量，则下列语句中正确的是（　　）。

　　A. c='97';　　　　　　B. c="97";　　　　　C. c=97;　　　　　D. c="a";

8. 若 a 为 int 类型，且其值为 3，则执行完表达式 a+=a−=a*a 后，a 的值是（　　）。

　　A. −3　　　　　　　　B. 9　　　　　　　　C. −12　　　　　　D. 6

9. 设 x、y、t 均为 int 型变量，则执行语句：x=y=3；t=++x||++y；后，y 的值为（　　）。

　　A. 不定值　　　　　　B. 4　　　　　　　　C. 3　　　　　　　D. 1

10. 设 a、b、c、d、m、n 均为 int 型变量，且 a=5、b=6、c=7、d=8、m=2、n=2，则逻辑表达式(m=a>b)&&(n=c>d) 运算后，n 的值是（　　）。

　　A. 0　　　　　　　　B. 1　　　　　　　　C. 2　　　　　　　D. 3

11. 以下选项中，与 k=n++ 完全等价的表达式是（　　）。

　　A. k=n,n=n+1　B. n=n+1,k=n　　C. k=++n　　　　D. k+=n+1

12. 假定 x 和 y 为 double 型，则表达式 x=2,y=x+3/2 的值是（　　）。

　　A. 3.500000　　　　　B. 3　　　　　　　　C. 2.000000　　　　D. 3.000000

13. 有以下定义语句：

double a,b; int w; long c;

若各变量已正确赋值，则下列选项中正确的表达式是（　　）。

　　A. a=a+b=b++　　　　　　　　　　　B. w%(int)a+b
　　C. (c+w)%(int)a　　　　　　　　　　D. w=3==b%a

14. 设 a 和 b 均为 double 型常量，且 a=5.5、b=2.5，则表达式(int)a+b/b 的值是（　　）。

　　A. 6.500000　　　　　B. 6　　　　　　　　C. 5.500000　　　　D. 6.000000

15. 已有定义：

int x=3, y=4, z=5;

则表达式 !(x+y)+z−1&&y+z/2 的值是（　　）。

　　A. 6　　　　　　　　B. 0　　　　　　　　C. 2　　　　　　　D. 1

16. 以下合法的赋值语句是（　　）。

　　A. x=y=100　　　　　　　　　　　　B. d−−;
　　C. x+y;　　　　　　　　　　　　　　D. c=int(a+b);

17. 设 x、y 均为整型变量，且 x=10,y=3，则语句"printf("%d,%d\n",x−−,−−y);"的输出结果是（　　）。

　　A. 10,3　　　　　　　B. 9,3　　　　　　　C. 9,2　　　　　　D. 10,2

18. x、y、z 被定义为 int 型变量，若从键盘给 x、y、z 输入数据，正确的输入语句是（　　）。

　　A. INPUT　x,y,z;　　　　　　　　　　B. scanf("%d%d%d",&x,&y,&z);
　　C. scanf("%d%d%d",x,y,z);　　　　　　D. read("%d%d%d",&x,&y,&z);

19. 已知 i、j、k 为 int 型变量,若从键盘输入:1,2,3<回车>,使 i 的值为 1、j 的值为 2、k 的值为 3,以下选项中正确的输入语句是(　　)。

    A. scanf("%2d%2d%2d",&i,&j,&k);

    B. scanf(""%d %d %d",&i,&j,&k);

    C. scanf("%d,%d,%d",&i,&j,&k);

    D. Scanf("i=%d,j=%d,k=%d",&i,&j,&k);

20. 以下程序的输出结果是(　　)。

```
void main( )
{ char  c = 'z';
printf("%c",c-25);
}
```

    A. a   B. Z   C. z-25   D. y

21. 逗号表达式"(a=3*5,a*4),a+15"的值是(　　)。

    A. 15   B. 60   C. 30   D. 不确定

22. 若有以下定义和语句:

```
char c1 = 'a', c2 = 'f';
printf("%d,%c\n",c2-c1,c2-'a'+'B');
```

则输出结果是(　　)

    A. 2,M   B. 5,!   C. 2,E   D. 5,G

23. sizeof(float)是(　　)。

    A. 一个双精度型表达式   B. 一个整型表达式

    C. 一种函数调用   D. 一个不合法的表达式

24. 若有以下定义,则能使值为 3 的表达式是(　　)。

```
int k = 7, x = 12;
```

    A. x%=(k%=5)   B. x%=(k-k%5)

    C. x%=k-k%5   D. (x%=k)-(k%=5)

25. 在 C 语言中,要求运算数必须是整型的运算符是(　　)。

    A. %   B. /   C. <   D. !

三、C语言计算题

1. 2.8+7%3*11%2/4

2. 5/2+5.0/2+7%6

3. a=12,a*=2+3

4. 设"int b=7; float a=2.5,c=4.7;",求下面表达式的值。

a+(int)(b/2*(int)(a+c)/2)%4

四、编程题

1. 写出下列程序的运行结果,并上机予以验证。

```
#include<stdio.h>
```

```
void main( )
{
  int a;
  a = - 30 + 4 * 7 - 24;
  printf("a = % d\n",a);
  a = - 30 * 5 % - 8;
  printf("a = % d\n",a);
}
```

2. 写出下列程序的运行结果，并上机予以验证。

```
# include < stdio. h >
void main()
{
  int a = 0100,b = 100;
  char c1 = 'B',c2 = 'Y';
  printf(" % d, % d\n", - - a,b++);
  printf(" % d, % d\n",++c1, - - c2);
}
```

3. 写出下面程序段执行后，变量 a、b 的值。

```
int a, b;
a = b = 1;
a = a + b;
b = b + a;
```

4. 写出下面程序段执行后，变量 a、b、c 的值。

```
char a = 2, b = 'A', c;
c = a + b;
a += c;
```

5. 写出下面程序段执行后，变量 a、b、i 的值。

```
int i = 0, a = 0, b = 0;
a += i++;
i++;
b += ++i;
```

6. 写出下列表达式的值。

① 1!= 2 && 3 <= 3

② !(3 > 5) || 3 == 5

③ !-2

④ (x = 5) && 5 <= 10

⑤ 4 > 6 ||!(3 < 7)

7. 写出下面程序的输出结果。

```
void main( )
{
    int i = 125;
```

```
float x = 256.754;
double y = -125.564;
char ch = '@';
printf("%d,%f,%lf\n", i, x, y);
printf("%.2f,%.2e\n", x, x);
printf("%08.2f,%08.2e\n", x, x);
printf("%g,%f,%e\n", y, y, y);
printf("%8c,%6c,%c,%d,%%\n", ch, ch, i, i);
}
```

8. 写出下面程序的输出结果：

```
void main( )
{
    char ch;
    short x;
    ch = 'A';
    x = 65;
    printf("ch:dec=%d,oct=%o,hex=%x 字符=%c\n", ch, ch, ch, ch);
    printf("x:dec=%d,oct=%o,hex=%x unsigned=%u\n", x, x, x, x);
    ch = 'W';
    x = -0xa;
    printf("ch:dec=%d,oct=%o,hex=%x 字符=%c\n", ch, ch, ch, ch);
    printf("x:dec=%d, oct=%ho,hex=%hx unsigned=%hu\n", x, x, x, x);
}
```

9. 写出下面程序的输出结果：

```
void main( )
{
    int i = 1;
    printf("%d\n", ~i++);
    printf("%d\n", i);
    i = 1;
    printf("%d\n", ~++i);
    printf("%d\n", i);
}
```

10. 编写程序,求出给定半径 r 的圆的面积和周长,并输出计算结果。其中 r 的值由用户输入,用实型数据处理。

11. 已知华氏温度(f)和摄氏温度(c)之间的转换关系是：$c=5 \div 9 \times (f-32)$。编写程序将用户输入的华氏温度转换为摄氏温度,并输出结果。

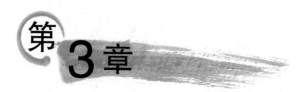

第3章 顺序结构程序设计

本章主要介绍 C 语言的顺序结构程序设计方法,顺序、分支、循环结构是程序设计的基础。所有的程序都由这 3 种结构组合而成。

什么叫程序设计?对于初学者来说,往往把程序设计简单地理解为只是编写一个程序,这是不全面的。程序设计反映了利用计算机解决问题的全过程,包含多方面的内容,而编写程序只是其中的一个方面。使用计算机解决实际问题,通常是先对问题进行分析并建立数学模型,然后考虑数据的组织方式和算法,并用某一种计算机语言编写程序,最后调试程序,使之运行后能产生预期的结果,这个过程称为程序设计。在结构化程序设计中顺序结构是最简单,也是最常用的程序结构,它严格按语句出现的先后次序顺序执行。

3.1 结构化程序设计

程序是命令的有序集合,命令执行的顺序即程序的结构。一个程序的功能不仅取决于所选用的命令,还决定于命令执行的顺序。在结构化程序设计中,把所有程序的逻辑结构归纳为 3 种:顺序结构、选择结构(也叫分支结构)和循环结构。

3.1.1 结构化程序设计概述

Bohn 和 Jacopini 于 1966 年提出了结构化程序设计的理论。结构化程序设计思想和方法的引入,使程序结构清晰,容易阅读、修改和验证,从而提高了程序设计的质量和效率。

结构化程序设计方法是用高级语言表示的结构化算法。该方法的基本思路是把一个复杂问题的求解过程分阶段进行,每个阶段处理的问题都控制在人们容易理解和处理的范围内。结构化程序设计的原则是:

(1) 自顶向下。程序设计时,应该先总体、后细节、先全局、后局部。不要一开始就过多地追求细节,应从最上层总体目标开始,逐步使问题具体化。

(2) 逐步细化。对复杂问题设计一些子目标作过渡,逐步细化。

(3) 模块化设计。设计是编码的前导。所谓模块化设计,就是按模块组装的方法编程。把一个待开发的软件分解成若干个小的简单的部分,称为模块。每个模块都独立地开发、测试,最后再组装出整个软件。这种开发方法是对待复杂事物的"分而治之"的一般原则在软件开发领域的具体体现。模块化澄清和规范了软件中各部分间的界面,便于成组的软件设计人员工作,也促进了更可靠的软件设计实践。

(4) 结构化编程。软件开发的最终目的是产生能在计算机上执行的程序。即:使用选定的程序设计语言,把模块描述为用该语言书写的源程序。重要的是结构化编程的思想,具备了该思想,语言就只是工具。

遵循结构化程序的设计原则,按照结构化程序设计方法设计出来的程序具有两个明显的优点:其一是程序易于理解、使用和维护;其二是提高了编程工作的效率,降低了软件开发的成本。

总体来说,程序设计应该强调简单和清晰,做到"清晰第一,效率第一"。

3.1.2 结构化程序设计的基本结构及其特点

结构化程序设计的基本结构有 3 种,这 3 种基本结构是表示一个良好算法的基本单元。

1. 顺序结构

这是最简单的一种基本结构,依次顺序执行不同的程序块,如图 3-1(a)所示。

2. 选择结构

根据条件满足或不满足而去执行不同的程序块,如图 3-1(b)所示。如满足条件 P,则执行 A 程序块,否则执行 B 程序块。

3. 循环结构

循环结构是指重复执行某些操作,重复执行的部分称为循环体。循环结构分当型循环和直到型循环两种,如图 3-1(c)和图 3-1(d)所示。

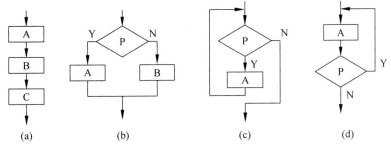

图 3-1 程序的控制结构

当型循环先判断条件是否满足,如满足条件 P 则反复执行 A 程序块,每执行一次判断一次,直到不满足条件 P 为止,跳出循环体执行它后面的基本结构。

直到型循环先执行一次,再判断条件是否满足,如满足条件 P 则反复执行 A 程序块,每执行一次判断一次,直到不满足条件 P 为止,跳出循环体执行它后面的基本结构。

3.2 算法

3.2.1 算法的基本概念

事实上,我们已经接触过很多算法,比如拨打电话、购买商品、包装一件货物、解决数学问题,等等。由于习惯,人们并没意识到做每一件事都需要事先设计,然而,事实上做每一件事都是按一定的方法、步骤进行的。算法就是一种在有限的步骤内解决问题或完成任务的方法。

计算机程序就是告诉计算机如何去解决问题或完成任务的一组详细的、逐步执行的指令的集合。计算机编程就是用程序设计语言把算法程序化。事实上,编程是一件有趣的事,是一种创造性工作,也是一种用有形的方式表达抽象思维的方法。编程可以教会人们各种技能,如阅读思考、分析判断、综合创造以及关注细节等。

学习计算机程序设计首先应从问题描述开始,问题描述是算法的基础,而算法则是程序的基础。

数据是操作的对象,操作的目的是对数据进行加工处理,以得到期望的结果。作为程序设计人员,必须认真考虑和设计数据结构和算法。为此,1976年瑞士计算机科学家沃思(N. Wirh)曾提出了一个著名的公式:

$$程序＝算法＋数据结构$$

实际上,在设计一个程序时,要综合运用算法、数据结构、设计方法、语言工具和环境等方面的知识。这其中,算法是程序设计的灵魂,数据结构是数据的组织形式,语言则是编程的工具。

3.2.2　算法的特性

并不是所有组合起来的操作系列都可以称为算法。算法必须符合以下5个基本特性:

(1) 有穷性。算法中的操作步骤必须是有限个,而且必须是可以完成的,有始有终是算法最基本的特征。

(2) 确定性。算法中每个执行的操作都必须有确切的含义,并且在任何条件下,算法都只能有一条可执行路径,无歧义性。

(3) 可行性。算法中所有操作都必须是可执行的。如果按照算法逐步去做,则一定可以找出正确答案。可行性是一个正确算法的重要特征。

(4) 有零个或多个输入。在程序运行过程中,有的数据是需要在算法执行过程中输入的,而有的算法表面上看没有输入,但实际上数据已经被嵌入其中了。没有输入的算法是缺少灵活性的。

(5) 有一个或多个输出。算法进行信息加工后应该得到至少一个结果,而这个结果应当是可见的。没有输出的算法是没有用的。

3.2.3　算法的流程图表示法

为了表示一个算法,可以用不同的方法描述。描述算法的常用方法有自然语言表示法、传统流程图表示法、N-S图表示法、PAD图(Problem Analysis Diagram)表示法和伪代码表示法等。使用它们的目的是把编程的思想用图形或文字表述出来。本节主要介绍用流程图描述算法的方法。

传统流程图是历史最悠久、使用最广泛的一种描述算法的方法,也是软件开发人员最熟悉的一种算法描述工具。它的主要特点是对控制流程的描绘很直观,便于初学者掌握。

流程图用一些图框表示各种类型的操作,用流程线表示这些操作的执行顺序。美国国家标准协会 ANSI 规定了一些常用的流程图符号,如图 3-2 所示。

- 起止框:表示算法的开始或结束;
- 输入输出框:用于表示输入输出操作;
- 判断框:按条件选择操作;
- 处理框:用于表示赋值等操作;
- 流程线:表示流程及流程的方向。

【例 3.1】 输入两个实数,按数值由小到大依次输出这两个数。

分析:该问题的输入是两个实数,输出也是两个实数,但输出的两个实数是从小到大排序的。可见输入的两个实数是在比较了大小后输出的。如果输入的第一个数比第二个数小,则按输入次序输出这两个数;否则交换次序后输出即可。

经过上述分析,可以得到该题的算法。用流程图表示见图 3-3。

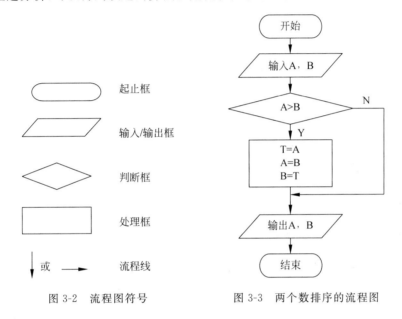

图 3-2 流程图符号   图 3-3 两个数排序的流程图

【例 3.2】 求从 1 开始的一百个自然数之和。

分析:由题意可知,这是重复百次的求和运算。即累加百次,而且每次参与累加的数就是累加的次数。据此分析,可用循环结构实现其算法。用当型循环结构表示,如图 3-4(a)所示;直到型循环如图 3-4(b)所示。

用流程图表示算法直观形象,能比较清楚地显示出各个框之间的逻辑关系。

3.2.4 基本算法

1. 累加

(1) 首先将和初始化为 0(令 sum=0)。

(2) 循环,在每次迭代中将一个新值加到和上(如 sum=sum+i)。

(3) 退出循环后输出结果。

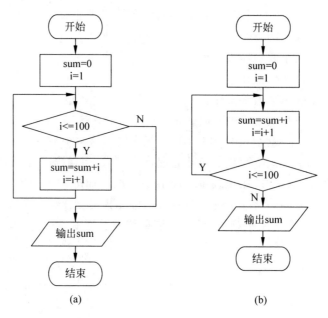

图 3-4   累加的流程图

2. 累乘

（1）将乘积初始化为 1（令 product＝1）。

（2）循环，在每次迭代中将一个新数与乘积相乘（如 product＝product＊x）。

（3）退出循环后输出结果。

3. 求最大或最小值

它的思想是通过分支结构找出两个数中的较大（小）值，然后把这个结构放在循环中，就可以得到一组数中的最大（小）值。

4. 穷举

穷举是一种重复型算法。它的基本思想是对问题的所有可能状态一一测试，直到找到解或将全部可能的状态都测试过为止。

5. 迭代（递推）

迭代（递推）是一个不断用新值取代变量的旧值，或由旧值递推出变量的新值的过程。迭代算法只包括参数，不包括算法本身。这个算法通常包含循环。

例如，阶乘计算的迭代算法（递推公式）：

$$f(n) = \begin{cases} 1 & (n = 0) \\ n \times (n-1) \times (n-2) \times (n-3) \times \cdots \times 3 \times 2 \times 1 & (n > 0) \end{cases}$$

6. 递归

递归是算法自我调用的过程。一种算法是否叫作递归，关键取决于该算法定义中是否有它本身。递归算法不需要循环,但递归概念本身包含循环。

例如,阶乘计算的递归算法(递归函数):

$$f(n) = \begin{cases} 1 & (n = 0) \\ f(n-1) \times n & (n > 0) \end{cases}$$

7. 排序

排序是在待排序记录中按一定次序(递增或递减)排列数据的过程。试想在一个没有顺序的电话号码本中,查找某人的电话号码是件多么困难的事。选择排序、比较排序和插入排序是当今计算机科学中使用快速排序的基础。

8. 查找

查找是在数据列表中确定目标所在位置的过程。对于列表,有两种基本的查找方法,即顺序查找和折半查找。顺序查找可在任何列表中查找,折半查找则要求列表是有序的。

3.3　C 语句概述

程序是语句的有序集合,因此,要想学会程序设计,就必须掌握每一条语句。一条语句只能完成有限的功能,而要完成一个比较复杂的功能,则需要一组按照一定顺序排列的语句。C 语句一般可划分为表达式语句、函数调用语句、空语句、复合语句和控制语句 5 类。

1. 表达式语句

表达式语句是在各种表达式后加一个分号构成的语句,表达式语句是 C 语言的一个重要特色,其一般形式如下:

表达式;

最典型的表达式语句是由一个赋值表达式加一个分号";"构成的赋值表达式语句。

2. 函数调用语句

函数调用语句是在函数调用的一般形式后加一个分号构成的语句,其作用是完成特定的功能。其一般形式如下:

函数名(实参表);

例如:

```
scanf("%c",&a);          /*格式输入函数调用语句*/
printf("%c",a);          /*格式输出函数调用语句*/
```

C 语言有丰富的标准函数库,可以提供各类函数供用户调用。标准库函数完成预先设定的功能,用户无须定义,也不必在程序中声明,就可以直接调用。例如,常用的数学函数 sin(x)、sqrt(x)等。调用标准库函数时,需要在程序前用编译预处理命令将有关的含有该函数原理的头文件包括到程序中来。例如,#include < stdio. h >或 #include "stdio. h",

♯include < math. h >或♯include "math. h"。

3. 空语句

在 C 程序中只有一个分号的语句,称为空语句,其形式如下:

;

空语句在语法上占据一个语句的位置,但是它不具备任何操作功能。

4. 复合语句

复合语句是为了满足将多条语句从语法上作为一条语句使用的需要而设计的。复合语句是用一对大括号"{}"将多条语句括起来构成的语句体。

复合语句的一般形式如下:

{ 语句组 }

5. 控制语句

控制语句是 C 程序设计中用来构成分支结构和循环结构,完成一定控制功能的语句。C 语言有 9 种控制语句。

(1) 条件语句：if-else
(2) 多分支选择语句：switch
(3) 当型循环语句：while
(4) 直到型循环语句：do-while
(5) 当型循环语句：for
(6) 终止本次循环语句：continue
(7) 终止整个循环或跳出 switch 语句：break
(8) 无条件转移语句：goto
(9) 函数返回语句：return

其中 continue、break 和 goto 虽然属于流程控制语句,但是不能单独使用,只能与其他控制语句结合使用。

3.4 输入输出函数

设计程序时,首先要由问题所给予的已知条件和所要求的输出结果来决定输入和输出界面,接着再想出一个好的算法,处理如何由输入得到输出结果的过程。

C 语言不提供输入输出语句,它的输入输出操作是由输入输出函数调用语句来实现的。在 C 的标准函数库中提供了多种输入输出函数,使其输入输出的形式多样、方便灵活。例如,printf 函数和 scanf 函数,在使用它们时,千万不要简单地认为它们是 C 语言的"输入输出语句"。printf 和 scanf 不是 C 语言的关键字。由于 C 语言提供的函数是以库的形式存放在系统中的,它们不是 C 语言文本中的组成部分,因此各函数的功能和名字在各种不同的编译系统中有所不同。不过,有些通用的函数(如 printf 和 scanf 等),各种编译系统都提供,成为各种编译系统的标准函数(标准输入输出库的一部分)。在使用标准输入输出库函数时,要用预编译命令 include 将 stdio.h 头文件包含到用户的源程序中。即:

include "stdio.h"

stdio.h 是 standard input & output 的缩写,它包含了与标准输入输出库中有关的变量定义和宏定义。在需要使用标准输入输出库中的函数时,应在程序的前面使用上述预编译命令,程序在编译连接时,用户程序与标准文件相连。

常用的标准输入输出函数有两种:用于格式输入输出的函数(scanf/printf),用于字符输入输出的函数(getchar/putchar)。

3.4.1 格式化输出函数 printf

1. printf 函数

printf 函数的调用形式:

printf("格式字符串",输出项表);

功能:按格式字符串中的格式依次输出输出项表中的各输出项。

说明:字符串是用双引号括起来的一串字符,如"study"。格式字符串用来说明输出项表中各输出项的输出格式。输出项表列出要输出的项(常量、变量或表达式),各输出项之间用逗号分开。若没有输出项表,且格式字符串中不含格式信息,则输出的是格式字符串本身。因此实际调用时有两种格式。

格式 1:

printf("字符串");

功能:按原样输出字符串。

格式 2:

printf("格式字符串",输出项表);

功能:按格式字符串中的格式依次输出输出项表中的各输出项。

例如:

printf("Happy new year to you!\n");

输出:

Happy new year to you!   /* \n 表示换行. */

又如:

printf("r = %d,s = %f/n",3,3 * 3 * 3.14);
　　　　　　格式说明　　　　　　输出表列

输出:r=2,s=28.260000。用格式%d 输出整数 3,用%f 输出 3 * 3 * 3.14 的值 28.26,%f 格式默认小数后 6 位,因此在 28.26 后补充了 4 个 0。"r="和"s="不是格式符,原样输出。

2．格式字符串

格式字符串中有两类字符：

（1）非格式字符。

非格式字符（或称普通字符）一律按原样输出。如上例的"r＝""s＝"等。

（2）格式字符。

格式字符的形式：

%［附加格式说明符］格式符

如%d、%.2f等，其中%d格式符表示用十进制整型格式输出，而%f表示用实型格式输出，附加格式说明符".2"表示输出2位小数。常用的格式符见表3-1，常用的附加格式说明符见表3-2。

表3-1　格式符

格式字符	输 出 形 式	举　　　　　例	输 出 结 果
d(或 i)	十进制整数	int a = 255；printf("%d",a)；	255
x(或 X)	十六进制整数	int a = 255；printf("%x",a)；	ff
o	八进制整数	int a = 65；printf("%o",a)；	101
u	不带符号的十进制整数	int a = 65；printf("%u",a)；	65
c	单个字符	int a = 65；printf("%c",a)；	A
s	字符串	char st[ ] = "奥运 2008"；printf("%s", st)；	奥运 2008
e(或 E)	指数形式的浮点数	float a = 123.5f；printf("%e", a)；	1.235000e+002
f	小数形式的浮点数	float a = 123.5f；printf("%f", a)；	123.500000
g(或 G)	e 和 f 较短的一种，不输出无效值	float a = 123.5f；printf("%g", a)；	123.5
%	百分号本身	printf("%%")；	%

表3-2　附加格式说明符

附加格式说明符	功　　　能
—	数据左对齐输出，无-时默认右对齐输出
m(m 为正整数)	数据输出宽度为 m，如数据宽度超过 m，按实际输出
.n(n 为正整数)	对实数，n 是输出的小数位数，对字符串，n 表示输出前 n 个字符
l	ld 输出 long 型数据，lf，le 输出 double 型数据
h	用于格式符 d、o、u、x 或 X，表示对应的输出项是短整型

（1）d格式符。将输出数据视作整型数据，并以十进制形式输出。例如：

printf("%d,%+5d,%05d,%-5d,%5ld",123,123,123,123,123)；

将输出：

123,␣+123,00123,123␣␣,␣␣123

说明：

␣——表示空格。

＋——正数要输出"＋"号,负数输出"－"号。

0——在"％05d"中,如果宽度不足 5 位,则在数前补 0。

（2）o 格式符。将输出数据视作无符号整型数据,并以八进制形式输出。由于将内存单元中的各位值(0 或 1)按八进制形式输出,输出的数值不带符号,符号位也一起作为八进制数的一部分输出。例如:

```
printf("％#o,％4o,％d,％4lo",045,045,045,-1L);
```

将输出:

```
045,  45,37,37777777777
```

说明:"#"表示输出八进制(或十六进制)常量的前缀。

（3）x(或 X)格式符。将输出数据视作无符号整型数据,并以十六进制形式输出。与 o 格式符一样,符号位作为十六进制数的一部分输出。对于 x 和 X 分别用字符 a、b、c、d、e、f 和 A、B、C、D、E、F 表示 9 之后的 6 个十六进制数字。例如:

```
printf("％x,％4x,％6lX",045,045,-1L);
```

将输出:

```
0x25,  25, FFFFFFFF
```

（4）u 格式符。将输出数据视作无符号整型数据,以十进制形式输出,一个整型数据可以用 d 格式、o 格式和 x 格式输出,也可以用 u 格式输出。反之亦然,值的类型转换按相互赋值规则处理。例如:

```
printf("％d,％u,％lu",-1,-1,-1L);
```

将输出:

```
-1,65535,4294967295
```

（5）c 格式符。视输出数据为字符的 ASCII 码,输出一个字符。一个整数,只要它的值在 0～255 范围内,就可以用字符形式输出,输出以该整数为 ASCII 代码的字符。反之一个字符数据也可以用整数形式输出,输出该字符的 ASCII 代码值。例如:

```
printf("％d,％c,％d,％c",65,65,'A','A');
```

将输出:

```
65,A,65,A
```

（6）s 格式符。用于输出一个字符串。例如:

```
printf("％4s,％5.3s,％-6.3s,％.4s","ABCDEF","ABCDEF","ABCDEF","ABCDEF");
```

将输出:

```
ABCDEF,  ABC,ABC   ,ABCD
```

（7）f 格式符。用于输出实型数据,并以"整数部分、小数部分"形式输出。小数点后的数字个数为 n 个，n 的默认值为 6。若 n 为 0，不显示小数。格式转换时有四舍五入处理。例如：

```
printf("%f,%8.3f,%6.0f,%.1f",123456.78,123456.78,123456.78,123456.78);
```

将输出：

```
123456.780000,123456.780,123457,123456.8
```

（8）e（或 E）格式符。用于输出实型数据，并以指数形式输出。尾数 1 位整数，默认 6 位小数，指数至多 3 位。例如：

```
printf("%e,%8.3e,%6.0e,%.1e",123456.78,123456.78,123456.78,123456.78);
```

将输出：

```
1.234568e+05,1.235e+05, 1e+05,1.2e+05
```

（9）g（或 G）格式符。用于输出实型数据。g 格式能根据表示数据所需字符的多少自动选择如 f 格式的形式或 e 格式的形式输出实数。选择是以输出时所需字符少为标准。选择这种输出形式时，附加格式说明符"♯"的有无也对输出形式有影响。如"♯"省略，则输出时小数部分无意义的 0 及小数点不输出；如有"♯"，则无意义的 0 及小数点照常输出。如：

```
printf("%g,%♯g,%g,,%♯g",123456.78,123456.78,120000000.883,120000000.883);
```

将输出：

```
123457,123457.,1.2e+08,1.20000e+08
```

3.4.2　格式化输入函数 scanf

1. scanf 函数

与格式化输出函数 printf 相对应的是格式化输入函数 scanf。

scanf 函数的调用形式：

scanf("格式字符串",输入项地址表);

功能：按格式字符串中规定的格式，通过键盘输入各输入项的数据，并依次赋给各输入项。

说明：格式字符串与 printf 函数基本相同，需要特别注意的是，输入项以其地址的形式出现，而不是输入项的名称。如

scanf("%d,%f",&a,&b);

&a、&b 分别表示变量 a、b 的地址，其中 & 是取地址运算符（优先级及结合性与++相同）。若在键盘上输入"5,5.5"，则 5 赋给 a，5.5 赋给 b。

2. 格式字符串

scanf 函数中格式字符串的构成与 printf 函数基本相同，但使用时有不同之处。

（1）附加格式说明符 m 可以指定数据宽度，但不允许用附加格式说明符.n。例如，

```
scanf("%6.1f,%6f",&a,&b);        //其中%6.1f 是错误的
```

（2）输入 long 型数据必须用%ld，l 输入 double 数据必须用%lf 或%le。而在 printf 函数中输出 double 型数据可以用%f 或%e。

（3）附加格式说明符"＊"允许对应的输入数据不赋给相应变量。如

```
double x;int y;float z;
scanf("%f,%3d,%*d,%3f",&x,&y,&z);
```

在键盘上输入：

```
6.2,52,4562,1234.5↙(↙表示回车符)
```

输入后，x 的值为 0，y 的值为 52，z 的值为 123。x 的值不正确，原因是格式符用错了。x 是 double 型，所以输入 x 用%lf 或%le，用%f 是错误的；%＊d 对应的数据是 4562，因此 4562 实际未赋给 z 变量，把 1234.5 按%3f 格式截取 123 赋给 z。

3．关于输入方法

（1）普通字符按原样输入。

```
scanf("x=%d,y=%d",&x,&y);
```

若输入序列为：

```
1,2↙
```

则输出结果 x 的值为 0，y 的值不确定。
若输入序列为：

```
x=1,y=2↙
```

则输出结果 x 的值为 1，y 的值为 2。

（2）按格式截取输入数据。

```
scanf("%d,%3d",&a,&b);
```

若输入序列为：

```
12,1234.5↙
```

则 a＝12，b＝123，虽然输入的是 1234.5，但%3d 宽度为 3 位，截取前 3 位，即 123。

（3）输入数据的结束。
输入数据时，表示一个数据结束有下列 3 种情况：
• 第一个非空字符开始，遇空格、跳格（TAB 键）或回车符结束；
• 遇宽度结束；
• 遇非法输入结束。

3.4.3　字符输出函数 putchar

putchar 函数的作用是向标准输出设备输出一个字符。例如：

```
putchar(c);
```

这条语句的作用是向标准输出设备输出字符变量 c 的值。c 可以是字符型变量或整型变量。字符输出函数还可以输出控制字符，如 putchar('\n')，输出一个换行符。

【例 3.3】 理解下列程序，分析其运行结果。

```
# include < stdio. h >
void main( )
{
    char a,b,c;
    a = '0'; b = 'K'; c = '\101';
    putchar(a); putchar(b);
    putchar('\n'); putchar(c);
    }
```

程序运行结果：

```
OK
A
```

注意：调用 putchar 函数时，必须用 ♯include "stdio. h"或 ♯include ＜stdio. h＞编译预处理命令，将 stdio. h 文件包含到用户源文件中去。

3.4.4　字符输入函数 getchar

此函数的作用是从标准输入设备输入一个字符，该函数没有参数，其函数值就是从输入设备得到的字符。函数调用的一般形式为：

```
getchar();
```

【例 3.4】 输入并回显一个字符。

```
# include < stdio. h >
void main( )
{
    char c;
    c = getchar( );
    putchar(c);
    }
```

程序运行结果：

```
A↙
A
```

注意：getchar()只能接收一个字符。getchar 函数得到的字符可以赋给一个字符变量或整型变量，也可以不赋给任何变量，作为表达式的一部分。如上面这个程序的第 5、6 行可以用下面一行代替：

```
putchar(getchar( ));
```

因为 getchar()的值为'A',因此输出'A'。也可以用在 printf 函数中：

```
printf(" % c", getchar());
```

【例 3.5】 输入两个字符并回显这两个字符。

```
# include < stdio. h >
void main( )
{
    char a,b;
    a = getchar( );
    b = getchar( );
    putchar(a);
    putchar(b);
  }
```

程序运行结果：

XY↙
XY

输入两个字符 XY 后,按回车键,它们才被送到内存标准输入缓冲文件中,标准输入函数实际上是从内存标准输入缓冲文件中读取数据。

注意,不能按如下形式输入：

X↙
Y↙

如果输入 X↙,则第一个 getchar 输入的是'X'赋给 a,第二个 getchar 输入的是'\n'(即换行符)赋给 b,也就不会再要求继续输入 Y↙。此时的输出结果为：

X

注意：调用 getchar 函数时,必须用 ♯ include "stdio. h"或 ♯ include < stdio. h >编译预处理命令,将 stdio. h 文件包含到用户源文件中去。

3.4.5 getche()函数和 getch()函数

getche()函数和 getch()函数直接从键盘读数据,而不通过输入缓冲区,每次读一个字符,不需要按回车键就能读输入的字符,使用格式为：

```
ch = getche( );
ch = getch( );
```

注意：

(1) getche()函数和 getch()函数不是标准输入函数,而是键盘输入函数,需要包含头文件 conio. h。

（2）由于 getch( )函数不回显输入的字符，因而使用 getch( )函数时，输入的字符看不见。

【例3.6】 输入一串字符，以'0'结束，统计输入的字符数。不包括'0'。

```
# include < stdio. h>
# include < conio. h>
void main( )
{
    char ch = 'a';
    int n = 0;
    while(ch != '0')
    {
        ch = getche( );
            n++;
    }
    printf("\nn = % d\n", n-1);
}
```

输入及程序运行过程：

```
123450
n = 5
```

说明：

（1）输入时没有按回车键，getche( )函数直接从键盘的输入获得字符。

（2）while 是循环语句，只要条件(ch！＝'0')为真，循环体就会执行，直到用户输入字符'0'，条件为假，才结束。

```
{
    ch = getche( );
    n++;
}
```

如果把 getche( )函数换成 getch( )函数会是什么结果？

3.5 良好结构的程序

一个程序应该层次分明，具有必要的注释，才便于理解和查找错误。从逻辑上可以把一个程序的语句分成若干级别，在书写程序的时候，同级别的语句要按列对齐，下一级别的语句要右退若干列并对齐。这样写出的程序称为良好结构的程序，如例3.7所示。一个程序如果没有层次，就变成了不良结构的程序，如例3.8所示，这样的程序不便于理解，也不便于查找程序的错误。写程序者应避免编写不良结构的程序。

【例3.7】 求 $1+3+\cdots+15$ 及 $2\times4\times6\times\cdots\times16$。

```
# include < stdio. h>
void main( )
{
    int i, s, t;
```

```
        s = 0;                        //累加变量 s 初始化为 0
        t = 1;                        //累乘变量 t 初始化为 1
        for(i = 1; i <= 16; i++)
        {
            if(i % 2 == 1)            //如果是奇数则累加
            {
                s += i;
            }
            if( i%2 == 0)             //如果是偶数则累乘
            {
                t *= i;
            }
        }
printf("s = %d,t = %d\n", s, t);  //输出结果
}
```

【例 3.8】　不良结构的程序。

```
void main( )
{
int i, s, t;
s = 0;                        //累加变量 s 初始化为 0
t = 1;                        //累乘变量 t 初始化为 1
for(i = 1; i <= 16; i++)
{
if(i % 2 == 1)                //如果是奇数则累加
{
s += i;
}
if( i%2 == 0)                 //如果是偶数则累乘
{
t *= i;
}
}
printf("s = %d,t = %d\n", s, t);    //输出结果
}
```

说明：在 VC++ 6.0 编程环境中，可按 Ctrl＋A 组合键选中所有程序行，然后按 Alt＋F8 组合键来调整结构。

3.6　顺序结构程序设计举例

【例 3.9】　已知圆的半径为 2，编程计算圆的周长和圆的面积。

算法：

（1）说明实型变量 r 为半径，l 为圆周长，s 为圆面积；

（2）调用格式输入函数输入半径 r；

（3）分别利用公式：$l = 2\pi r, s = \pi r^2$ 计算；

（4）调用格式输出函数输出结果。

程序：

```
# include < stdio. h>
void main( )
{
    float pi,r,l,s;
    pi = 3. 14159;
    printf("Please input radius: \n");          /* 输入提示 */
    scanf(" % f",&r);                            /* 从键盘上输入半径 2,按回车键 */
    l = 2 * pi * r;
    s = pi * r * r;
    printf("The circle length: l = % .2f\n",l);   /* 输出圆的周长 */
    printf("The circle area: s = % .2f\n",s);     /* 输出圆的面积 */
}
```

程序运行结果：

```
Please input radius:
3 ↙
The circle length: l = 18. 85
The circle area: s = 28. 27
```

【例3.10】 从键盘输入一个大写字母，要求输出小写字母及对应的 ASCII 码值。
程序：

```
# include < stdio. h>
void main( )
{
    char c1,c2;
    c1 = getchar( );
    c2 = c1 + 32;
    printf("\n % c, % d\n",c1,c1);
    printf(" % c, % d\n",c2,c2);
}
```

程序运行结果：

```
B ↙
B,66
b,98
```

分析：

getchar 函数得到从键盘输入的大写字母"B"，赋给字符变量 c1。经过运算得到小写字母"b"，赋给字符变量 c2。将 c1、c2 分别用字符形式和整数形式输出。

【例3.11】 根据三角形的 3 条边长，求面积。

设三角形 3 条边长为 a、b、c，则三角形面积公式：

$$p = \frac{a + b + c}{2}$$

$$s = \sqrt{p(p - a)(p - b)(p - c)}$$

算法：

（1）定义实型变量 a、b、c、p、s；

（2）输入 a、b、c 的值；

（3）根据公式计算 p 的值；

（4）根据公式计算 s 的值；

（5）输出三角形的面积。

提示：C 程序中求平方根，需调用函数 sqrt。

程序：

```
# include < math. h>
# include < stdio. h>
void main( )
{
    float a,b,c,p,s;
    printf("Please input a b c: ");                    /* 输入提示 */
    scanf("% f % f % f",&a, &b, &c);
    p = (a + b + c)/2;
    s = sqrt(p * (p - a) * (p - b) * (p - c));          /* 调用数学函数计算面积 s */
    printf("a = % .2f,b = % .2f,c = % .2f\n",a,b,c);
    printf("s = % .2f\n",s);
}
```

程序运行结果：

```
3           4      5
a = 3. 00, b = 4. 00, c = 5. 00
s = 6. 00
```

习题 3

一、请写出下面程序的输出结果。

```
# include < stdio. h>
void main( )
{     int a = 5, b = 7;
      float x = 67. 8564, y = - 789. 124;
      char c = 'A';
      long n = 1234567;
      unsigned u = 65535;
      printf("% d % d\n",a,b);
      printf("% 3d % 3d\n",a,b);
      printf("% f, % f\n",x,y);
      printf("% - 10f, % - 10f\n",x,y);
      printf("% 8.2f, % 8.2f, % .4f, % .4f, % 3f, % 3f\n",x,y,x,y,x,y);
      printf("% e, % 10.2e\n",x,y);
      printf("% c, % d, % o, % x\n",c,c,c,c);
      printf("% ld, % lo, % x\n",n,n,n);
      printf("% u, % o, % x, % d\n",u,u,u,u);
      printf("% s, % 5.3s\n","COMPUTER","COMPUTER");
}
```

二、下面的 scanf 函数输入数据，使 a＝3，b＝7，x＝8.5，y＝71.82，c1＝'A'，c2＝'a'，在键盘上如何输入？

```
# include < stdio.h>
void main( )
{       int a,b;
        float x,y;
        char c1,c2;
        scanf("a= % d b= % d",&a,&b);
        scanf(" % f  % e",&x,&y);
        scanf(" % c  % c",&c1,&c2);
        printf("a= % d b= % d x= % f y= % e c1= % c c2= % c",a,b,x,y,c1,c2);
}
```

三、编程

1. 用下面的 scanf 函数输入数据，使 a＝20，b＝30，c1＝'B'，c2＝'d'，x＝2.5，y＝−6.66，z＝12.8，在键盘上如何输入？

```
scanf(" % 5d % 5d % c % c % f % f % * f, % f", &a,&b,&c1,&c2,&x,&y,&z);
```

2. 编写程序，任意从键盘中输入 4 个整数，求出这 4 个数的平均值。

3. 试编写一个程序，任意输入一个小写字母，分别按八进制、十进制、十六进制、字符格式输出。

4. 输入一个华氏温度，要求输出摄氏温度。公式为：

$$c = \frac{5}{9}(F - 32)$$

输出要有文字说明，取 2 位小数。

5. 设圆半径 r＝3，圆柱高 h＝4，求圆周长、圆面积、圆球表面积、圆球体积、圆柱体积。用 scanf 输入数据，输出计算结果，输出时要求有文字说明，取小数点后 2 位数字。请编程实现。

第4章 选择结构程序设计

选择结构(又称分支结构)是结构化程序设计的 3 种基本结构之一,使用选择结构可以表示更加复杂的逻辑结构。C 语言用关系运算或逻辑运算来判断条件是否得到满足,并根据计算的结果决定程序的不同流程。本章首先介绍选择结构表达式中常用到的运算,再具体介绍各种选择结构语句(如 if 语句和 switch 语句)。

4.1 问题的提出与程序示例

用 C 语言求解实际问题时,经常会遇到需要进行判断的情况。

【例 4.1】 从键盘输入圆的半径,计算圆面积。

```c
# include < stdio. h >
void main( )
{
    int r;                          //定义整型变量 r
    float s;                        //单精度浮点型变量 s
    printf("请输入圆的半径:");       //提示用户输入
    scanf("%d", &r);                //输入半径到变量 r 中
    s = 3.14 * r * r;               //根据 r,计算面积放到变量 s 中
    printf("圆的面积为:%.2f", s);    //在屏幕上输出圆的面积,保留两位小数
}
```

输入及程序运行过程:

请输入圆的半径:2 ↵
圆的面积为:12.56

输入及程序运行过程:

请输入圆的半径:-2 ↵
圆的面积为:12.56

当输入的半径值大于或等于 0 时,程序能正确计算圆的面积;当输入的半径值小于 0 时,程序也计算出了结果,这显然是错误的,因为圆的半径应该大于或等于 0。程序的正确处理方式是先判断输入的半径值是否大于或等于 0,再进行处理。类似这样根据条件判断来决定其后动作的问题,仅由顺序结构来完成是无法实现的,此时便可以使用选择结构,如 if 语句来解决该问题。

4.2　关系运算和逻辑运算

4.2.1　C语言中的逻辑值

关系运算是逻辑运算中的一种。关系运算和逻辑运算的结果都是一个逻辑值，而逻辑值非"真"即"假"。在C语言中，没有其他语言中的布尔型true和false，即"逻辑型"，而是采用数值1表示逻辑"真"，数值0表示逻辑"假"。因此逻辑值可以作为一个整数参与算术运算。

4.2.2　关系运算符和关系表达式

关系运算实际上就是"比较运算"，即将两个值进行比较，判断比较的结果是否符合给定的条件。如果满足给定的条件，则运算的结果为真，否则为假。例如，i<100是一个小于关系运算式，即关系表达式。如果i的值为99，则这个关系运算的结果为"真"，逻辑值为数值1，即条件成立；如果i的值为100，则这个关系运算的结果为"假"，逻辑值为数值0，即条件不成立。表4-1列出了C语言提供的6种关系运算符、含义及优先级。

表4-1　C语言提供的6种关系运算符、含义及优先级

关系运算符	含　　义	示　　例	优　先　级
<	小于	x < y	优先级相同，高于后两种
<=	小于或等于	x <= y	
>	大于	x > y	
>=	大于或等于	x >= y	
==	等于	x==y	优先级相同，低于前4种
!=	不等于	x!=y	

关系运算符优先次序如下：

（1）在关系运算符中，前4个运算符（<、<=、>、>=）优先级相同，后两种也相同。例如，x>=y!=z等效于(x>=y)!=z；

（2）关系运算符的优先级低于算术运算符。例如，z==x+y等效于z==(x+y)；

（3）关系运算符优先级高于赋值运算符。例如，x=y>z等效于x=(y>z)。

运算符的优先级顺序如图4-1所示。

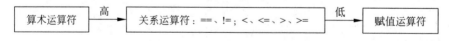

图4-1　运算符优先级顺序

注意：对于两个字符组合而成的关系运算符（==和!=），书写时中间不能插入空格。

用关系运算符将两个表达式（可以是算术表达式或关系表达式、逻辑表达式、赋值表达式、字符表达式）连接起来的式子，称为关系表达式。算术表达式也是关系表达式。例如，x>y、x+y>y+z、(x=3)>(y=5)、'x '< 'y'、(x>y)>(y<z)、p、3、x+y都是合法的关系

表达式。关系表达式的值是一个逻辑值,即"真"或"假",C 语言运算中实际是整数值 1 或 0。例如,假设 x=6,y=5,z=1,则:

(1) 关系表达式 x>=y 的值为 1。

(2) 关系表达式 x-y>=z 的值为 1。先计算 x-y 的值为 1,再判断 1>=z 是否成立,成立即值为 1。

(3) 关系表达式 x>y==z 的值为 1。先计算关系表达式 x>y 的值为 1,然后再计算关系表达式 1==z 的值,条件成立则其值为 1,即整个关系表达式的值为 1。

(4) 表达式 a=x>y,先计算关系表达式 x>y 的值为 1,然后赋值给变量 a,因而变量 a 的值为 1。

(5) 表达式 b=x>y>z,按自左至右结合的原则,先计算 x>y,得到 1,再执行 1>z,得到 0,然后赋值给变量 b,因而变量 b 的值为 0。

注意:在判断关系表达式的值是真还是假时,如果表达式的值非 0,则表示表达式成立;反之则表示表达式不成立。这样就可以简化表达式的书写形式。例如,x%3!=0 可以简化为 x%3,读者应掌握这种简化书写方法。

4.2.3 逻辑运算符和逻辑表达式

C 语言提供 3 种逻辑运算符。

1. && 逻辑与

例如,x && y,只有 x、y 都为真,则结果才为真;只要 x、y 之一为假,则结果为假。

2. ‖ 逻辑或

例如,x‖y,只要 x、y 之一为真,则结果为真;只有 x 和 y 都为假,则结果为假。

3. ! 逻辑非

单目运算符,例如,!x,若 x 为真,则结果为假,若 x 为假,则结果为真。

逻辑运算的规则如表 4-2 所示,该表也称为逻辑运算"真值表"。它用来表示 x 和 y 不同取值进行组合时,各种逻辑运算所得到的真值。

表 4-2 逻辑运算的真值表

x	y	!x	!y	x&&y	x‖y
真	真	假	假	真	真
真	假	假	真	假	真
假	真	真	假	假	真
假	假	真	真	假	假

用逻辑运算符将两个表达式连接起来的式子,称为逻辑表达式。

在 3 个逻辑运算符中,!(非)优先级最高,其次是 &&(与),再次是‖(或)。逻辑运算符与其他运算符之间的优先级关系如图 4-2 所示。

图 4-2　运算符优先级

例如：

(x > y) && (a > b)　　　　　　　　//可写成:x > y && a > b
(!x) || (x > y)　　　　　　　　　//可写成:!x || x > y

思考：指出下列包含多个逻辑运算符的表达式中计算的先后顺序。

!a && b || x > y && c

在 C 语言中,逻辑表达式的值是一个逻辑值"真"或"假",即数值 1 或 0。但在诸如-5&&4 的逻辑表达式中,-5 和 4 并不是逻辑值 1 或 0,该如何处理呢?

在进行逻辑运算时,非 0 为"真",0 为"假"。则上述式中-5 和 4 都是非 0 数,都为"真",故逻辑表达式-5 && 4 运算结果为"真"。由于 C 语言用 1 表示真,因而逻辑表达式-5&&4 的值为 1。

思考：求下列包含多个逻辑运算符的表达式的值。

5 > 3 && 2 || 8 < 4 - 10

实际上,逻辑运算符两侧的运算对象不但可以是 0 和 1,或者是 0 或非 0 的整数,也可以是任意类型的数据。可以是字符型、浮点型或指针型等。系统最终以 0 或非 0 来判定它们的"真"或"假"。例如,'x' && 'y'。因为字符'x'和字符'y'的 ASCII 值都不为 0,按"真"处理,结果为 1。

对于由逻辑与"&&"、逻辑或"||"两个运算符构成的逻辑表达式,只有在特定情况下,计算机才依次运算这两个运算符两侧的操作数值。在某些情况下,只需运算出这两个运算符左侧操作数的值便能得出整个逻辑表达式的值,这一特性称为逻辑运算符的"短路特性"。

(1) 对于逻辑与"&&"运算符而言,当其左侧的操作数值为 0(假),则逻辑与表达式的结果必定为 0(假),于是该运算符右侧的操作数不被计算机计算,即"短路"了。x && y && z 只有 x 为真时,才需要判别 y 的值,只有 x 和 y 都为真时才需要判别 z 的值。只要 x 为假,则整个表达式的值确定为假,就不必判别 y 和 z。如果 x 为真,y 为假,则不判别 z。

(2) 对于逻辑或"||"运算符而言,若其左侧的操作数值为真(非 0),则逻辑或表达式的结果必定为 1(真),于是该运算符右侧的操作数不被计算机计算,即"短路"了。例如,x || y || z 只有 x 为假,才判断 y;x 和 y 都为假,才判断 z。只要 x 为真,就不必判断 y 和 z。

思考：如果有下面逻辑表达式

　　(m=a>b)&&(n=c>d)　　(其中 a=1,b=2,c=3,d=4,m=1,n=1)

则该表达式执行完后 m 和 n 的值为多少?

4.2.4　条件运算符和条件表达式

C 语言通过条件运算(?)操作符可以方便地替代 if…else 形式的某些语句。它是 C 语言中唯一的一个三目运算符,又称为条件运算符,其表达式的一般形式:

操作数 1？操作数 2：操作数 3

每个操作数都可以是变量、常量或者是任意有效的 C 语言表达式。

条件表达式的执行过程为：先求解操作数 1 的逻辑值，如果为非零值——"真"，则求解操作数 2，并将操作数 2 的值作为该条件表达式的值；如果为零值——"假"，则求解操作数 3，并将操作数 3 的值作为该条件表达式的值。

条件运算符的优先级高于赋值运算符，但低于算术运算符、关系运算符及逻辑运算符。下面看一个例子：

```
y = x >= 60 ? 'P' : 'F';
```

如果 x 大于或等于 60，则 y 被赋值'P'，该表达式的值为'P'；如果 x 小于 60，则 y 被赋值'F'，该表达式的值为'F'。

条件运算符为右结合性，即"自右向左"。下面的表达式：

```
x > y ? x : y > z ? y : z;
```

相当于

```
x > y ? x : (y > z ? y : z);
```

4.3 选择结构的程序设计

正如在前面的讨论中指出的那样，所有程序的正常执行次序通常都是顺序的。然而，在许多问题的解决方案中，常会根据情况的不同，采取不同的处理方式。一些常见的例子包括：只有除数不为零时才可以执行除法；存款的时间长短不同利率不同；负数不能计算平方根等等。类似的问题要求我们在处理数据时，作出必要的判断，并基于判断的结果执行相应的动作。在程序的流程控制上体现为：程序的执行次序将根据对条件判断的真或假，选择下一步要执行的语句。

C 语言提供两种选择控制语句：if 语句和 switch 语句。本节将讨论这两种语句的使用方法，并在下一节中利用实例展示如何使用选择控制语句实现选择结构程序设计。

4.3.1 if 语句

1. if 语句的一般形式

if 语句的一般形式如下：

```
if(表达式)
    语句 1
else
    语句 2
```

说明：

(1) 表达式可以是任何合法 C 表达式。

（2）语句 1、语句 2 可以是单条语句,也可以是复合语句、空语句等。

（3）else 语句是可选的。当无 else 子句时的 if 语句形式为:

if(表达式)
　　语句 1

（4）if 语句的执行流程,当表达式为真值(非零值)时,执行语句 1;否则,执行语句 2。语句 1、语句 2 不会都同时执行。

（5）尽量避免,if 语句中的表达式产生浮点数结果。因为浮点数运算占用几条 CPU 指令,将明显降低执行速度。

2. if 语句的嵌套形式

当 if 语句的目标块中又出现 if 语句时,C 语言有如下规定:else 子句总与距它最近的 if 配套。例如:

```
if (k)
{
    if (h) do1();
    if (i) do2();                /* 这个 if */
     else do3();                 /* 和这个 else 组合 */
    if (t) do4();
}
else do5();                      /* 这个 else 和 if(k) 组合 */
```

基于上述规则,一个常用的嵌套 if 语言构成多分支选择结构,也称为 if-else-if 阶梯,其一般形式如下:

if(表达式 1)
　　语句 1
else **if**(表达式 2)
　　语句 2
else **if**(表达式 3)
　　语句 3
　　　⋮
else 语句 n

所有条件自顶向下求解,发现真值时,执行相关语句,跳过其余所有语句;所有测试失败时,执行最后一个 else 的语句 n。

4.3.2　switch 语句

C 语言中,switch 语句同样可以实现多分支选择。switch 语句的一般形式是:

```
switch(表达式){
case 常量 1 :
语句序列 1
    break;
case 常量 2 :
语句序列 2
```

```
        break;
    ⋮
default :
语句序列 n
}
```

说明：

（1）表达式——必须对整数求值，因此可以使用结果为整型数据或字符型数据的表达式，但不能使用结果是浮点型数据的表达式。

（2）case 常量——常量必须是整型常量或字符型常量，不能使用浮点型常量。一个 switch 语句块中的各个常量的值必须不同。case 是一种标号语句，不能在 switch 语句之外存在。

（3）break 语句——是 C 语言的跳转语句之一。用在 switch 语句中时，表示程序执行流程跳转到该 switch 语句之后的语句，即结束该 switch 语句，执行下一条语句。

（4）switch 语句执行流程——表达式的值按自顶向下的顺序与 case 语句中的常量逐一比较，当发现匹配（相等）时，与该 case 语句相关的语句序列被执行，直到遇到 break 语句或达到 switch 语句结尾时停止。如果没有发现任何匹配，则执行与 default 相关的语句序列。

（5）default 语句——该语句是可选的。如不选用，则没有发现任何匹配时，该 switch 语句不发生任何操作。

（6）break 语句是可选的，删除时，则继续执行该 break 语句后的下一条语句。例如，若删除与 case 常量 2 相关的 break 语句，则发现表达式与常量 2 匹配时，执行语句序列 2 和语句序列 3，遇到 break 停止。

例如，按考试等级输出分数段，可以用 switch 语句实现：

```
switch (grade) {
    case 'A' :
        printf("90 - 100\n");
        break;
    case 'B' :
        printf("80 - 89\n");
        break;
    case 'C :
        printf("70 - 79\n");
        break;
    case 'D' :
        printf("60 - 69\n");
        break;
    case 'F' :
        printf("< 60\n");
        break;
    default :
        printf("Error!");
}
```

以上程序根据 grade 测试结果，分别输出其相应的分数段。

如果按考试等级区分及格与不及格，则可使用下面的程序：

```
switch (grade) {
    case 'A' :
    case 'B' :
    case 'C :
    case 'D' :
      printf(">= 60\n");                          /* 前 4 个 case 都同样执行该条 printf 语句 */
      break;
    case 'F' :
      printf("<60\n");
      break;
    default :
      printf("Error!");
}
```

对于 grade 是 A、B、C、D 的情况，输出"＞＝60"；是 F 时，输出"＜60"。

switch 语句可以作为另一个 switch 语句中语句序列的一部分，形成嵌套 switch 语句。这时，即使内外层的常量相同，也不会引起冲突。例如：

```
switch (x) {
    case 1 :
        printf("process(x , y)\n");
        switch (y) {
          case 0 : printf("Divided by 0 error!\n");
                    break;
          case 1 : process (x , y );
        }
        break;
    case 2 :
    …
}
```

4.4 选择结构程序设计举例

【例 4.2】 从键盘读入两个整数，然后显示这两个数的商。

```
#include <stdio.h>
void main( )
{
    int a, b;
    printf("Enter two numbers(separate by ,):");
    scanf("%d, %d",&a,&b);
    if (b)
        printf("a/b= %d\n", a/b);
    else
        printf("Can not divide by zero. \n");
}
```

程序分析：

如果 b 值为零，则控制 if 的条件为假，else 被执行；否则 if 条件为真（非零值），执行除法操作。在该例中,若把 if 的条件改为 if(b!=0),则是冗余且低效的。因为 b 值足以控制 if 条件,没有必要再通过与零比较去测试它。

【例4.3】　从键盘读入年份,然后判断该年是否为闰年。符合下列条件之一的年份都是闰年:

(1) 能被 400 整除的年份;

(2) 不能被 100 整除,但可以被 4 整除的年份。

```
#include <stdio.h>
void main( )
{   int year,leap;
    printf("Enter year:");
    scanf("%d",&year);
    if (year%400==0 || (year%4==0 && year%100!=0))      /* 判断是不是闰年 */
        leap=1;                                          /* 是闰年 */
    else
        leap=0;

    if (leap)
        printf("%d is a leap year.\n",year);
    else
        printf("%d is not a leap year.\n",year);
}
```

程序分析:

利用关系运算符及逻辑运算符判断是否为闰年,并设立闰年标志 leap=1 时为闰年。然后根据 leap 判断并输出相应结果。

【例4.4】　企业发放的奖金根据利润提成。

(1) 利润 i 不超过 10 万元时,奖金可提 10%;

(2) 利润不超过 20 万元时,其中的 10 万元按 10% 提成,高于 10 万元的部分提成 7.5%;

(3) 20 万到 40 万元,其中的 20 万元按前述 b 方法提成,高于 20 万元的部分提成 5%;

(4) 40 万到 60 万元,其中的 40 万元按前述 c 方法提成,高于 40 万元的部分提成 3%;

(5) 60 万到 100 万元,其中的 60 万元按前述 d 方法提成,高于 60 万元的部分提成 1.5%;

(6) 高于 100 万元时,其中的 100 万元按前述 e 方法提成,超过 100 万元的部分提成 1%。

从键盘输入当月利润 i,求应发放奖金总数。

```
#include <stdio.h>
void main( )
{
    long int i;
    int bonus1,bonus2,bonus4,bonus6,bonus10,bonus;
    printf("Enter profit earned:");
    scanf("%ld",&i);
    bonus1=100000*0.1;
```

```
        bonus2 = bonus1 + 100000 * 0.075;
        bonus4 = bonus2 + 200000 * 0.05;
        bonus6 = bonus4 + 200000 * 0.03;
        bonus10 = bonus6 + 400000 * 0.015;
        if (i <= 100000)
            bonus = i * 0.1;
        else if(i <= 200000)
            bonus = bonus1 + (i - 100000) * 0.075;
        else if(i <= 400000)
            bonus = bonus2 + (i - 200000) * 0.05;
        else if(i <= 600000)
            bonus = bonus4 + (i - 400000) * 0.03;
        else if(i <= 1000000)
            bonus = bonus6 + (i - 600000) * 0.015;
        else
            bonus = bonus10 + (i - 1000000) * 0.01;
            printf("bonus = %d\n", bonus);
}
```

程序分析：

该程序属于分段计费，将每一段基数以 bonus1、2、4、6、10 保存，超出部分使用 if-else-if 阶梯进行多分支选择，完成 bonus 的计算，并输出结果。

【例 4.5】 输入某年某月某日，判断这一天是这一年的第几天。

解析：以 2000 年 4 月 8 日为例，应该先把前 3 个月的天数加起来，然后再加上 8 天即本年的第几天。遇闰年情况，且输入月份大于 3 时需要多加一天。

```
#include <stdio.h>
void main()
{
    int day, month, year, sum, leap;
    printf("\nplease input year, month, day\n");
    scanf("%d, %d, %d", &year, &month, &day);
    switch(month)                                    /* 先计算某月以前月份的总天数 */
    {
        case 1: sum = 0; break;
        case 2: sum = 31; break;
        case 3: sum = 59; break;                     /* 二月按 28 天计 */
        case 4: sum = 90; break;
        case 5: sum = 120; break;
        case 6: sum = 151; break;
        case 7: sum = 181; break;
        case 8: sum = 212; break;
        case 9: sum = 243; break;
        case 10: sum = 273; break;
        case 11: sum = 304; break;
        case 12: sum = 334; break;
        default: printf("month data error");
    }
    sum = sum + day;                                 /* 再加上某天的天数 */
        if(year % 400 == 0 || (year % 4 == 0 && year % 100 != 0)) /* 判断是不是闰年 */
```

```
        leap = 1;
    else
        leap = 0;
    if(leap == 1 && month > 2)                    /* 如果是闰年且月份大于 2,总天数应该再加一天 */
        sum++;
    printf("It is the %dth day of the year.\n",sum);
}
```

程序分析:

这里,使用 switch 语句按输入的月份,将该月份之前的总天数计入 sum。例如,若输入的月份为 3,则 swich 语句执行"case 3:sum=59;break;",即一、二月份的天数之和为 59 天。二月按 28 天计算,并根据闰年的判断,作相应调整。

该程序的运行结果:

```
please input year,month,day
2007,3,12
It is the 71th day of the year.
Press any key to continue
```

输入闰年 2000 年时:

```
please input year,month,day
2000,3,12
It is the 72th day of the year.
Press any key to continue
```

习题 4

1. 什么是算术运算？什么是关系运算？什么是逻辑运算？

2. C 语言中如何表示"真"和"假"？系统如何判断一个量的"真"和"假"？

3. 写出下列表达式的值,假设 $a=5$, $b=2$, $c=4$。

(1) a % b * c && c % b * a

(2) b % c * a && a % c * b

(3) a % b * c || c % b * a

(4) b % c * a || a % c * b

4. 写出下列表达式的值,假设 $a=3$, $b=4$, $c=5$。

(1) a+b>c && b==c

(2) a || b+c && b−c

(3) !(a>b) && !c || 1

(4) !(x=a) && (y=b) && 0

(5) !(a+b)+c−1 && b+c/2

5. 编写一个 C 程序,要求从键盘输入一个整数,判断该整数是否能够被 17 整除。(解析：当该数与 17 的余数为零时,即可以被 17 整除。)

6. 编写一个 C 程序,计算并显示由下列说明确定的一周薪水。如果工时小于 40,则薪水按每小时 8 元计；否则，按 320 元加上超出 40 小时部分的每小时 12 元。（解析：一周工时数为键盘输入，显示其相应薪水为输出。）

7. 编写一个 C 程序，要求从键盘输入 3 个整数 a、b、c，输出其中最大的数。（解析：求极值问题。设立一个变量 max 总是保留两数比较时较大的那个值。具体方法如下：先将 a 的值赋给 max，如果 max<b 则将 b 的值赋给 max，然后再用 max 与 c 进行比较，如果 max<c 则将 c 的值赋给 max，这样能使 max 总是保留最大的值。最后输出 max。）

8. 编写一个 C 程序，要求从键盘输入 3 个整数 x、y、z，请把这 3 个数由小到大输出。（解析：排序问题。想办法把 3 个数进行调换，使得最小的数放到 x 变量里，最大的数放在 z 变量里。具体方法如下：先将 x 与 y 进行比较，如果 x>y 则将 x 与 y 的值进行交换；然后再用 x 与 z 进行比较，如果 x>z 则将 x 与 z 的值进行交换，这样能使 x 最小；然后将 y 与 z 比较，并将较小的值保存在 y 里而较大的值放在 z 里。最后，依次输出 x、y、z。）

9. 编写一个 C 程序，要求从键盘输入一个不多于 5 位的正整数 x，要求输出：

（1）它是几位数；

（2）逆序打印出各位数字，例如，原数为 789，应输出 987。

解析：该问题的核心是分解出每一位上的数字。

```
a = x/10000;              /* 分解出万位上的数字 */
b = x%10000/1000;         /* 分解出千位上的数字 */
c = x%1000/100;           /* 分解出百位上的数字 */
d = x%100/10;             /* 分解出十位上的数字 */
e = x%10;                 /* 分解出个位上的数字 */
```

通过检测各数字是否为零，便可知道 x 是几位数。

10. 编写一个 C 程序，要求从键盘输入两个数，并依据提示输入的数字，选择对这两个数的运算，并输出相应运算结果。要求提示为：

（1）作加法；

（2）作乘法；

（3）作除法；

解析：

可使用 switch 语句，以提示输入的数字为依据，采用分支结构设计，使得提示输入 1 时将两数之和输出；提示输入 2 时，将两数之积输出；提示输入 3 时，将两数之商输出。注意，除数不可为零的检测与提示。

第5章

循环程序设计

循环结构是一种重复执行的程序结构。它判断给定的条件,如果条件成立,则重复执行某一些语句(称为循环体),否则结束循环。通常,循环结构有"当型循环"(先判断条件,后执行循环)和"直到型循环"(先执行循环,再判断条件)。在 C 语言中,实现循环结构的语句主要有以下 3 种:

(1) for 语句。

(2) while 语句。

(3) do-while 语句。

5.1 问题的提出

实际应用中的许多问题,都会涉及重复执行的操作步骤和相应的算法,如级数求和、方程的迭代求解、统计报表打印,等等。有时重复处理的次数是已知的,有时重复处理的次数是未知的。不管怎样,程序设计中都要用到循环结构。比如以下问题的求解过程都要用到循环结构。

(1) 计算 $1+2+3+\cdots+n$,这是一个循环累加的问题,每次循环累加一个自然数,总共需要 n 次加法运算,从而得到这个自然数数列之和。

(2) 计算 $n! =1\times2\times3\times\cdots\times n$,这是一个循环累乘的问题,每次循环乘一个自然数,总共需要 n 次循环,即累乘 n 个数,从而得到 n 的阶乘。

(3) 利用公式:$\frac{\pi}{4}=1-\frac{1}{3}+\frac{1}{5}-\frac{1}{7}+\cdots$,计算 π 的近似值,直到最后一项的绝对值小于 10^{-6} 时认为满足精度要求。这是一个事先未知循环次数的问题,需要根据给定的条件来判断循环是否终止。

类似以上需要重复处理的问题,必须用循环语句来编写程序解决。其实循环语句不只在数学问题中发挥重要作用,联合使用选择语句和循环语句还可以设计出许多实用的程序。

循环结构和顺序结构、选择结构一起被称为结构化程序设计的 3 种基本结构。按照结构化程序设计的观点,任何可计算问题都可以用这 3 种基本结构来解决。

5.2 while 语句

while 语句用来实现"当型"循环结构。

while 语句的一般形式为：

while(表达式) 循环体语句；

while 语句的执行过程可以用如图 5-1 的传统流程图(a)与 N-S 流程图(b)来表示。

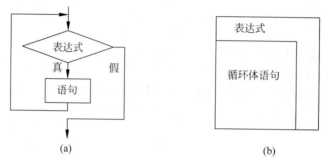

图 5-1   while 循环的流程图

其执行过程为：先判断表达式，为真(非 0)则执行语句，然后再判断。如果表达式为假(值为 0)则跳过循环体而直接执行 while 语句的下一语句。因此循环体可能一次也没有执行。当初始条件为假时，是不会执行循环的。

注意：

（1）如果循环体包含两条及以上的语句，应用{ }括起来，构成一个复合语句，否则系统只把第一个语句当成循环体部分加以重复执行，余者作为 while 循环的后续语句。

（2）循环体中应包含改变循环条件的语句，否则可能导致死循环。

【例 5.1】   求 $1+3+\cdots+99$ 的值。

首先画出流程图如图 5-2 所示。

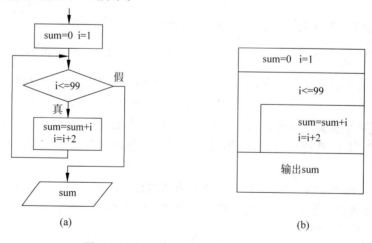

图 5-2 $1+3\cdots+99$ 的 while 循环流程图

```
# include < stdio. h>
void main( )
{   int i, sum;
    i = 1; sum = 0;
    while( i < = 99)
    {   sum = sum + i;
        i = i + 2;
        }
    printf("sum = % d\n", sum);
}
```

当然,本题也可用其他算法完成,如转换成 $\sum_{i=1}^{50} 2i - 1$ 的形式。

【例 5.2】 从键盘读入一系列字符,以 ♯ 结束,统计字符的个数。

程序分析:

这是典型的标志法。以♯作为标志,当此标志出现就结束循环。由于有可能第一个字符就是♯,因此适合用当型循环完成。此外,还需要一个计数器,用来统计实际字符个数。

程序流程图如图 5-3 所示。

```
# include < stdio. h>
void main( )
{   int count;
    char ch;
    count = 0;
    scanf(" % c", &ch);
    while( ch! = ' ♯ ')
    {   count++ ;
        scanf(" % c", &ch);
    }
    printf("total = % d\n", count);
}
```

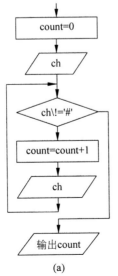

(a) (b)

图 5-3 例 5.2 的两种流程图表示

5.3 do-while 语句

do-while 语句是另一种用来实现"当型"循环的结构。与 while 循环不一样，它是先执行，后判断。

它的一般形式为：

```
do
循环体语句
while(表达式);
```

do-while 语句的执行过程可以用 5-4 的流程图表示。

其执行过程为：先执行循环体语句，然后判断表达式，如果表达式值为真，则重复执行循环体，如表达式值为假，则结束循环。因此 do-while 的循环体语句至少会执行一次。

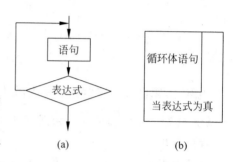

图 5-4　do-while 循环的流程图

【例 5.3】 用 do-while 循环求 $1+3+\cdots+99$ 的值。

其流程图与例 5.1 类似，只是条件判断放在循环体之后，如图 5-5 所示。

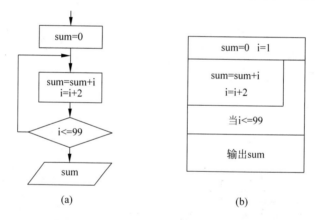

图 5-5　用 do-while 流程图表示 $1+3+\cdots+99$

```
#include <stdio.h>
void main( )
{ int sum,i=1;
    sum=0;
    do
       sum=sum+i;
       i=i+2;
    while(i<=99);
printf("sum=%d\n",sum);
    }
```

说明：当 do-while 之间的循环体由多个语句构成时，可以用{}括起来，也可不用，系统会自动把它们都当作循环体语句处理。

【**例 5.4**】 从键盘输入某班级学生的英语考试成绩,编程计算总分和平均分。

程序分析:

(1)由于学生人数未知,也只有采用标志法。由此设定:在最后一个学生成绩的后面添加一个标志－1,因为学生成绩一般情况下是≥0 的。

(2) 由于班级中学生人数＞0,故可使用 do-while 循环。

程序流程图如图 5-6 所示。

```c
# include < stdio. h>
void main( )
{ int count,score;
    float total,aver;
    total = 0;count = 0;
    printf("input scores:\n");
    scanf(" % d",&score);
    do
        total = total + score;
        count++;
            scanf(" % d",&score);
    while(score!= - 1);
    aver = total/count;
    printf("count = % d total = % 7.2f aver = % 5.2f\n",count,total,aver);
}
```

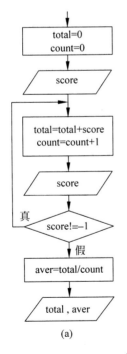

(a)   (b)

图 5-6 例 5.4 的流程图

5.4　for 语句

for 循环是 C 语言中使用最频繁也是最灵活的一种语句,它主要适用于循环次数已知的情况,但也可用于循环次数未知的情况。

for 语句的一般形式为:

for(表达式 1;表达式 2;表达式 3)
循环体语句;

它的执行过程可以用如图 5-7 所示的流程图表示。

for 循环的执行过程为:

(1) 求表达式 1 的值;

(2) 判断表达式 2;

(3) 若值为真,则执行循环体语句,并执行表达式 3,重复步骤(2);

(4) 若表达式 2 的值为假,则结束循环,执行 for 语句的后续语句。

for 循环的执行可以理解为如下的形式:

for(循环变量赋初值;循环条件;循环变量自增值)
循环体语句;

【例 5.5】　用 for 循环求 1＋3＋…＋99 的值。

```c
#include <stdio.h>
void main( )
{   int i,sum = 0;
    for(i = 1;i <= 99;i = i + 2)
        sum = sum + i;
    printf("sum = % d\n",sum);
}
```

【例 5.6】　从键盘输入 10 个数,找出其中的最小值。流程图如图 5-8 所示。

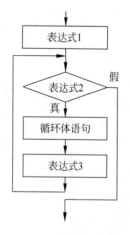

图 5-7　for 循环的流程图表示

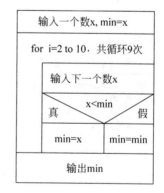

图 5-8　例 5.6 的 N-S 流程图

```
#include < stdio.h>
void main( )
{ int i,x,min;
    printf("input 10 datas:\n");
    scanf(" %d",&x);
    min = x;
    for(i = 2;i <= 10;i++)
      { scanf(" %d",&x);
          if(x < min) min = x;
      }
    pritnf("min = %d\n",min);
}
```

关于 for 循环使用的具体过程中,有几点值得说明的地方:

(1) 表达式 1、表达式 3 可以是简单的表达式或逗号表达式,表达式 2 一般是关系表达式或逻辑表达式(也可以是其他表达式,值为 0 表示假,非 0 表示真)。

上述例 5.5 可以表示为如下形式:

```
for(sum = 0,i = 1;i <= 99;i = i + 2 )
      sum = sum + i;
```

或

```
for(sum = 0,i = 1;i <= 99;i++,i++)
      sum = sum + i;
```

例如,统计键盘输入字符个数可以用以下 for 语句表示:

```
for(i = 0;(ch = getchar( ))!= '\n';i++);
```

(2) 表达式可以省略,但分号不能省。

① 表达式 1 可以省略,但应在 for 语句之前给循环变量赋初值,如上例可以改为:

```
sum = 0;i = 1;
for(;i <= 99;i = i + 2)
    sum = sum + i;
```

② 表达式 2 可以省略,执行时就没有循环条件可判断,循环无休止地执行下去,如:

```
for(i = 1;;i = i + 2)
    sum = sum + i;
```

就构成死循环。但可以采取其他办法避免出现这种情况,如在循环体中使用 goto 语句或 break 语句等。

③ 表达式 3 可以省略,但应在循环体中添加循环变量自增的语句,否则也会造成死循环。如上例也可表示为:

```
  for(i = 1;i <= 99;)
{   sum = sum + i;
    i = i + 2;
    }
```

④ 可以同时省略表达式 1 和表达式 3，只有表达式 2，例：

```
i = 1;
for(;i < = 99;)
{ sum = sum + i;
i = i + 2;
}
```

此时相当于 while 语句。实际上，for 循环完全可以替代 while 循环，但其用法远比 while 灵活。

⑤ 3 个表达式均可同时省略，此时情况与②类似，也要采取其他办法来控制循环结束。

5.5　goto、break、continue 语句

1. goto 语句

有时需要从程序中的某个语句转移到另一个语句，这时可以使用 goto 语句。goto 语句是无条件转移语句，它的一般形式为：

```
goto    语句标号;
```

其中语句标号为标识符，它的命名规则与变量名一样，只能由字母、数字、下画线组成，且只能由字母或下画线开头。例如：

```
goto loop;
```

表示将流程无条件地转移到 loop 所标识的语句去继续执行。

goto 语句一般与 if 语句配套使用，用来构成循环，或者从循环体内跳转到循环体外。

【例 5.7】 用 goto 语句求 1＋3＋…＋99。

```
#include <stdio.h>
void main( )
{     int i,sum = 0;
      i = 1;
next:
      sum = sum + i;
      i = i + 2;
      if (i < = 99) goto next;
      printf"sum = % d\n",sum);
}
```

结构化程序不提倡使用 goto 语句，因为频繁地使用 goto 语句使得程序结构毫无规律可言，如同一团乱麻。

2. break 语句

break 语句不仅能跳出 switch 语句，而且能跳转出任何一种循环语句的循环体，进而执行循环语句的下一个语句。

break 语句的一般形式为：

```
break;
```

【例5.8】 用 break 语句完成例5.7。

```
# include < stdio.h >
void main( )
{    int i,sum;
     for(sum = 0,i = 1;;i = i + 2)
        {    sum = sum + i;
             if(i > = 99) break;
        }
     printf("sum = % d\n",sum);
}
```

注意:

(1) break 语句一般与 if 语句配套使用,用来控制是否继续循环。

(2) break 语句只能用于 switch 语句和循环语句中,不能用于任何其他语句。

3. continue 语句

continue 语句用于结束本次循环,即跳过循环体中尚未执行的语句,流程转移到判断循环条件处,准备下一次循环。

continue 语句的一般形式为:

```
continue;
```

【例5.9】 从键盘输入10个整数,打印所有的负数。

```
# include < stdio.h >
void main( )
{    int x,i;
     printf("input 10 datas:\n");
     for(i = 1;i < = 10;i++)
        {    scanf("% d",&x);
             if(x > = 0) continue;              /* 非负数就跳过 */
             printf("% 8d",x);
        }
}
```

下面举例来形象地区分二者。假设有以下两种结构的循环:

(1) while(表达式1)
    {   ⋮
        if(表达式2) break;
        ⋮
    }

(2) while(表达式1)
    {   ⋮
        if(表达式2) continue;
        ⋮
    }

图 5-9 是它们的流程图，请注意 break 与 continue 的区别。

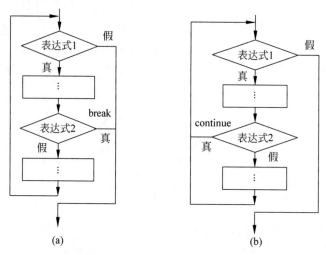

图 5-9　break 与 continue 的区别

5.6　循环的嵌套

如果在一个循环内完整地包含另一个循环结构，则称为多重循环或循环嵌套。嵌套的层数可以根据需要而定，嵌套一层称为二重循环，嵌套二层称为三重循环，以此类推。

3 种循环语句（while 循环、do-while 循环和 for 循环）可以相互嵌套，下面是几种常见的二重嵌套形式。

```
① for(…)
  {…
    for(…)
    {
      …
    }
  }
③ while(…)
  { …
    for(…)
    {
      …
    }
  }
⑤ do
  {…
    for(…)
    {
      …
    }
  }while(…);
```

```
② for(…)
  {…
    while(…)
    {
      …
    }
  }
④ while(…)
  { …
    while(…)
    {
      …
    }
  }
⑥ do
  {  …
    do
    {
      …
    }while(…);
    …
  }while(…);
```

【例 5.10】 输出由数字组成的如下所示的金字塔图案。

```
        1
       222
      33333
     4444444
    555555555
   66666666666
  7777777777777
 888888888888888
99999999999999999
```

分析：输出图案一般可由多重循环实现，外循环来控制输出的行数，内循环控制每行的空格数和字符个数。程序如下：

```c
# include < stdio.h >
void main( )
{
    int i, k, j;
    for (i = 1; i <= 9; i++)              //外循环控制输出行数
    {
        for (k = 1; k <= 10 - i; k++)       //每行起始输出位置
        {
            printf(" ");                    //输出空格符
        }
        for (j = 1;j <= 2 * i - 1; j++)     //内循环控制输出字符个数
        {
            printf("%c",'0' + i);           //输出内容
        }
        printf("\n");                       //换行
    }
}
```

循环可以嵌套使用，即循环体内还可以包含另一个完整的循环。循环的嵌套可以是二重的，也可以是多重的。

循环的嵌套形式是多种多样的，前面介绍的几种循环语句，都可以互相嵌套。例如在 while 的循环体中包含一个 for 循环，或是 for 循环中包含一个 do-while 循环等。

【例 5.11】 求 1!＋2!＋…＋10!。

```c
# include < stdio.h >
void main( )
{ int i,j;
  long mul, sum = 0;
  for(i = 1;i <= 10;i++)
   { mul = 1;
   for(j = 1;j <= i;j++)
     mul = mul * j;
```

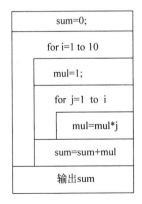

图 5-10 求 1!＋2!＋…＋10!

（图中内容）

sum=0;

for i=1 to 10

mul=1;

for j=1 to i

mul=mul*j

sum=sum+mul

输出sum

```
    sum = sum + mul;
  }
  printf("sum = % ld",sum);
}
```

使用循环嵌套时，要注意几个问题：

（1）外层循环必须完全嵌套内层循环，严禁交叉嵌套；

（2）内、外层循环变量尽量不要同名，否则结果不可预料。

例如：

```
for(i = 1;i <= 10;i++)
for(i = 1;i <= 10;i++)
    printf(" * ");
```

一共打印了多少个 * ？请大家思考。

5.7 3 种循环语句比较

一般情况下，3 种循环语句可以相互代替，表 5-1 列出了各种循环语句的区别。

表 5-1   几种循环语句的区别

格　　式	for(表达式 1；表达式 2；表达式 3){循环体；}	while(表达式){循环体；}	do{循环体；}while(表达式)；
循环类别	当型循环	当型循环	直到型循环
循环变量初值	一般在表达式 1 中	在 while 之前	在 do 之前
循环控制条件	表达式 2 的值	表达式的值	表达式的值
提前结束循环	break	break	break
改变循环条件	一般在表达式 3	循环体中用专门语句	循环体中用专门语句

说明：

（1）3 种循环中 for 语句功能最强大，使用最多，任何情况的循环都可使用 for 语句实现。

（2）当循环体至少执行一次时，使用 do-while 语句与 while 语句等价。如果循环体可能一次也不执行，则只能使用 while 语句或 for 语句。

5.8 程序举例

许多程序都要用到循环结构，关于循环的算法很多，这里只列举一些常用的算法。

【例 5.12】 输入两个正整数 m 和 n，求它们的最大公约数。

程序分析：

求最大公约数可以用"辗转相除法"：将大数 m 作为被除数，小数 n 作为除数，二者余数为 r。如果 r≠0，则将 n→m，r→n，重复上述除法，直到 r＝0 为止。此时最大公约数就是 n，流程图如图 5-11 所示。

```
# include < stdio.h >
void main( )
{   int m,n,r,t;
    printf("input m and n:\n");
    scanf(" % d % d",&m,&n);
    if(m < n)
    { t = m;m = n;n = t; }
    r = m % n;
    while (r!= 0)
    { m = n;
      n = r;
      r = m % n;
    }
  printf(" % d",n);
}
```

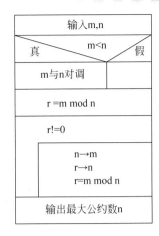

图 5-11　求最大公约数

【例 5.13】　打印 Fibonacci 数列的前 20 项,每行打印 5 个数。该数列前两个数是
"1、1",以后的每个数都是其前两个数之和。

程序分析:

　　这要用到递推法。所谓递推,是指根据前面的一个或多个结果推导出下一个结果。这
里设 3 个变量 f1、f2、f3,其中 f3＝f1＋f2。流程图如图 5-12 所示。

| f1=1, f2=1 |
| 输出f1,f2 |
| for i=3 to 20 |
| 　f3=f1+f2 |
| 　输出f3 |
| 　f1=f2, f2=f3 |

图 5-12　输出 20 项 Fibonacci 数列

```
# include < stdio.h >
void main( )
{    int f1,f2,f3,i;
     f1 = 1;f2 = 1;
     printf(" % 10d % 10d",f1,f2);
     for(i = 3;i < = 20;i++)   /∗ 求后面 18 个数 ∗/
     {   f3 = f1 + f2;
         printf(" % 10d",f3);
         if(i % 5 = = 0) printf("\n");
     f1 = f2; f2 = f3;
     }
}
```

【例 5.14】　打印出所有的"水仙花"数。所谓"水仙花"数,就是一个 3 位数,其各位数
字的立方和等于该数本身。例如 407 就是一个"水仙花"数,因为 $407＝4^3＋0^3＋7^3$。

程序分析:

　　本题可以采用穷举法。穷举法就是把所有的可能组合一一考虑到,对每种组合都判断
是否符合要求,符合则输出。

```
# include < stdio.h >
void main( )
{   int i,j,k,m,n;
    for(i = 1;i < = 9;i++)
        for(j = 0;j < = 9;j++)
            for(k = 0;k < = 9;k++)
                {   m = i ∗ 100 + j ∗ 10 + k; n = i ∗ i ∗ i + j ∗ j ∗ j + k ∗ k ∗ k;
                    if(m = = n) printf(" % 10d",m);
```

```
        }
    }
```

【例 5.15】　从键盘输入一行字符，要求将所有大写字母转换成小写，小写字母转换成大写，然后输出该字符串。

```
# include < stdio. h >
void main( )
{ char ch;
    while((ch = getchar()!= '\n')
    {  if(ch >= 'a' && ch <= 'z') ch = ch - 32;        /* 小写变大写 */
       else if(ch >= 'A' && ch <= 'Z' ) ch = ch + 32;   /* 大写变小写 */
       putchar(ch);
    }
}
```

如果上例去掉 else，即改成

```
if(ch >= 'a' && ch <= 'z') ch = ch - 32;
    if(ch >= 'A' && ch <= 'Z') ch = ch + 32;
```

后，会得到什么结果？

【例 5.16】　输入一正整数 n，在屏幕中央打印 n 行三角形。如 n＝4，则打印：

```
      *
     ***
    *****
   *******
```

程序分析：

要想将图形打印在屏幕中央，应在每行输出第一个 * 之前打印若干个空格作为占位符。这里假设图形输出在 10 列处。

```
# include < stdio. h >
void main( )
{   int i, j, n;
    printf("input n:\n");
    scanf(" % d",&n);
    for(i = 1; i <= n; i++)
    {   for(j = 1; j <= 10; j++)
            printf(" ");                    /* 打印 10 个空格，占位 */
        for(j = 1; j <= 2 * i - 1; j++)
            printf(" * ");                  /* 打印 * 号 */
            printf("\n");                   /* 打印完一行，换行 */
    }
}
```

【例 5.17】　编一个程序验证哥德巴赫猜想：一个大于等于 6 的偶数可表示为两个素数的和。例如：6＝3＋3,8＝3＋5,10＝3＋7。

程序分析：

设 n 为大于等于 6 的任一偶数，将其分解为 n1 和 n2 两个数，使得 n1＋n2＝n，分别判断 n1 和 n2 是否为素数，若都是素数，则为一组解。若 n1 不是素数，就不必再检查 n2 是否为素数。从 n1＝3 开始判断，直到 n1＝n/2 为止。事实上，在判断一个数 m 是否是素数时，可以减少循环次数，因为 m＝sqrt(m) * sqrt(m)，所以，当 m 能被大于 sqrt(m) 的整数整除时，在 2～ sqrt(m) 之间，至少存在一个能整除 m 的数，因此只要判断 m 能否被 2,3,…,sqrt(m) 整除即可。

程序代码如下：

```c
#include <stdio.h>
#include <math.h>
void main( )
{
    int n, n1, n2, j, k;
    printf("Enter a number n = ?\n");
    scanf("%d", &n);
    for (n1 = 3; n1 <= n / 2; n1++)
    {
        k = sqrt(n1);                            //求 n1 的平方根
        for (j = 2; j <= k; j++)
        {
            if (n1 % j == 0)
            {
                break;
            }
        }
        if (j < k)
        {
            continue;
        }
        n2 = n - n1;
        k = sqrt(n2);
        for (j = 2; j <= k; j++)
        {
            if (n2 % j == 0)
            {
                break;
            }
        }
        if (j > k)
        {
            printf("%d = %d + %d\n",n,n1,n2);
        }
    }
}
```

输入及程序运行过程：

```
Enter a number n = ?
64 ↵
64 = 3 + 61
64 = 5 + 59
```

64 = 11 + 53
64 = 17 + 47
64 = 23 + 41

习题 5

1. 输入一行字符，分别统计出其中字母、数字和其他字符的个数。

2. 编程求 $1 - \frac{1}{2} + \frac{1}{3} - \frac{1}{4} + \cdots + \frac{1}{99} - \frac{1}{100}$。

3. 编写程序，对数据进行加密。从键盘输入一个数，对每一位数字均加 2，若加 2 后大于 9，则取其除 10 的余数。如，2863 加密后得到 4085。

4. 输出 3～100 之间的所有素数。

5. 验证 2000 以内的哥德巴赫猜想：对于任何一个大于 4 的偶数，均可以分解为两个素数之和。

6. 求 $\frac{1}{1 \times 2} + \frac{1}{2 \times 3} + \cdots + \frac{1}{n \times (n+1)}$，直到某一项小于 0.001 时为止。

7. 100 匹马驮 100 担货，大马一匹驮 3 担，中马一匹驮 2 担，小马两匹驮 1 担，求大马、中马、小马的数目，要求列出所有的可能。

8. 假设我国国民经济总值按每年 8％的比率增长，问几年后翻番。

9. 从键盘上输入 10 个整数，求其中的最大值和次大值。

10. 从键盘输入 n，输出 n 行 * 组成的倒等腰三角形，如 n＝4，则输出：

```
*******
 *****
  ***
   *
```

11. 用迭代法求 $X = \sqrt{a}$。迭代公式为：$X_{n+1} = \frac{1}{2}\left(X_n + \frac{a}{X_n}\right)$，要求迭代精度满足 $|X_{n+1} - X_n| < 0.00001$。

12. 求解爱因斯坦数学题。有一条长阶梯，若每步跨 2 阶，则最后剩 1 阶；若每步跨 3 阶，则最后剩 2 阶；若每步跨 5 阶，则最后剩 4 阶；若每步跨 6 阶，则最后剩 5 阶；若每步跨 7 阶，最后一阶都不剩，问总共有多少级阶梯？

13. 打印如下的九九乘法表：

```
     1   2   3   4   5   6   7   8   9
     ----------------------------------------
     1
     2   4
     3   6   9
     4   8   12  16
     5   10  15  20  25
     ........................................
     9   18  27  36  45  54  63  72  81
```

数组

前几章中主要介绍的是整型、字符型、浮点型数据类型,这些数据类型在 C 语言中属于基本数据类型,在程序中只能处理少量的数据。而实际上,计算机的最大优势就是能处理大批量的数据,这就需要定义复杂数据类型。本章介绍的数组就是复杂数据类型中的一种,它是一组具有相同数据类型的存储单元。

本章主要阐述一维数组和二维数组的定义、初始化及使用,并介绍常用的排序方法(选择排序法和冒泡排序法)和查找方法(顺序查找法和折半查找法)。

6.1 问题的提出与程序示例

首先,提出一个实际问题,需要输入 100 位同学某门功课的成绩,并找出最高分。如果用之前介绍的普通数据类型来解决这个问题,就要定义 100 个浮点型的变量:float a1,a2,a3,a4,a5,… 这样将使程序变得非常复杂,并且数据处理起来也很麻烦。为了解决这类问题,我们引入了数组的概念。由于这 100 位同学某门功课的成绩都属于浮点类型,因此可以定义一个数组 float a[100] 来存放这些同学的成绩。

【例 6.1】 从键盘输入某个同学 10 门功课的成绩,找出其中的最高分。

分析:在 10 个数中查找最大数,可以使用顺序查找法,即首先默认第一个数是最大数,依次将它与后面的 9 个数进行比较,顺序比较下去,使用一个变量来保存整个查找过程中的较大数,当 10 个数都比较过后,该变量中保存的即是 10 个数中的最大数。

```
#include <stdio.h>
void main( )
{
    float max, score[10]; //定义数组 score
    int i;
    printf("请输入某个同学 10 门功课的成绩:");
    for(i = 0; i < 10; i++)                    //引用数组,输入 10 个同学某门功课的成绩
    {
        scanf("%f", &score[i]);
    }
    max = score[0];                            //默认第 1 个同学的分是最高分
        for(i = 1; i < 10; i++)                //依次和第 2 个到第 10 个同学的成绩进行比较
        {                                      //找出最高分
            if(score[i] > max)
```

```
        {
            max = score[i];
            }
        }
    printf("最高分:%.2f\n", max);
}
```

输入及程序运行过程：

请输入某个同学 10 门功课的成绩:89 78 77 85 84 90 92 79 75 86 ↵
最高分:92.00

显然,使用数组编写的程序更简洁,提高了程序的效率,下面将讨论数组的使用方法和解决一些实际问题的思路。

6.2　一维数组的定义和引用

6.2.1　一维数组的定义

一维数组就是只有一个下标的数组。
定义格式：

存储类别　类型标识符　数组名[常量表达式];

例如：

int a[5];

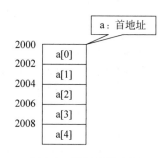

图 6-1　数组存储空间

表示定义了一个整型数组,数组名为 a,数组名代表数组所占存储空间的首地址,数组包含 5 个元素,依次分配内存单元如图 6-1 所示(假设起始地址为 2000)。

说明：

（1）存储类别——说明数组的存储属性,即数组的作用域与生存期,可以是静态型(static),自动型(auto)及外部型(extern),省略时默认是 auto 型。这几种存储类别的特点将在以后的章节中介绍。

（2）类型标识符——数组元素的类型。

（3）数组名的命名规则——与标识符的命名规则相同。

（4）常量表达式——中括号中常量表达式定义了数组的长度,即数组中包含元素的个数,是一个整型常量表达式或符号常量。

下面是合法的数组定义：

```
#define N 10
char string[N];              /*定义一个有 10 个元素的字符数组 string*/
int n[4*N];                  /*定义了一个有 40 个元素的整型数组 n*/
```

6.2.2 一维数组元素的引用

在完成数组的定义后,就可使用其中的元素了。数组元素的表示形式:

数组名[下标]

说明:

(1)下标——数组元素在数组中的顺序号,使用整型常量或整型表达式。

(2)下标的取值范围——0 ~ 数组长度-1。

数组元素引用时,每个元素都可作为一个变量来使用。例如:

```
int i = 2;
int a[5];                        /*定义数组长度为5,数组元素为a[0]~a[4]*/
```

以下的引用都是正确的:

```
a[0] = 1; a[3] = a[0] + 2; a[2 * i] = 3;
```

【例 6.2】 从键盘上输入 10 个数,输出最大、最小的元素以及它们的下标。

```
# include < stdio.h >
# define SIZE 10
void main( )
{    int i,j,k,max,min,n[SIZE];
    printf("Input 10 integers:\n");
    for(i = 0;i < SIZE;i++)
        {   printf("%d:",i + 1);
            scanf("%d",&n[i]);
        }
    max = min = n[0];
    for(i = 1;i < SIZE;i++)
        {   if(max < n[i])
            {
                max = n[i];
                j = i;
            }
            if(min > n[i])
            {
                min = n[i];
                k = i;
            }
        }
    printf("Maximum value is:a[%d] = %d\n",j,max);
    printf("Minimum value is:a[%d] = %d\n",k,min);
}
```

程序分析:

(1)首先定义一个长度为 10 的整型数组,这里用字符常量 SIZE 使程序有更好的通用性,如果要改变数组的大小,只需改变 SIZE 的值,程序的其他代码都无须改变。

(2)利用循环逐个输入数组 10 个元素的值。

（3）首先把 n[0]送入 max 和 min 中，然后从 a[1]到 a[9]逐个与 max 中的内容比较，若比 max 的值大，则把该元素送入 max 中，同时用 j 记录当前元素的下标，直到所有的比较都完成后，max 放的是最大值，j 中就是最大值元素对应的下标。同理，最小值送入变量 min 中，用 k 记录最小值元素的下标。

（4）输出最大值 max 以及下标、最小值 min 以及下标。

6.2.3　一维数组的初始化

数组的初始化是使数组元素得到初值。

初始化可以在程序运行时通过赋值语句或输入语句进行，但要占用运行时间。例如，输入数据给整型数组 num：

```
for(i = 0;i < 100;i++)
scanf(" % d",&num[i]);
```

与简单变量的初始化一样，在定义数组时，也可以对数组元素赋初值。这样，数组的初始化就在编译阶段进行，即在程序运行之前初始化，节约了运行时间。

初始化的一般形式：

存储类别 类型标识符 数组名[常量表达式] = {常量 1,常量 2,…,常量 n};

数组各分量依次初始化为常量 1、常量 2、……、常量 n。注意初始化数据必须用大括号括起。

数组初始化可以用以下几种方法进行。

（1）给数组的所有元素赋以初值。例如，

```
int month[12] = {31,29,31,30,31,30,31,31,30,31,30,31};
```

经过上面的定义和初始化之后：

```
month[0] = 31,month[1] = 29,month[2] = 31,month[3] = 30,month[4] = 31,month[5] = 30
month[6] = 31,month[7] = 31,month[8] = 30,month[9] = 31,month[10] = 30,month[11] = 31
```

在实际应用中，为了让元素下标跟实际月份对应，可以把数组长度增加一个，即：

```
int month[13] = {0,31,29,31,30,31,30,31,31,30,31,30,31};
```

（2）可以只给一部分元素赋初值。

```
int a[10] = {0,1,2,3,4};
```

定义数组有 10 个元素，但只提供了 5 个值，表示只给前 5 个元素赋了初值，后 5 个元素值为 0。

（3）如果想使一个数组中全部元素值为 0，可以写成：

```
int a[10] = {0,0,0,0,0,0,0,0,0,0};
```

或

```
int a[10];
```

则系统会对所有数组元素自动赋以 0 值。

（4）在对全部数组元素赋初值时，可以不指定数组长度，例如，

```
int a[5] = {1,2,3,4,5};
```

可以写成：

```
int a[ ] = {1,2,3,4,5};
```

若定义数组长度为 10，则给部分元素赋初值时，就不能省略数组长度的定义，而必须写成：

```
int a[10] = {1,2,3,4,5};
```

6.2.4 一维数组程序举例

【例 6.3】 利用数组实现 Fibonacci 数列前 20 个元素的输出（要求每行输出 5 个数据）。

```
# include "stdio.h"
void main( )
{
    int i,f[20] = {1,1};
    for(i = 2;i < 20;i++)
        f[i] = f[i - 2] + f[i - 1];
    for(i = 0;i < 20;i++)
        {
        if(i % 5 == 0) printf("\n");
        printf(" % 10d",f[i]);
        }
}
```

程序运行结果：

```
1      1      2      3      5
8      13     21     34     55
89     144    233    377    610
987    1597   2584   4181   6765
```

程序分析：

根据 Fibonacci 数列的形成规律，某个元素等于其相邻的前两个元素之和，采用一维数组进行存放和计算比较简单。数组 f 的第 i 号元素用于存放 Fibonacci 数列的第 i+1 个元素，数组 f 在初始化时，f[0]和 f[1]赋值为 1，利用循环语句和表达式 f[i] = f[i-2]+f[i-1] 依次计算出下标为 2～19 的元素值，也就是 Fibonacci 数列第 3～20 个元素的值。采用数组计算 Fibonacci 数列的好处在于算法简单、能够把数列元素的值记录在数组中。最后利用 if 来控制换行，每行输出 5 个数据。

【例 6.4】 使用冒泡排序法对 10 个数按从小到大的顺序进行排序。

```
# include < stdio.h >
void main( )
```

```
{    int a[10],i,j,t;
     printf("Input 10 integer numbers:\n");
     for(i = 0;i < 10;i++)
        scanf(" % d",&a[i]);
     printf("\n");
     for(j = 0;j < 9;j++)
        for(i = 0;i < 9 - j;i++)
           if(a[i]> a[i + 1])
           {
           t = a[i];
           a[i] = a[i + 1];
           a[i + 1] = t;
           }
     printf("The sorted numbers:\n");
     for(i = 0;i < 10;i++)
     printf(" % d ",a[i]);
}
```

程序分析：

冒泡排序法的思路：

（1）比较第一个数与第二个数，若为逆序 a[0]＞a[1]，则交换；然后比较第二个数与第三个数；以此类推，直至第 n－1 个数和第 n 个数比较为止，完成第一趟冒泡排序，结果最大的数被安置在最后一个元素位置上。

（2）对前 n－1 个数进行第二趟冒泡排序，结果使次大的数被安置在第 n－1 个元素位置上。

（3）重复上述过程，共经过 n－1 趟冒泡排序后，排序结束。

图 6-2 说明了排序的具体过程。

a[0]	35	25	4	4	4	4	4	4	4	4
a[1]	25	4	25	25	25	25	25	25	18	_18_
a[2]	4	35	35	35	35	28	28	18	_25_	
a[3]	57	57	45	45	28	35	18	_28_		
a[4]	98	45	57	28	45	18	_35_			
a[5]	45	66	28	57	18	_45_				
a[6]	66	28	66	18	_57_					
a[7]	28	75	18	_66_						
a[8]	75	18	_75_							
a[9]	18	_98_								

图 6-2　冒泡排序

图 6-2 中每一趟对应程序外层的一次循环，而每一趟中的两两比较则对应程序中的内层循环，第一趟中要进行 n－1 次两两比较，第 j 趟中进行 n－j 次两两比较。每一趟比较结束就"下沉"剩余数中最大的数（带下画线的数）。

【例 6.5】 从键盘上输入不超过 50 个学生的成绩,计算平均成绩,并输出高于平均分的人数及成绩。输入成绩为负数时结束。

```c
#define N 50
#include <stdio.h>
void main( )
{ float score[N],avg = 0,sum = 0,x;
  int i,n = 0,count;
  printf("Input score:\n");
  scanf("%f",&x);
  while (x >= 0&&n < N)
  {   sum += x;
    score[n++] = x;
        if(n >= N)break;
        scanf("%f",&x);              /* 输入的成绩保存在数组 score 中 */
    }
if(n > 0)avg = sum/n;
  printf("average = %5.2f\n",avg);   /* 输出平均分 */
for (count = 0,i = 0;i < n;i++)
    if (score[i] > avg)
     { printf("%10.2f",score[i]);    /* 输出高于平均分的成绩 */
       count++ ;                     /* 统计高于平均分成绩的人数 */
       if (count%5 == 0) printf("\n"); /* 每行输出成绩达 5 个时换行 */
     }
    printf("count = %d \n",count);   /* 输出高于平均分的人数 */
}
```

程序分析:

首先定义一个有 50 个元素的一维数组 score,先将成绩输入到数组中,并计算平均成绩。然后,将数组中的成绩值逐一与平均值比较,输出高于平均分的成绩,并用 count 记录成绩高于平均分的学生人数。

6.3 二维数组

6.2 节介绍的一维数组只有一个下标,其数组元素也称为单下标变量。在实际问题中有很多量是二维的或多维的,例如,一个班有 50 个学生,每个学生选修了 5 门课程,如果存储每个学生各门课程的成绩,需要用 50 个一维数组,显然很不方便,因此需要定义一个二维数组 score[50][5]。C 语言允许构造多维数组,多维数组元素有多个下标,以标识它在数组中的位置,所以也称为多下标变量。最常见的多维数组是二维数组,它主要用于表示二维表和矩阵,后面的讲述以二维数组为主。

6.3.1 二维数组的定义

二维数组定义的一般形式:

存储类别 类型标识符 数组名[常量表达式1][常量表达式2];

例如：

```
float a[3][2],b[10][5];
```

定义 a 为 3 行 2 列的数组，b 为 10 行 5 列的数组。

很显然数组中元素的个数为：行数×列数。a 中有 6 个元素，b 中有 50 个元素。

在实际应用中，尤其是在数组的初始化和指针处理的时候，可以把二维数组理解为几个一维数组的集合，例如上面定义的数组 a，可以理解为有 3 个元素 a[0]、a[1]、a[2]，每个元素都是包含 2 个元素的一维数组，如图 6-3 所示，此处可以把 a[0]、a[1]、a[2] 看作是 3 个一维数组的名字。

二维数组的元素在内存中存放的顺序为：按行的顺序存放，即先存放第 0 行的元素，再存放第 1 行的元素，……，其中每 1 行中的元素再按照列的顺序存放。数组 a 中各元素在内存中的存放顺序，如图 6-4 所示。

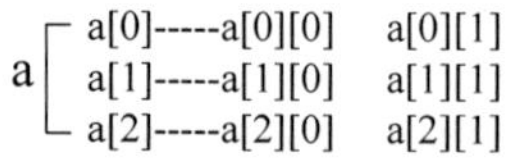

```
    ┌ a[0]-----a[0][0]    a[0][1]
a   │ a[1]-----a[1][0]    a[1][1]
    └ a[2]-----a[2][0]    a[2][1]
```

| a[0][0] |
| a[0][1] |
| a[1][0] |
| a[1][1] |
| a[2][0] |
| a[2][1] |

图 6-3   二维数组 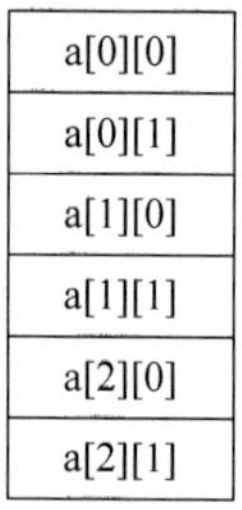   图 6-4   二维数组存放空间

6.3.2   二维数组元素的引用

和一维数组一样，二维数组也必须先定义、后引用。二维数组元素的表示形式为：

数组名[下标][下标]

说明：

（1）下标可以是整型表达式，例如

```
a[2][3],a[i][2*i-1];
```

（2）数组元素可以出现在表达式中，也可以被赋值。例如，

```
b[1][2] = a[2][1]/3;
```

（3）在使用数组元素时，应该注意下标值应在已定义的数组大小的范围内。例如，

```
int a[3][4];
a[3][4] = 3;
```

定义 a 为 3×4 的数组，它可用的行下标最大值为 2，列下标最大值为 3。a[3][4] 指第 3 行第 4 列的数组元素，超过了数组的范围。

（4）要区分定义数组时用的 int a[3][4] 和引用数组时用的 a[3][4]，前者 a[3][4] 是用来

定义数组的维数和各维的大小,后者 a[3][4]中的 3 和 4 是下标值。a[3][4]代表某一个元素。

6.3.3 二维数组的初始化

可以用下面的方法完成二维数组的初始化。

(1)按行分段赋值。例如,

```
int score[5][3] = {{80,75,92},{61,65,71},{59,63,70},{85,87,90},{76,77,85}};
```

这种赋值方法比较直观,把第一个大括号内的数据赋给数组第一行的元素,第二个大括号内的数据赋给数组第二行的元素,以此类推。

(2)按行连续赋值。例如:

```
int score[5][3] = {80,75,92,61,65,71,59,63,70,85,87,90,76,77,85};
```

以上这两种赋值的结果是完全相同的,不过第一种方法看上去更清晰,不容易出错。

(3)可以只对部分元素赋初值,未赋初值的元素自动取 0 值。例如,

```
int score[5][3] = {{80},{61},{59},{85},{76}};
```

它的作用是给每一行的第一个元素赋值,其余元素的值为 0,赋值之后的结果如下:

$$
\begin{bmatrix}
80 & 0 & 0 \\
61 & 0 & 0 \\
59 & 0 & 0 \\
85 & 0 & 0 \\
76 & 0 & 0
\end{bmatrix}
$$

当然也可以给每一行的部分元素赋值,例如:

```
int score[5][3] = {{80,75},{61,65},{0,63},{85,87},{76,77}};
```

数组元素初始化结果如下:

$$
\begin{bmatrix}
80 & 75 & 0 \\
61 & 65 & 0 \\
0 & 63 & 0 \\
85 & 87 & 0 \\
76 & 77 & 0
\end{bmatrix}
$$

如果数组中非 0 元素很少时,利用这种赋值方法将会很方便,例如,可以给某些行的元素赋值:

```
int score[5][3] = {{80},{},{59,},{},{76}};
```

数组元素为:

$$
\begin{bmatrix}
80 & 0 & 0 \\
0 & 0 & 0 \\
59 & 0 & 0 \\
0 & 0 & 0 \\
76 & 0 & 0
\end{bmatrix}
$$

（4）如果对全部元素赋初值，则数组第一维的长度可以不给出，但第二维的长度不能省略。例如，

```
int score[ ][3] = {80,75,92,61,65,71,59,63,70,85,87,90,76,77,85};
```

系统将根据数据个数和第二维的长度自动计算出第一维的长度。

（5）如果只对数组的某些元素赋值，第一维的长度也可以省略，但是必须按行分段赋值。例如，

```
int score[ ][3] = {{ 80},{},{59,},{},{76}};
```

系统会自动判断出当前数组有 5 行。

6.3.4　二维数组程序举例

【例 6.6】　有如下的 3×3 矩阵 a，求矩阵 a 的转置矩阵 b。

$$a = \begin{bmatrix} 1 & 2 & 3 \\ 4 & 5 & 6 \\ 7 & 8 & 9 \end{bmatrix} \qquad b = \begin{bmatrix} 1 & 4 & 7 \\ 2 & 5 & 8 \\ 3 & 6 & 9 \end{bmatrix}$$

```
#include<stdio.h>
void main( )
{
    int i,j;
    int a[3][3] = {1,2,3,4,5,6,7,8,9},b[3][3];
    printf("array a:\n");
    for(i = 0;i < 3;i++)
        {
            for(j = 0;j < 3;j++)
            {
            printf("%5d",a[i][j]);
            b[j][i] = a[i][j];                /* 行列互换 */
            }
                printf("\n");
        }
        printf("array b:\n");
    for(i = 0;i < 3;i++)
        {
        for(j = 0;j < 3;j++)                   /* 循环 3 次,输出一行共 3 个元素 */
            printf("%5d",b[i][j]);
        printf("\n");                          /* 输出一行后换行,再输出下一行 */
        }
}
```

程序分析：

转置矩阵就是将原矩阵元素按行列互换形成的矩阵，程序中利用 b[j][i] = a[i][j] 实现数组的行列互换。另外，二维数组的输出，要利用二重循环实现。

【例 6.7】　寻找一个整型二维数组中的"鞍点"。所谓"鞍点"，就是指这样一个元素，该元素在所在行中值是最小的，在所在列中是值最大的元素。如果鞍点存在，则输出鞍点所在

的行、列以及鞍点的值。

```
# include < stdio. h >
void main( )
 {
  int a[3][4];
  int i,j,k,s,t,flag1,flag2 = 0;
  for(i = 0;i < 3;i++)
    for(j = 0;j < 4;j++)
      scanf(" % d",&a[i][j]);
  for(i = 0;i < 3;i++)
    {
    for(j = 0;j < 4;j++)
      printf(" % 4d",a[i][j]);
      printf("\n");
    }
  for(i = 0;i < 3;i++)
   {
    s = a[i][0];
    t = 0;
    flag1 = 0;
    for(j = 0;j < 4;j++)
      if (a[i][j]< s)
        {s = a[i][j]; t = j;}
    for(k = 0;k < 3;k++)
        if (a[k][t]> s){flag1 = 1;break;}
    if(flag1 == 0)
    {
     flag2 = 1;
     printf("The saddle point is:a[ % d][ % d] = % d\n",i,t,a[i][t]);
    }
   }
  if(flag2 == 0)
  printf("No saddle point!\n");
 }
```

程序分析：

寻找鞍点的思路是：先在每行中找到该行最小的元素,对于 i 行,通过对该行 4 个元素的比较,将最小元素的值记录到变量 s 中,最小元素的列号记录在变量 t 中;再把列号为 t 的那一列中 3 个元素逐一与 s 比较,行号由变量 k 控制在 0～2 之间变化,如果 a[k][t]均小于 s,则元素 a[i][t]是鞍点。但是如果存在一个 a[k][t]的值大于 s,则元素 a[i][t]不是鞍点,将不用继续比较,通过 break 语句退出循环,退出前置标志 flag1 为 1,表示该列有元素大于 a[i][t],a[i][t]不是鞍点。最后根据 flag1 的值是否为 0 判断 a[i][t]是否鞍点,如果 s 与 t 列的 3 个元素都进行了比较且 s 最大,则 flag1 为 0,表示 a[i][t]是该行的鞍点,则输出此鞍点,同时修改标志 flag2 为 1,如果最后 flag2 的值仍为 0,说明此数组无鞍点。

【例 6.8】 编写一个程序,统计某班 3 门课程的成绩,它们是 C 语言、数学和英语。先输入学生人数,然后依次输入学生成绩,最后统计每个学生课程的总成绩和平均成绩以及每门课程全班的平均成绩。

```c
#define N 100
# include < stdio. h>
void main( )
{
 float score[N][5],sum,avg[3];
 int i,j,n;
 printf("Input students number(1～%d):",N);    /* 输入 1～N 之间的学生个数 */
 scanf("%d",&n);
 while(n<=0||n>N)                              /* 检验输入数据的合法性 */
 {
  printf("Input error!\nPlease input again:");
  scanf("%d",&n);
 }
 printf("Input score:\n");
 for(i=0;i<n;i++)                              /* 输入每个学生各门课的成绩 */
  {
   printf("Student %5d:",i+1);
   for(j=0;j<3;j++)
     scanf("%f", &score[i][j]);
  }
 for(i=0;i<n;i++)                              /* 计算每个学生的总分及平均分 */
  {
   score[i][3] = 0;
   for(j=0;j<3;j++)score[i][3] += score[i][j];
   score[i][4] = score[i][3]/3;
  }
 for(j=0;j<3;j++)                              /* 计算每门课程的平均分 */
  {
   sum = 0;
   for(i=0;i<n;i++)sum += score[i][j];
   avg[j] = sum/n;
  }
 printf("\nNo. C Language Math English Total Average\n");
 for(i=0;i<n;i++)                              /* 输出课程分数、总分、平均分 */
  {
   printf("%2d",i+1);
   for(j=0;j<5;j++)
     printf("%10.2f", score[i][j]);
   printf("\n");
  }
 printf("\nSubject Average:\n");               /* 输出全班每门课程的平均分 */
 for(i=0;i<3;i++)
   printf("%11.2f",avg[i]);
}
```

程序分析：

程序定义了一个二维数组 score[50][5]，score[i][0]、score[i][1]、score[i][2]分别存储 3 门课程的分数，score[i][3]和 score[i][4]分别每个学生的总分和平均分。avg[3]存放全班每门课程的平均分。每一部分的功能分别在程序中做了注释，其中计算部分的功能，在学习了函数以后，可以用函数实现，以使程序更加简洁。

6.4 字符数组

字符数组用来存放字符数据,数组中一个元素存放一个字符。

6.4.1 字符数组的定义

字符数组的定义与前面介绍的数组定义相同。例如,

char str[30];

定义了一个有 30 个元素的字符数组,每个元素相当于一个字符变量。

说明:由于字符与整型是互相通用的,因此也可以用整型数组存放字符数据。例如,

int str[30];

但这时每个数组元素占 2 个字节的内存单元。

6.4.2 字符数组的初始化

对字符数组的初始化,要将字符常量以逗号分隔并写在大括号中,逐一赋给数组元素。可以用以下方法进行。

(1) 在数组定义时进行初始化。例如,

char c[10] = { 'c ', ' ', 'l ', 'a ', 'n ', 'g ', 'u ', 'a ', 'g ', 'e '};

赋值后数组各元素的值如图 6-5 所示。

c[0]	c[1]	c[2]	c[3]	c[4]	c[5]	c[6]	c[7]	c[8]	c[9]
c	—	l	a	n	g	u	a	g	e

图 6-5 数组元素值

大括号中提供的字符数只能少于数组的长度,否则将出现语法错误。例如:

char c[10] = { 'I ', ' ', 'l ', 'i ', 'k ', 'e ', ' ', 'C '};

数组各元素状态如图 6-6 所示。

c[0]	c[1]	c[2]	c[3]	c[4]	c[5]	c[6]	c[7]	c[8]	c[9]
I	—	l	i	k	e	—	C	\0	\0

图 6-6 数组元素初始化值

把提供的字符数据赋给数组前面的元素,其余的元素系统自动赋予空字符(即'\0 ')。

(2) 在对全部元素指定初值时,可省略数组长度,系统会根据初值个数自动确定数组的长度。例如,

char ch[ ] = { 's ', 't ', 'u ','d ','e ', 'n ', 't '};

数组的长度自动定为 7。

（3）可以给二维字符数组赋初值。例如，

char country[ ][10] = {{ 'C ', 'h ', 'i ', 'n ', 'a '},{ 'I ', 'n ', 'd ', 'i ', 'a '},{ 'G ', 'e ', 'r ', 'm ', 'a ', 'n ', 'y '}};

初始化结果如图 6-7 所示。

C	h	i	n	a	\0	\0	\0	\0	\0
I	n	d	i	a	\0	\0	\0	\0	\0
G	e	r	m	a	n	y	\0	\0	\0

country[0]
country[1]
country[2]

图 6-7　二维数组

6.4.3　字符数组的引用

【例 6.9】　字符数组的输出。

```
# include < stdio. h>
void main( )
{   char c[10] = { 'I',' ','a','m',' ','a',' ','b','o','y'};
    int i;
    for(i = 0;i < 10;i++)
      printf(" % c",c[i]);
    printf("\n");
}
```

程序运行结果：

I am a boy

【例 6.10】　输出水晶石图案。

```
# include < stdio. h>
void main( )
{
char diamond[ ][5] = {{ ' ', ' ', ' * '},{ ' ', ' * ', ' ', ' * '},{ ' * ', ' ', ' ', ' ', ' * '},{ ' ',
' * ', ' ', ' * '},{ ' ', ' ', ' * '}};
int i,j;
for(i = 0;i < 5;i+ + )
  {for(j = 0;j < 5;j+ + )printf(" % c",diamond[i][j]);
printf("\n");
}
}
```

程序运行结果：

```
        *
      *   *
      *     *
      *   *
        *
```

6.4.4 字符串

字符串就是一串字符,就是用一个字符数组来存储的一组字符。但不能说字符数组就是字符串,因为数组中的每一个数据元素在逻辑上是独立的,而字符串在逻辑上是一段相关的文字内容,不是一个个独立的字符。C 语言没有字符串变量,字符串不是存放在一个变量中而是存放在一个字符数组中。C 语言规定以'\0'作为字符串的结束标志。'\0'是 ASCII 代码值为 0 的字符。ASCII 代码值为 0 的字符不是一个普通的可显示字符,而是一个"空操作"字符,它不进行任何操作,只是作为一个标记。它占内存空间,但不计入字符串的长度。

说明:

(1) 字符串数据用双引号表示,而单个字符数据用单引号表示。

(2) 对于字符串,系统在串尾加'\0'作为其结束标志,而字符数组并不要求最后一个字符是'\0'。

(3) 用字符数组来处理字符串时,字符数组的长度至少要比字符串长度大 1,以存放串尾结束符'\0'。例如,可以利用以下语句完成字符数组的初始化:

```
char str[11] = { 'I', ' ', 'a', 'm', ' ', 'a', ' ', 'b', 'o', 'y', '\0' };
```

等价的字符串表示为:

```
char str[11] = { "I am a boy"};
```

也可以省略大括号以及数组长度,直接写成:

```
char str[ ] = "I am a boy"; /* 数组的长度自动定为 11,而不是 10 */
```

字符串的长度并不是总比字符数组的长度少一个,例如:

```
char c[ ] = { 'C', 'h', 'i', 'n', 'a', '\0', 'J', 'a', 'p', 'a', 'n', '\0'};
```

字符数组在初始化时开辟了 12 个内存单元存放大括号内的字符,长度为 12。而如果测量这个字符数组存储的字符串的长度应为 5,因为字符串遇到第一个'\0'就结束了。

(4) 在对有确定大小的字符数组用字符串初始化时,数组长度应大于字符串长度。如:

```
char s[7] = {"student"};                    //是错误的
```

(5) 只能在初始化的时候给字符数组赋值,不能直接将字符串赋值给字符数组。下面的操作是错误的。

```
char s[10];
s = "student";
```

6.4.5 字符串的输入输出

1. 字符串的输出方法

1) 用 printf 函数
利用循环以及格式符%c 可以实现字符数组中逐个字符的输出。要实现字符串整体的输入与输出，必须利用格式符%s。例如：

```
char c[ ] = "I am a boy ";
printf("%s",c);
```

输出结果为：

```
I am a boy
```

注意：

- 输出字符不包括结束符'\0'。
- 用格式符"%s"输出字符串时，printf函数中的输出项是字符数组名，而不能用数组元素名。下面的语句是错误的：

```
printf("%s",c[0]);
```

- 如果字符数组长度大于字符串实际长度，也只输出到'\0'结束。如果字符数组中包含多个'\0'，则输出遇到第一个'\0'时结束。例如：

```
char c[ ] = {'h','e','l','\0','l','o','\0'};
printf("%s",c);
```

输出结果为：

```
hel
```

【例6.11】 字符串输出。

```
#include<stdio.h>
void main( )
{ char c[ ] = "Hello";
  printf("%c,%c\n",c[0],c[1]);
  printf("%s\n",c);
  printf("%o",c);
}
```

程序分析：

字符数组初始化后，各元素在内存中的存储情况如图6-8所示（假设数组分配内存单元的首地址为2000）。

第一个printf利用%c格式符输出数组前两个元素。第二个printf利用%s输出整个字符串，在这里printf函数首先按照数组名a找到数组的首地址，然后逐个输出其中的字符，直到遇到'\0'为止。第三个printf利用%o以八进制的形式输出数组的首地址。

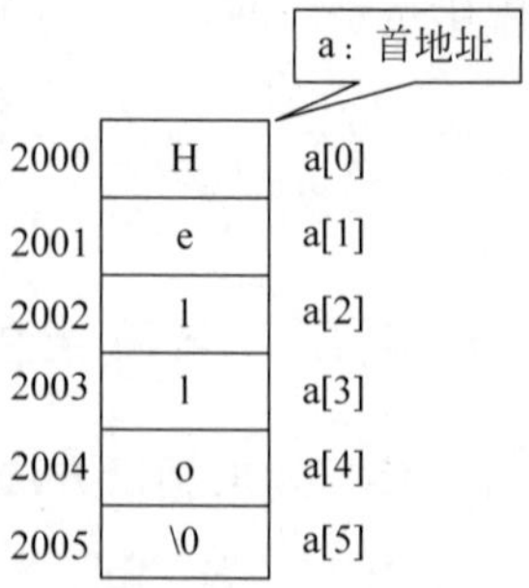

输出结果为：

```
He
Hello
2000
```

2）用puts函数
puts函数的一般格式为

		a：首地址
2000	H	a[0]
2001	e	a[1]
2002	l	a[2]
2003	l	a[3]
2004	o	a[4]
2005	\0	a[5]

图6-8　字符串

```
puts(字符数组)
```

其功能是向终端输出字符串,输出时将字符串的结束标志'\0'转换成换行符'n',因此输出完字符串后换行。

说明:字符数组必须以'\0'结束。

例如:

```
char ch[ ] = "student";
puts(ch); puts("Hello");
```

输出结果为:

```
student
Hello
```

将字符数组中包含的字符串输出,然后再输出一个换行符。因此,用 puts()输出一行,不必另加换行符' \n '。

函数 puts 每次只能输出一个字符串,而 printf 可以输出几个,例如:

```
printf("％s％s",str1,str2);
```

2. 字符串的输入方法

(1) 用 scanf 函数输入字符串,输入字符串数据时不需用界定符和' \0 '。例:

```
char c[10];
sacnf("％s",st);
```

从键盘输入:

```
China↙
```

系统会自动在 China 后面加上结束符'\0'。

注意:

- 下面的语句是错误的:

```
scanf("％s",&st);
```

因为 st 就代表了该字符数组的首地址,在输入时不能在 st 前再加地址符 &。

- 可以输入多个字符串,在输入时,以回车或空格作为结束标志。例如:

```
char str1[5],str2[5],str3[5],str4[5];
scanf("％s％s％s％s",str1,str2,str3,str4);
printf("％s ％s ％s ％s",str1,str2,str3,str4);
```

若按如下方法输入:

```
How do you do?↙
```

则输出结果为:

```
How do you do?
```

说明以空格分隔的 4 个字符串分别存放到了 4 个数组中。

如果执行语句：

```
char str[15];
scanf("%s",str) ;
printf("%s ",str);
```

输入：

How do you do?↙

输出结果为：

How

因为输入的时候以空格或回车作为分隔符，所以只把第一个空格前的 How 送入了 str 中，这也说明用%s 格式符输入的字符串中不能含有空格。

（2）用 gets 函数。

gets 函数的一般格式：

gets(字符数组)。

其功能是接收从键盘输入的一串字符，以回车为输入结束标记，将其按字符串格式存储到指定的字符数组中。通常，要定义一个适当大小的字符数组，存储从键盘输入的字符串。

例如，某程序需要从键盘接收一个最大长度为 15 的字符串，要进行以下操作。

首先定义一个长度为 16 的字符数组：

```
char str[16];
```

然后使用 gets 函数接收从键盘的输入：

```
printf ("Input str: ");              /*提示程序的使用者输入一个字符串*/
gets (str);                          /*接收一个字符串将其存储到字符数组 str */
```

从键盘输入：

Visual C++↙

则在字符数组 str 的存储状态如图 6-9 所示。

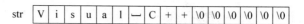

str | V | i | s | u | a | l | — | C | + | + | \0 | \0 | \0 | \0 | \0 | \0 |

图 6-9　字符数组 str 的存储状态

同 puts 函数一样，gets 函数每次只能输入一个字符串，字符串中可以包含空格，因为空格并不是 gets 函数字符串的结束符。

6.4.6　字符串操作函数

C 语言库函数中除了前面用到的库函数 gets()与 puts()之外，还提供了一些常用的库函数，其函数原型说明在 string.h 中。下面介绍几种常用的函数。

1. 字符串复制函数 strcpy

一般格式：

strcpy(字符数组 1,字符串 2)

函数功能：将字符串 2 复制到字符数组 1 中去。

返回值：返回字符数组 1 的首地址。

说明：

(1) 字符数组 1 必须是数组的名字,字符串 2 可以是数组的名字或者字符串常量。例如：

```
char str1[10], str2 = { "Turbo C++"};
strcpy(str1,str2);
```

执行结果如图 6-10 所示。

也可以这样：

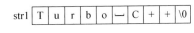

str1 | T | u | r | b | o | — | C | + | + | \0

图 6-10　执行结果图

```
strcpy(str1, "Turbo C++");
```

结果和上面一样。

(2) 字符数组 1 必须足够大,其长度应该大于字符串 2 的长度。

(3) 复制字符串 2 连同'\0 '一同复制到字符数组 1 中去,字符数组 1 中原有内容被覆盖。

(4) 不能使用赋值语句为一个字符数组赋值。例如,下面的语句是非法的：

```
str1 = "Turbo C++";
str1 = str2;
```

只有在字符数组初始化的时候才能给数组赋初值,否则只能用 strcpy 函数将一个字符串复制到另外一个字符数组中。

2. 字符串连接函数 strcat

一般格式：

strcat(字符数组 1,字符数组 2)

函数功能：将字符数组 2 连接到字符数组 1 后面。

返回值：返回字符数组 1 的首地址。

说明：

(1) 字符数组 1 必须足够大,以容纳连接后的新字符串,否则会因长度不够而产生问题。

(2) 连接前,两字符串均以'\0 '结束,连接时将字符串 1 的'\0 '取消,在新字符串最后保留'\0 '。

例如：

```
char str1[20] = { "I like "};
```

```
char str2[10] = "Turbo C++";
strcat(str1,str2);
```

连接前各字符串状态如图 6-11 所示。

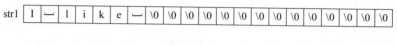

图 6-11　连接前各字符串状态图

连接后，如图 6-12 所示。

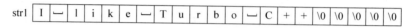

图 6-12　连接后字符串状态图

3. 字符串比较函数 strcmp

一般格式：

strcmp(字符串 1, 字符串 2)

函数功能：比较两个字符串大小。

比较规则：对两串从左向右逐个字符比较（ASCII 码），直到遇到不同字符或 '\0 '为止。

返回值：返回 int 型整数。

（1）若字符串 1＜字符串 2，则函数返回负整数。

（2）若字符串 1＞字符串 2，则函数返回正整数。

（3）若字符串 1＝字符串 2，则函数返回零。

说明：如果两字符串全部相同，则两个字符串相等；若出现不同字符，则以第一个不相同的字符的比较结果为准。

注意：字符串比较一般用以下形式

```
if (strcmp(str1,str2)>0)
    printf("ok ");
```

而不能用：

```
if(str1 > str2)
    printf("ok ");
```

4. 字符串长度函数 strlen

一般格式：

strlen(字符数组)

函数功能：计算字符串长度，即字符串中包含的字符个数。

返回值：返回字符串实际长度，不包括 '\0 '在内。

例如:

```
char str[10] = "student ";
printf(" % d, ",strlen(str));
printf(" % d ",strlen("very good "));
```

输出结果为:

```
7,9
```

5. 字符串转小写函数 strlwr

一般格式:

strlwr(字符串)

函数功能: 将字符串中的大写字母转换成小写字母。
返回值: 字符串首地址。
说明: 字符串可以是字符数组或字符串常量。
例如:

```
char str[15] = { "Visual FoxPro "};
printf(" % s ",strlwr(str));
printf(" % s ",strlwr("Program"));
```

输出执行结果为:

```
visual foxpro program
```

6. 字符串转大写函数 strupr

一般格式:

strupr(字符串)

函数功能: 将字符串中的小写字母转换成大写字母。
返回值: 字符串首地址。
说明: 字符串可以是字符数组或字符串常量。

以上介绍了 C 库函数中提供的几种常用的字符串处理函数,当然,库函数中还有很多其他函数,不同类型的库函数声明在不同的头文件中,在使用时要把库函数对应的头文件包含进来。这些库函数只是 C 编译系统为了方便用户而提供的,用户也可以根据自己的需要编写自定义函数。

6.4.7　字符数组应用举例

【例 6.12】　将一个字符串逆序存储。

```
# include < stdio. h >
# include < string. h >
void main( )
```

```
{
    char str[10],ch;
    int i,j;
    gets(str);
    for(i = 0,j = strlen(str) - 1;i < j;i++,j-- )
    {
     ch = str[i];
     str[i] = str[j];
     str[j] = ch;
    }
    puts(str);
}
```

程序分析：

首先注意头文件 string.h，这是使用 strlen 函数所必须包含的。程序首先输入一个字符串 str，然后，i 和 j 分别定位到 str 的第一个字符和最后一个字符，从首位的位置开始交换，完成一次交换后，执行 i++ 和 j—— 分别向后、向前各走一个字符，直到 i>=j 时，交换完成。交换前后的状态如图 6-13 所示。

输入：

abcde ↙

输出：

gfedcba

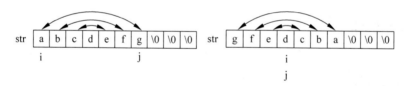

图 6-13　交换前后的状态图

【例 6.13】　编写程序计算字符串的长度，不用 strlen 函数。

```
# include < stdio.h >
void main( )
{
    char s[80];
    int k;
    printf("\nInput a string:");
    gets(s);
    for(k = 0; s[k]!= '\0'; ++k);          /* 计算字符串的长度 */
    printf("\nLength = % d", k);
}
```

程序分析：

本程序中计算字符串长度的功能是由语句"for(k=0; s[k]! = '\0'; ++k);"完成的，通过顺序地扫描 s 中的各元素，直到遇到字符串的结束标志 '\0'，使用 k 记录扫描过的字符的个数。

【例 6.14】 编写程序,在两个已知的字符串中查找所有非空的最长公共子串的长度与个数,并输出这些子串。

```c
# include < stdio. h>
# include < string. h>
void main( )
{ char str1[30],str2[30],temp[30];
  int len1,len2,i,j,k,p,sublen,count = 0;
  printf("Input first string: ");
  gets(str1);                              /* 从键盘获取字符串 */
  printf("Input second string: ");
  gets(str2);
  len1 = strlen(str1);                     /* 计算串长 */
  len2 = strlen(str2);
  if (len1 > len2)                         /* 使 str1 总是存放长度较短的字符串 */
    {strcpy(temp,str1);
    strcpy(str1,str2);
    strcpy(str2,temp);
    k = len1;
    len1 = len2;
    len2 = k;
    }
for(sublen = len1;sublen > 0;sublen -- )   /* 查找长度为 sublen 的公共子串 */
  {
  for(k = 0;k + sublen <= len1;k++)        /* 从 str1[k]开始找长度为 sublen 的子
                                              串,与 str2 中的子串进行比较 */
      {
    for(p = 0;p + sublen <= len2;p++)      /* str2 中的子串从 str2[p]开始 */
        {
          for(i = 0;i < sublen;i++)        /* 逐一比较两个子串中的字符 */
            if(str1[k + i]!= str2[p + i]) break;
            if(i == sublen)                /* 找到一个最长的公共子串 */
            { count++;                     /* 记录找到的个数 */
              for(j = 0;j < sublen;j++)    /* 输出找到的子串 */
              printf(" % c",str1[k + j]);
              printf("\n");
            }
        }
      }
  if (count) break;                        /* 已经找到至少一个最长的公共子串 */
  }
printf("Number of Max common substring: % d\n", count);
printf("Length of Max common substring: % d", ,sublen);
}
```

程序分析:

程序中定义了两个字符数组 str1 和 str2,分别存放两个串,并用 len1 和 len2 表示串的长度。如果用户输入的串 1 的长度大于串 2 的长度,则交换,以保证 len1≤len2,那么它们的公共子串的长度不会超过 len1。先在 str2 中查找有没有长度为 len1 的公共子串，若没有，则查找是否有长度为 len1－1 的公共子串……

　　程序运行情况如下：

abcd↙
bcdabc↙

运行结果：

abc
bcd
Number of Max common substring:2
Length of Max common substring: 3

　　第一次查找长度为 4 的公共子串，如图 6-14 所示。

　　在 str1 中只有一个长度为 4 的串，在 str2 中依次取长度为 4 的串与 str1 中取的串做比较，可见没有相同的，于是进行第二次查找，查找长度为 3 的公共子串，如图 6-15 所示。

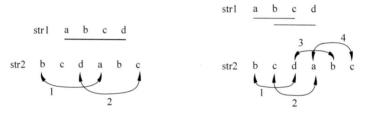

图 6-14　查找长度为 4 的公共子串　　　　图 6-15　查找长度为 3 的公共子串

　　在 str1 中首先取长度为 3 的子串 abc，在 str2 中进行查找，在 str2 中的第一个位置开始依次截取 3 个字符进行比较，在第四次循环找到了 abc，输出 abc，同时 count＋＋。再从 str1 中取子串 bcd，在 str2 中查找，在第一次循环找到 bcd，输出，同时 count＋＋。

6.5* 命令行参数

　　以前编写程序时，main 后面的一对小括号是空的，即 main 函数没有参数，实际上，在运行 C 程序时，系统可以通过命令行把参数传递给 main 函数，这样的参数称为命令行参数。

　　在 DOS 环境下，执行应用程序是通过命令行方式，如果在 DOS 命令提示符后面输入可执行程序的文件名，那么操作系统会在磁盘上找到该程序并把该程序的文件调入内存，然后开始执行程序。如果在命令行中输入可执行程序文件名的同时，接着再输入若干个字符串，那么所有这些字符串便以参数的方式传递给 main 函数，因此命令行参数也被称为 main 函数的参数。这里需要说明的是，main 函数只有定义为以下形式时，才可以接收命令行参数。系统规定接收命令行参数的 main 函数必须有两个形参，如下所示：

```
void main(int argc, char * argv[ ])
```

或者

```
void main(int argc, char ** argv)
```

说明：

（1）argv 和 argc 是两个参数名，也可以由用户自己命名，但是参数类型固定。

（2）第一个参数 argc 必须是整型，它保存从命令行中输入的参数个数，参数是一个或者若干个字符串，根据输入的字符串的个数，系统自动为 argc 变量赋值。例如，从命令行输入了 3 个字符串（包括可执行文件名），则系统自动为形参 argc 赋值为 3。

（3）第二个参数 argv 必须是一个字符型的指针数组或者是指向指针的指针变量，数组中的每个元素都是字符型指针变量，分别指向命令行中的每一个字符串。

（4）命令行输入命令时必须遵循以下规则：

• 输入的第一个字符串必须是可执行文件名。

• 如果输入若干个字符串，那么各个字符串之间用空格隔开。

【例 6.15】　假定以下程序的源文件名为 prog.c，编译连接后产生的可执行文件名为 prog.exe，可执行文件的保存路径是"C:\test\debug\prog.exe"。在 DOS 系统的命令提示符后面输入命令行，便可运行 prog.exe，运行效果如图 6-16 或图 6-17 所示。

```c
# include < stdio.h>
void main(int argc, char  * argv[ ])
{
    int i;
    printf("命令行参数编程实例\n");
    for(i = 0; i < argc; i++)              //循环 argc 次,打印 argc 个字符串
    {
        puts(argv[i]);                      //每个 argv[i]都是一个字符型指针,指向一个字符串
    }
}
```

图 6-16　命令行的第一个字符串为完整的
　　　　可执行文件名 prog.exe

图 6-17　命令行的第一个字符串为缺省了
　　　　扩展名.exe 的可执行文件名 prog

首先需要说明的是，图 6-16 和图 6-17 不是 VC++6.0 的程序运行环境，而是 DOS 系统。在 DOS 系统下运行可执行文件 prog.exe，并且向 main()函数传递参数的方法是：首先根据可执行文件所在路径确定 DOS 命令提示符为"C:\test\Debug"；然后在提示符后面输入命令行"prog.exe Hello World!"或者"prog Hello World!"；则程序被调用执行，于是将命令行中的 3 个字符串以参数形式传递给 main()函数。第一个字符串必须是可执行文件名 prog.exe 或者 prog，后面再跟两个其他字符串"Hello"、"World!"。main()函数接收到命令行参数时，系统自动为 main()函数的第一个形参 argc 赋值 3，第二个形参指针数组 argv 中自动形成 3 个指针，分别指向 3 个字符串，如图 6-18 所示。

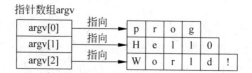

图 6-18 main 函数的形参指针数组 argv 指向命令行参数字符串的示意图

6.6 编程实例

【例 6.16】 判断一个字符串是否为回文串（回文串指正读反读都一样的字符串，如字符串"abc121cba"）。

分析：回文串的判断过程为以字符串的中间字符为界限，将前后对应位置的字符依次作比较，例如先比较第一个和最后一个字符，然后比较第二个和倒数第二个字符，以此类推，如果所有对应位置的字符都相同，则是回文串；否则，若发现一组对应位置的字符不相同，则不是回文串。如果字符串长度为 len，则比较次数最多为 len/2 次。

```c
#include <stdio.h>
#include <string.h>
void main( )
{
    char a[100];
    int i, len, flag = 1;
    printf("请输入一个字符串:");
    gets(a);
    len = strlen(a);
    for(i = 0; i < len / 2; i++)
    {
        if(a[i] != a[len - 1 - i])
        {
            flag = 0;
            break;
        }
    }
    if(flag == 1)
    {
        printf("字符串 %s 是回文串.\n", a);
    }
    else
    {
    printf("字符串 %s 不是回文串. \n", a);
    }
}
```

输入及程序运行过程：

请输入一个字符串:ABCDCBA ↵
字符串 ABCDCBA 是回文串

【例 6.17】 编写程序输入两个字符串,将第二个字符串连接到第一个字符串的后面,构成一个新的字符串。不能调用 strcat( ) 函数。

分析:将第二个字符串连接到第一个字符串末尾前,首先必须确定第一个字符串的长度,这样才能确定第二个字符串连接时每个元素所在的下标值。

```c
# include < stdio.h >
# include < string.h >
void main( )
{
        char a[40], b[20];
        int i, len_a, len_b;
        printf("请输入两个字符串:\n");
        printf("第一个字符串是:");
        gets(a);
        printf("第二个字符串是:");
        gets(b);
        len_a = strlen(a);
        len_b = strlen(b);
        for(i = 0; i < len_b; i++)
        {
            a[len_a + i] = b[i];
        }
        a[len_a + i] = '\0';
        printf("连接后组成的新字符串是:");
        puts(a);
}
```

输入及程序运行过程:

第一个字符串是:I am ↵
第二个字符串是:happy ↵
连接后组成的新字符串是:I am happy

习题 6

一、选择题

1. 以下正确的是( )。

    A. int   a[ ]={1,2,3,4};   B. int a[4]={1,2,3,4,5};

    C. int   n=4,a[n]={1,2,3,4};   D. int a[4],b; a=&b;

2. 以下程序执行完后,数组 a 的数值是( )。

```c
void main( )
{
int a[ ] = {9, 3, 0, 4, 8, 1, 7, 2, 5, 6}, i = 0, j = 9, t;
while(i < j)
{
    t = a[j];
    a[j] = a[i];
```

```
        a[i] = t;
        i++;
        j--;
    }
}
```

A. {9,3,0,4,8,1,7,2,5,6}   B. {0,1,2,3,4,5,6,7,8,9}

C. {6,5,2,7,1,8,4,0,3,9}   D. {9,8,7,6,5,4,3,2,1,0}

3. 以下程序的运行结果是(   )。

```
void main( )
    {
     int i, t[ ][3] = {9, 8, 7, 6, 5, 4, 3, 2, 1};
     for(i = 0; i < 3; i++)
            printf("% d", t[2 - i][i]);
    }
```

A. 753   B. 357   C. 369   D. 751

4. 有如下定义语句："int a[ ][3]＝{{1,2},{1,2,3,4},{1},{2,3,4}};"，以下叙述正确的是(   )。

A. 数组 a 中共有 10 个元素

B. 数组 a 为 4 行 3 列的二维数组

C. 数组 a 初始化后的实际值是{{1,2,1},{2,3,4},{1,0,0},{2,3,4}}

D. 编译报错

5. 以下数组定义中不正确的是(   )。

A. int   a[2][3];

B. int   b[ ][3]＝{0,1,2,3};

C. int   c[100][100]＝{0};

D. int   d[3][ ]＝{{1,2},{1,2,3},{1,2,3,4}};

6. 有以下程序：

```
void main( )
{   int p[7] = {11,13,14,15,16,17,18}, i = 0, k = 0;
    while(i < 7&&p[i] % 2){ k = k + p[i]; i++;}
    printf("% d\n", k);
}
```

执行后输出结果是(   )。

A. 58   B. 56   C. 45   D. 24

7. 以下程序的输出结果是(   )。

A. 18   B. 19   C. 20   D. 21

```
void main( )
{    int a[3][3] = { {1,2},{3,4},{5,6} },i,j,s = 0;
     for(i = 1; i < 3; i++)
       for(j = 0; j <= i; j++) s += a[i][j];
     printf("% d\n", s);
```

```
}
```

8. 有以下程序：

```
void main( )
{    int aa[4][4] = {{1,2,3,4},{5,6,7,8},{3,9,10,2},{4,2,9,6}};
             int i,s = 0;
             for(i = 0; i < 4; i++) s += aa[i][1];
             printf(" % d\n", s);
}
```

程序运行后的输出结果是(　　　)。

   A. 11　　　　　　　　B. 19　　　　　　　C. 13　　　　　　　D. 20

二、填空题

1. 设有定义语句"int a[ ][3] = {{0},{1},{2}};"，则数组元素 a[0][2] 的值为_____。

2. 以下程序的功能是：求出数组 x 中各相邻两个元素的和依次存放到数组 a 中，然后输出。请填空。

```
void main( )
{    int x[10], a[9], i;
     for (i = 0; i < 10; i++)
     scanf(" % d", &x[i]);
     for(_____ ; i < 10; i++)
     a[i - 1] = x[i] + _____;
     for(i = 0; i < 9; i++)
     printf(" % d", a[i]);
     printf("\n");
}
```

3. 以下程序的输出结果是_____。

```
void main( )
{    int i, n[4] = {1};
     for(i = 1; i <= 3; i++)
     {
     n[i] = n[i - 1] * 2 + 1;
     printf(" % d ", n[i]);
     }
}
```

4. 以下程序的输出结果是_____。

```
void main( )
{    int a[3][3] = {{1,2,9},{3,4,8},{5,6,7}}, i, s = 0;
     for(i = 0; i < 3; i++)
     s += a[i][i] + a[i][3 - i - 1];
     printf(" % d\n", s);
}
```

三、编程题

1. 编写程序，使用 scanf() 函数输入 10 个整数，输出它们的平均值及大于平均值的那些数据。

2. 任意输入一个不超过 8 位的正整数，将其转换成字符串输出。例如，输入正整数 986833，则输出字符串"986833"。

3. 编写程序，把数组中所有奇数放在另一个数组中并输出。

4. 编写程序，把字符数组中的字母按由小到大的顺序排序并输出。

5. 用选择法对 n 个整数进行排序。

6. 编写程序实现将两个字符串 a 和 b 连接后保存在串 c 中，不要使用 strcat 函数。

7. 求任意矩阵周边元素之和。

8. 矩阵转置（将矩阵的行列转换），例如：

$$\begin{pmatrix} 1 & 2 & 3 \\ 1 & 2 & 3 \\ 1 & 2 & 3 \end{pmatrix} \Rightarrow \begin{pmatrix} 1 & 1 & 1 \\ 2 & 2 & 2 \\ 3 & 3 & 3 \end{pmatrix}$$

9. 编程输出下面的图案：

```
        *
      *   *
    *   *   *
  *   *   *   *
*   *   *   *   *
```

第 **7** 章

指针

指针是 C 语言中的重要概念,也是 C 语言的一个重要特色。正确而灵活地运用指针,可以有效地表示复杂的数据结构,能动态分配内存,能直接处理内存地址等。掌握指针的应用,可以使程序简洁、紧凑、高效。每一个学习 C 语言的人都应该深入地理解指针,并掌握指针及指针变量的用法。可以说,不掌握指针就不能掌握 C 语言的精华。

本章介绍变量在内存中的存储结构、指针的概念、指针变量的用法。

7.1 问题的提出与程序示例

为了区别整数与存储单元的地址,C 语言引入了指针数据类型,定义指针变量以便处理存储单元的地址。因此指针变量其实是比较简单的变量,专门用来存放存储单元的地址,通常是变量的地址。若一个指针变量存储了一个变量的地址,则可以通过指针变量来访问该变量的存储单元。下面举例说明。

【例 7.1】 指针变量的定义和用法。

```
# include < stdio. h >
void main( )
{
    int x = 5;
    int * p;                    //定义指针变量 p
    p = &x ;                    //把 x 的地址赋值给 p
    * p = 10;                   //访问 x 的存储单元
    printf("x = % d\n", x);
}
```

程序运行结果:

x = 10

7.2 变量的存储结构

计算机的内存由若干字节组成,每个字节由 8 位构成,每个字节都有唯一的地址编号,以便 CPU 能读写任何一个字节的内容。如图 7-1 所示。例如,

```
char ch = 'A';
int i = 5;
float f = 3.8;
```

如图 7-2 所示,变量 ch 在内存中占一个字节,其地址就是该字节的地址编号 101；变量 i 在内存中占 4 个连续字节,字节的地址编号为 102,103,104,105,其地址是 102；变量 f 在内存中占 4 个连续字节,字节的地址编号为 107,108,109,110,其地址是 107。

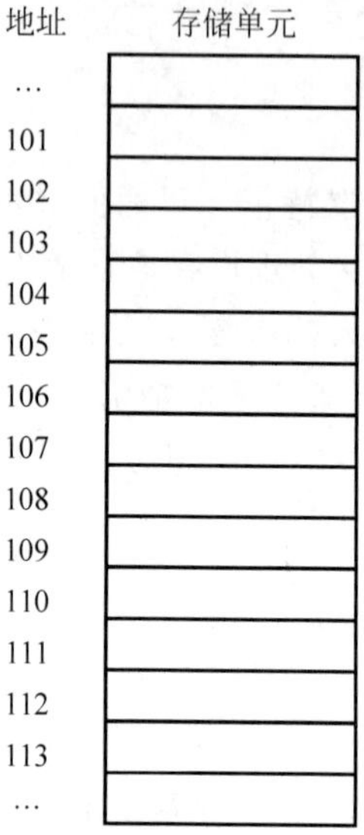

图 7-1   内存结构

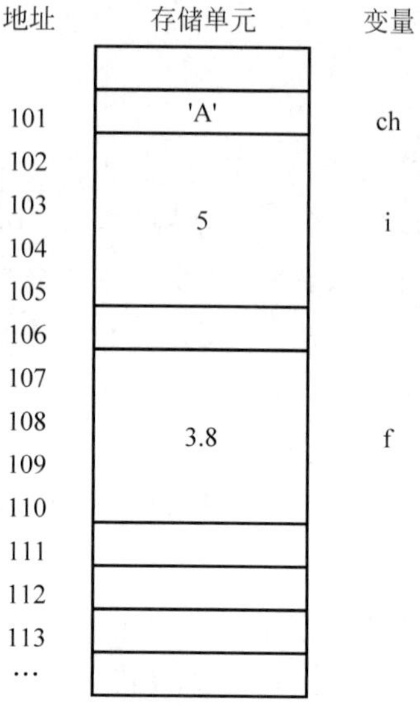

图 7-2   变量的地址

注意：不能保证不同变量在内存中是相邻单元,只能保证同一数组的各下标变量在内存中是相邻单元。

7.3   指针与指针变量的概念

7.3.1   指针的概念

处理数据与存储数据是计算机最基本的操作。在程序设计中,能正确地操作数据,是程序设计的基本功能。C 语言中不同的数据类型在计算机存储器中所占用的存储单元数是不等的,存储器存储单元规定,一个存储单元占一个字节,那么,一般 C 语言整型数据占 2 个单元、字符数据占 1 个单元、实型数据占 4 个单元,其分别占用的字节数为 2 个字节、1 个字节、4 个字节。为了正确地访问这些存储单元,就必须为每个存储单元编上一个地址编号,根据一个存储单元的编号即可准确地找到该存储单元。在这里存储单元的编号就叫做地址,对该地址的操作与使用,指针就可以用来存放地址实现相应的操作。

在 C 语言程序设计中,由于使用了指针,对初学人员来说,使程序设计变得复杂。特别是与数组之间的关系十分密切,对于数组而言,每一个数组都有一个确定的地址和由系统分配的内存单元。在程序设计中,引入指针,使程序的灵活性及技巧性得到提高,由于指针可以进行运算操作,所以,指针具备访问存储器中不同存储单元的能力,从而可以用 C 语言来代替汇编语言的一些操作功能。

7.3.2 指针变量

1. 指针变量的概念

指针描述的是一个存储器中存储单元的地址,它是一个整数数值。在 C 语言中,允许用一个变量来存放该地址值,即存放指针,这种变量就称为指针变量。因此,一个指针变量的值就是某个存储单元的地址或称为某存储单元的指针。指针变量与前面所描述的整型变量、字符变量、实型变量等有所不同,不能用来存放一般普通的数据,只能存放存储器单元的地址,如图 8-1 所示指针变量 p,其存储的内容就是变量 i 的地址值 2000。由于指针变量与普通变量及数组有一定的关系,要正确地使用指针变量,就必须理解普通变量在存储器中的存储空间分配及访问方法。

1) 变量在存储器中的存储空间分配

在 C 语言中,根据各种变量类型的定义,一般在存储器中分配的存储空间字节数为:

```
int a;                          //a 变量分配 2 个字节
float b;                        //b 变量分配 4 个字节
char c;                         //c 变量分配 1 个字节
int x[10];                      //x 数组变量分配 20 个字节
float y[10];                    //y 数组变量分配 40 个字节
char z[10];                     //x 数组变量分配 10 个字节
```

从上面的变量定义看出,不同的变量其分配的存储空间是不一样的,要想通过不同的方法来操作变量,就必须要理解和掌握变量的存储空间分配方法。

2) 变量在存储器中的两种访问方式

例如:

```
int i,j,k;
int *p;                         /*指针变量定义*/
i = 3;
j = 4;
k = 12;
```

其变量 i、j、k 在存储器中存储空间的描述为:假设变量 i 的存储器编号地址为 2000;

由于变量 i、j、k 为整型类型,占两个字节,各变量存储器编号地址如图 7-3 所示。其中 p 为指针变量,在存储器中仍然给它分配存储空间(使用方法见后面描述)。

图 7-3 变量在内存的分布情况

2. 变量的操作方式

在 C 语言中,只要定义变量,计算机就会在存储器中分配存储空间,然后就可以对该变量进行操作,其操作的方式主要有两种。

1) 变量的"直接访问"方式

在前面章节中，对变量的操作都是直接通过变量名进行的，我们将之定义为变量的"直接访问"方式。具体的操作原理为：

在存储器中，定义的每一个变量在存储器中都有一个对应的地址，对变量值的存取是通过存储器编号（地址）进行的。在实际程序操作中，变量的"直接访问"方式，只需给出变量名，计算机就可找到所需变量名的地址，不需要考虑变量在存储器中哪一个位置。如："printf("%d",i);"的执行。

根据变量名与地址的对应关系，计算机自动找到变量 i 的存储器单元编号（地址）为 2000，然后从由 2000 开始的存储器单元编号（地址）中取出数据，把它输出（值为 3）。如"scanf("%d",&i);"的执行。

根据键盘输入的值，计算机自动找到变量 i 的存储器单元编号（地址）2000，其值送到由 2000 开始的存储器单元编号（地址）存储单元中。如 k=i+j 的执行。

根据变量名与地址的对应关系先找到变量 i 的地址 2000 和 j 的地址 2002，然后从由 2000 开始的地址中取出数据值（3），从由 2002 开始的地址中取出数据值（4）把它相加后，和值（值为 7）送到变量 k 的地址——编号为 2004 的存储单元中。

2) 变量的"间接访问"方式

对变量的操作不是直接通过变量名进行，而是通过其他变量间接的操作来实现对该变量的访问，这种方式定义为变量的"间接访问"方式。

变量的"间接访问"方式与变量的"直接访问"方式的最大区别是：将变量 i 的存储器单元编号（地址）存放在另一个存储器单元中。由该存储器单元的值作为访问变量 i 的地址，再由该地址来实现变量 i 的操作。具体的操作原理为：

- 先定义一个存放 i 地址单元的变量 p，该变量的存储器单元编号如为 3000，然后把 i 变量的地址值 2000，存放在 3000 单元中，如图 7-3 中 p 变量。
- 从 3000 存储器单元编号中取出其值 2000，该值就是变量 i 的存储器单元编号（地址），然后通过该存储器单元编号地址（2000），就可用来存取变量 i 值。因为变量 i 的存储器单元地址就是 2000。

3. 指针变量的引入

在 C 语言中，为了实现这种"间接访问"方式，专门定义了一种变量来存储这种地址，以便于实现变量的"间接访问"。该变量用来存放其他所需要操作变量（如整型、实型、字符型等）的地址，以便"间接访问"其他变量的值。这种变量就称为"指针变量"。其中如图 7-4 所示的 p 变量，就是一个整型指针变量。

因此，一个指针变量的值就是某个存储器单元的地址或称为某存储器单元的指针。指针与指针变量是有区别的：

（1）一个指针是一个地址，是一个常量，一个固定的值；

（2）一个指针变量，与普通变量一样，需要定义，可以赋予不同的指针值，同时还可以进行相应运算操作，但它的作用只能对其他变量做"间接访问"操作。

指针变量的操作描述：如 p 为一个指针变量，可以把变量 i 地址 2000 放在指针变量 p 中，这样指针变量 p 就与变量 i 建立了联系，通过操作指针变量 p，就可达到对变量 i 的"间接访问"。它们之间的关系如图 7-4 所示。

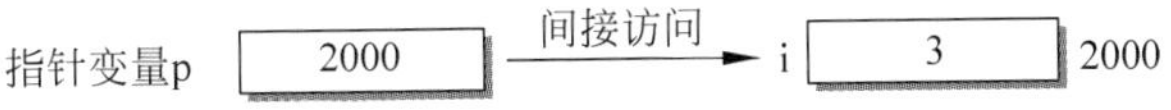

图 7-4 指针与变量的关系

注意：

指针变量的值是一个地址，即该值是其他变量的地址值（只能是一个整数），这个描述的地址不仅可以是变量的地址，也可以是数组或其他数据结构的地址。数组在内存中是连续存放的，只要指针与数组建立了联系，通过访问指针变量就可取得数组的首地址，也就可以操作该数组，这样，凡是在需要操作数组的地方都可以用一个指针变量来表示，只要为指针变量赋予数组的首地址即可。所以，指针变量可以对变量、数组、结构体等数据类型进行操作。

7.4 指针变量的定义和引用

7.4.1 指针变量的定义

指针变量同普通变量一样，必须先进行定义，然后再进行使用。

指针变量的一般定义形式为：

类型标识符 ∗指针变量名；

- "类型标识符"：同前面普通变量类型标识符所用的符号一样，但它表示定义该指针变量所指向的变量类型，即如果要对整型变量进行操作，那么该指针变量的类型就必须定义成整型类型；
- "∗"为定义指针变量的专用符号，表示该变量名为指针变量；
- "指针变量名"为用户所取的变量名。

例如，下面定义了 3 种类型的指针变量：

```
int    ∗pi;
char   ∗pc;
float  ∗pf;
```

pi 为整型指针变量，pc 为字符型指针变量，pf 为浮点型指针变量，它们分别为整型变量、字符型变量、浮点型变量进行操作服务，实现对该变量的"间接访问"。

指针变量对普通变量的"间接访问"具体操作步骤实例如下：

（1）变量定义。

```
int i;
char c;
float f;
```

（2）指针变量的定义。

```
int    ∗px, ∗py;
```

```
char    * pc;
float   * pf;
```

（3）指针变量与普通变量建立联系，实现变量的"间接访问"。

```
px = &i;                        /* px 已指向了变量 i */
pc = &c;                        /* pc 已指向了变量 c */
pf = &f;                        /* pf 已指向了变量 f */
```

这样，指针变量 px、pc、pf 就分别与变量 i、c、f 建立了联系，指针变量中的内容即为 i、c、f 变量的地址。通过对这些指针变量的操作，就可以对 i、c、f 变量进行"间接访问"操作了。

7.4.2　指针变量的引用

定义好指针变量后，就需要使用指针变量进行操作了，也就是实现对指针变量的引用，其"引用"的实质，就是指针变量获取地址，进而实现对变量的操作。对指针变量的引用，在 C 语言中，使用运算符 "&""*"来进行操作。

1. 指针运算符"&""*"的含义

（1）& ——取地址运算符，其功能是取得变量的存储地址。它的用法是放在要取变量的前面。如，&i 的含义是取变量的 i 存储地址，这样指针变量就与其他变量建立了联系。例如：

```
int * p;                        /* 定义整型指针变量 p */
int i;
p = &i;                         /* 指针变量 p 赋值,使 p 指向变量 i */
```

（2）* ——间接引用运算符，其功能是取得存储地址中的内容，即所返回的是其操作数地址所指向对象中的值。它的用法是放在地址变量的前面，用该运算符可实现指针变量对其他变量的间接访问。例如：

```
int * p;                        /* 定义整型指针 p */
int i;
p = &i;                         /* 指针变量 p 赋值 */
* p = 3;                        /* 相当于对变量 i 的操作,i 赋值为 3 */
```

注意：

① "int * p;"中"*"为定义指针变量 p，其中"* p＝3;"中"*"为间接引用运算符，相当于用指针变量 p 对变量 i 进行赋值。

② 指针变量中存放的是其他变量的地址，其中指针变量的赋值不能将一个整型量直接赋给指针变量。如，"p＝2000;"就是错误的描述方式，但有一个例外——"p＝NULL;"其中，NULL 为空地址。下面是一些正确的描述例子：

```
int i, * px, * py;
char c, * pc;
float f, * pf;
```

```
  px = &i;
  py = px;                      /* 把指针变量 px 的地址值直接赋值给指针变量 py */
  * px = 20; * pc = 's'; * pf = 12.3;  /* 相当于对变量 i、c、f 进行赋值 */
```

2."＊"运算符与"&"运算符的特点

（1）优先级别相同，并且都是"右结合"，"＊"和"&"是两个互逆的操作，当这两个操作符碰在一起时，其作用相互抵消。例如，＊&i＝3 与 i＝3 效果完全相同，其操作方式是：

- 由于是"右结合"方式，所以先执行 &i，它表示 i 的地址；
- 然后执行 ＊（i 地址），它表示 i 的地址的内容。

（2）"＊"与"&"的组合使用。例如：

```
int a, * p;
p = &a;
```

其组合操作方式有两种：

① & ＊p 操作——因有 p 指向 a 变量，＊p 表示 a 变量的内容，所以 ＊p 为 a 变量，那么，& ＊p 与 &a 相同，都表示 a 变量的地址。

② ＊&a——因有 &a 为 a 的地址，其中 p 也指向 a 变量，表示 a 的地址，那么 ＊&a 与 ＊p 相同，都表示 a 变量的内容。

【**例 7.2**】 用变量及指针变量分别进行数据的输入及输出。

```
void main ( )
 { int a ,b ,c;
   int * p1, * p2, * p3 = &c;      /* 指针变量的定义 */
   a = 5 ; b = 20 ;
   scanf(" % d",p3);               /* 用指针变量实现对 c 变量的数据输入 */
   p1 = &a ; p2 = &b ;
   printf( "(1) -- % d, % d, % d\n",a,b,c);
   printf( "(2) -- % d, % d, % d\n", * p1, * p2, * p3);
   p1 = p2;                        /* 指针与指针之间赋值 */
   printf( "(3) -- % d, % d\n", * p1, * p2);
   * p1 = 2;
   printf( "(4) -- % d, % d\n", a , b);
 }
```

程序运行结果：

```
输入：    10
输出：    (1) -- 5,20,10
          (2) -- 5,20,10
          (3) -- 20,20
          (4) -- 5,2
```

结果分析：（1）、（2）结果是一样，一个是用变量输出，一个是用指针变量的间接方式输出；（3）的结果是两个指针变量指向同一个变量 b，其结果一样；（4）的结果是变量 b 的值已变为 2，因为先执行了"＊p1＝2;"语句。

7.5 指针和地址运算

指针的本质是一个地址，指针变量存放的是地址，即相应的一个整数值，所以，其运算具有一些特别的性质，不能用普通变量的运算规则来处理指针变量的运算方式。在对指针变量的运算操作中，要特别注意指针变量在存储器中移动的字节数。

1. 单个指针变量的运算

加、减算术操作，主要包括＋、－、＋＋、－－运算。

每加（减）一，就指向 C 语言基本数据类型（整型、实型、字符型等）的下一个（上一个）元素的位置。例如：

```
int a,b,c,d, * p;                 /* 定义了 3 个整型变量，一个指针变量 */
p = &b;                           /* 指针变量指向 b */
p++; (或 p = p + 1;)              /* 通过运算，指针变量指向下一个变量 c */
```

即：p 指向 c 变量，相当于把 c 变量的地址赋值给 p，即执行了"p＝&c;"。如果 p＋＋改为 p－－，即：相当于执行了"p＝&a;"，p 指向 a 变量。例如：

```
int a,b,c,d, * p;
p = &a;
p = p + 2
```

即：p 指向 c 变量，即"p＝&c;"。例如：

```
float x,y,z, * p2;
p2 = &x;
p2 = p2 + 2;
```

有 p 指向 z 变量，即"p2＝&z;"。

2. 两个指针变量之间的算术运算

两个指针变量之间的运算只能在同一种指针类型中进行。主要包括＋、－运算符，它们在对数组的操作方式下有较多的应用。

两个指针变量之间的运算，只有减法运算，所得之差是两个指针变量之间相差的元素个数。例如：

```
float x,y, * f1, * f2, * f3;
 int a[20], * p1, * p2,n;
 f1 = &x; f2 = &y;                /* f1 和 f2 指向两个不同的变量 x、y */
 p1 = &a[1]; p2 = &a[15];         /* p1 和 p2 指向同一个数组的不同的数组元素 */
 f3 = f1 + f2;                    /* 无意义 */
 f3 = p1;                         /* 错误，指针类型不同 */
 n = p2 - p1;                     /* 相差的个数，其值为 14 */
```

注意：对于两个指针变量之间的加法运算，是无意义的。

3．两个指针变量之间的逻辑运算

（1）对于两个指针变量之间的关系运算，主要包括＞、＞＝、＜、＜＝、＝＝、！＝运算，可表示两个地址之间的前后关系，即谁在前、谁在后的问题，以及两个地址之间是否相同，表示是同一个地址。

例如，设 p1 和 p2 是指向同一整型数组的两个指针变量，其表示为：

```
int a[20], * p1, * p2;
p1 = &a[1];
p2 = &a[15];
```

则两个指针变量可进行如下操作：

```
p1 == p2;                    //表示 p1、p2 是否指向同一数组元素地址
p1 > p2;                     //表示 p1 比 p2 的地址值大，处于高地址位置
p1 < p2;                     //表示 p1 比 p2 的地址值小，处于低地址位置
p2 - p1;                     //表示 p1 以 p2 之间数组元素的差值
```

（2）对于两个指针变量之间的逻辑运算，主要包括 &&、‖ 运算，对两个地址之间的操作无意义。

4．空指针的操作

定义一个指针变量后，若没有使其指向一个确定的地址，则这个指针变量称为空指针。在实际操作中，当使用空指针时，其结果是不可预料的，是危险的。

在程序中，判断空指针变量可以与 0 比较。设 p 为指针变量，如有 p＝＝0 成立，表明 p 是空指针，它不指向任何变量；若 p！＝0 成立，则表明 p 不是空指针。

空指针可由对指针变量赋予 0 值而得到。即：

```
#define NULL 0
int * p = NULL;                  /* 表明 p 是空指针 */
```

7.6 指针与数组

7.6.1 一维数组与指针

假设定义了字符数组 c 和整型数组 a，其内存占用情况如图 7-5 所示。

数组在内存中占据连续的存储单元，每个下标变量占有相同个数的字节。各下标变量的地址如何计算呢？数组名是数组的起始地址，是常量，c[0] 的地址可用 c 表示，为 1000，c[1] 的地址可用 c+1 表示。一般地，c[i] 的地址可用 c+i 表示。

a[0] 的地址也是 a，为 2000，则 a[1] 的地址可用 a+1 表示，a[i] 的地址可用 a+i 表示。

从这里可以看到，指针加 1 有特殊的作用，是指向下一个下标变量。不能简单地理解为地址加 1，地址增加的数量由数据类型决定。

指针加 1 指向下一个下标变量，也就是下一个存储单元。

为了访问一个数组的元素,可以用两种不同的方法:一种是前面介绍过的下标法,即指出数组名和下标值,系统就会找到该元素,如 a[1]就是下标法表示的数组元素;另一种就是指针法,即通过运算符 * 和给定的指针地址进行访问。如通过地址 a+1 可以找到 a[1], * (a+1)就是 a[1]。因此下面二者等价,都是指数组 a 中下标为 i 的元素:

- a[i]——下标法;
- * (a+i)——指针法。

另外,还可以定义一个指针变量,指向一个数组元素。如定义一个指针变量 p,使它的值等于某一元素的地址,这样 * p 就是该元素。也可用 p[0]代表该元素。

【例 7.3】 分别用下标法、指针法访问数组元素。

```c
#include <stdio.h>
void main( )
{
    int a[5] = {5, 10 ,15, 20, 25}, i, * p;
    for(i = 0; i < 5; i++)
    {
        printf(" % 4d", a[i]);           //下标法
    }
    printf("\n");
    for(i = 0; i < 5; i++)
    {
        printf(" % 4d", * (a + i));      //指针法
    }
    printf("\n");
    for(p = a; p < a + 5; p++)
    {
        printf(" % 4d", * p);            //指针法
    }
    printf("\n");
    for(p = a, i = 0; i < 5; i++)
    {
        printf(" % 4d", p[i]);           //下标法
    }
    printf("\n");
}
```

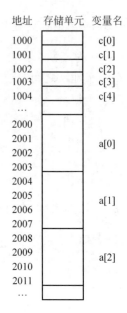

图 7-5　内存中的数组

程序运行结果:

```
5   10   15   20   25
5   10   15   20   25
5   10   15   20   25
5   10   15   20   25
```

说明:

① 数组名是指针常量,因而不能改变指向。

② 在使用指针法访问数组元素时,要注意"是否越界"问题。

③ 使用指向数组元素的指针变量时,应当注意指针变量的当前值。如"for(p=&a[2]; p<a+5; p++) printf("%4d", *p);"的功能是输出 a[2]、a[3]、a[4]。

④ 当指针变量指向一个数组的首下标变量后,也可把指针变量当数组名使用,通过下标法访问数组的元素。

```
for(p = a, i = 0; i < 5; i++)
{
printf("%4d", p[i]);              //下标法
}
```

当两个指针指向同一类型的存储单元时,可以进行相减运算,两指针相减是特殊运算,其结果是两地址之间同类型存储单元的个数,是整数而不是指针。

【例7.4】 指针相减。

在程序中,p2 和 p1 是整型指针,都指向整型单元,每个单元 4 个字节,地址 p2 与 p1 之间有 3 个整型单元,因此 p2-p1 的值为 3;cp2 和 cp1 是字符型指针,都指向字符型单元,每个单元 1 个字节,地址 cp2 与 cp1 之间有 3 个字符型单元,因此 cp2-cp1 的值为 3。如图 7-6 所示。

```
#include<stdio.h>
void main( )
{
int a[4] = {1, 2, 3, 4};
char ch[4] = {'S', 'W', 'F', 'C'};
int *p1, *p2;
char *cp1, *cp2;
p1 = &a[0];
p2 = &a[3];
cp1 = &ch[0];
cp2 = &ch[3];
printf("p2 - p1 = %d\n,cp2 - cp1 = %d\n",
p2 - p1, cp2 - cp1);
}
```

程序运行结果:

```
p2 - p1 = 3
cp2 - cp1 = 3
```

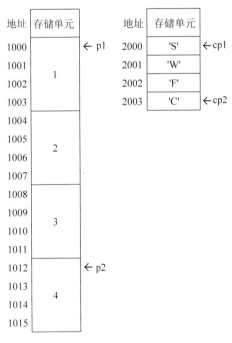

图 7-6 指针相减

7.6.2* 二维数组与指针

在 C 语言中,二维数组由一维数组扩展而成,定义一个二维数组如:

```
int a[3][4] = {{1,2,3,4},{5,6,7,8},{9,10,11,12}};
```

其元素是按行优先的顺序存储的,12 个下标变量占用了连续的一片内存单元,如图 7-7 所示。

　　C语言规定,数组名指向首下标变量,指针加1指向下一个下标变量,因而a指向a[0],a+1指向a[1],a+2指向a[2]。a[0]指向a[0][0],a[0]+1指向a[0][1],a[0]+2指向a[0][2]等,如图7-8所示。

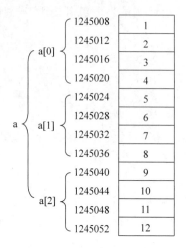

图7-7　二维数组的结构

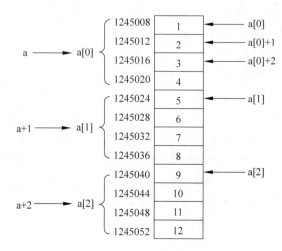

图7-8　数组名指针的指向

　　C语言中,数组名是指针常量,因而a、a[0]、a[1]及a[2]不能被赋值。指针常量可以进行&运算,运算结果就是指针常量本身。需要说明的是,其他类型的常量不能进行&运算。

【例7.5】 数组名指向的理解。

```
#include<stdio.h>
void main( )
{
    int a[3][4] = {1, 2, 3, 4, 5, 6, 7, 8, 9, 10, 11, 12};
    printf("%u, %u, %u\n", a, a+1, a+2);              //a的指向,输出地址a、a+1及a+2
    printf("%u, %u, %u, %u\n", a[0], a[0]+1, a[0]+2, a[0]+3);
                                                       //a[0]的指向
    printf("指针常量的地址:%u, %u\n", a[0], &a[0]);    //指针常量的地址就是常量本身
}
```

程序运行结果:

```
1245008,1245024,1245040
1245008,1245012,1245016,1245020
常量的地址:1245008,1245008
```

　　二维数组的下标变量a[i][j]可以用指针法表示,*(a[i]+j)和*(*(a+i)+j)都能表示a[i][j]。

【例7.6】 通过指针变量访问二维数组的元素。

```
#include<stdio.h>
void main( )
{
    int a[3][4] = {1, 2, 3, 4, 5, 6, 7, 8, 9, 10, 11, 12};
```

```
    int * p, i, j;
    for(p = a[0]; p < a[0] + 12; p++)
    {
        printf(" % u,", p);                    //输出 12 个下标变量的地址,&a[0][0],…
    }
    printf("\n");
    for(p = a[0]; p < a[0] + 12; p++)
    {
        printf(" % 3d", * p);                  //指针法,连续输出 12 个下标变量
    }                                          //静态二维数组在内存中都相邻
    printf("\n");
    for(p = a[0], i = 0; i < 12; i++)
    {
        printf(" % 3d", p[i]);                 //下标法,连续输出 12 个下标变量
    }
    printf("\n");
    for(i = 0; i < 3; i++)
    {
        for(j = 0; j < 4; j++)
        {
            printf(" % 3d", a[i][j]);          //下标法,输出 3 行,4 列下标变量
        }
    }
    printf("\n");
    for(i = 0; i < 3; i++)
    {
        for(j = 0; j < 4; j++)
            {
                printf(" % 3d", * (a[i] + j));  //指针法,相当于 a[i][j]
            }
    }
}
```

程序运行结果:

```
1245008, 1245012, 1245016 等
1   2   3   4   5   6   7   8   9   10   11   12
1   2   3   4   5   6   7   8   9   10   11   12
1   2   3   4   5   6   7   8   9   10   11   12
1   2   3   4   5   6   7   8   9   10   11   12
```

说明:

① 在程序

```
for(p = a[0], i = 0; i < 12; i++)
{
    printf(" % 3d", p[i]);
}
```

中,把二维数组当作一维数组访问,a[0]是 a[0][0]的地址。

② 如果把 p = a[0]改为 p = a 就会出错,因为 a 不是整型变量的地址。

7.6.3* 行指针(指向数组的指针)

可以定义一个指针变量,它不是指向一个元素,而是指向一个包含 m 个元素的一维数组。

指向一维数组的指针变量的一般定义形式为:

类型　(*指针变量名)[一维数组元素个数];

这里,类型(*)[一维数组元素个数]构成复杂数据类型,用来定义指向二维数组中某行的指针变量,也称行指针。

【例 7.7】 指向由 m 个元素组成的一维数组的指针变量。

分析:程序中的 int(*q)[4]定义了指针变量 q,它指向包含 4 个整型元素的一维数组。其中 int(*)[4]是数据类型,用来定义指针变量时,变量必须紧跟在*后面。注意*q 两侧的括号不可少,如果写成*q[4],由于中括号[]运算级别高,所以 q 先与[4]结合,是数组,然后再与前面的*结合,*q[4]是指针数组。第 4 行程序中 for(q=a; q<a+3; q++),首先使 q 指向 a[0],依次指向 a[1]、a[2]。当 q 指向 a[0]时,*q 代表 a[0],*q+j 指向该行的第 j 列元素,*(*q+j)代表该行的第 j 列元素。程序中的 q[i][j]是用下标法访问第 i 行的第 j 列元素。

```
#include <stdio.h>
void main( )
{
    int a[3][4] = {1, 2, 3, 4, 5, 6, 7, 8, 9, 10, 11, 12};
    int (*q)[4] , i, j;
    printf("\n== == 指针法 == ==\n");
    for(q = a; q < a + 3; q++)
    {
        for(j = 0; j < 4; j++)
        {
            printf(" %3d", *(*q + j));        //指针法
        }
        printf("\n");
    }
    printf("\n==== 下标法 ====\n");
    for(q = a, i = 0; i < 3; i++)
    {
        for(j = 0; j < 4; j++)
        {
            printf(" %3d", q[i][j]);          //下标法
        }
        printf("\n");
    }
    printf("\n== 输出指定行 ==\n");
    q = a[2];
    for(j = 0; j < 4; j++)
    {
        printf(" %3d", q[0][j]);
```

```
    }
    printf("\n");
}
```

程序运行结果：

```
==== 指针法 ====
  1   2   3   4
  5   6   7   8
  9  10  11  12
==== 下标法 ====
  1   2   3   4
  5   6   7   8
  9  10  11  12
== 输出指定行 ==
  9  10  11  12
```

注意：二维数组名 a 是 int（＊）[4]类型的指针，而不是 int ＊＊ 类型的指针。

7.7* 指针数组

由指向同一数据类型数据的指针为元素组成的数组叫指针数组。一维指针数组的定义形式为：

类型　＊数组名[元素个数];

例如，"int ＊ num[5];"定义了一维指针数组 num，其元素是指向整型单元的指针变量。类似地也可以定义二维指针数组，但使用较少。

【例 7.8】 指针数组的用法。

分析：程序定义了 4 个指针型下标变量 p[0]、p[1]、p[2]、p[3]，通过初始化分别存储了整型变量 a[0]、a[1]、a[2]、a[3]的地址。在程序中，p+i 是 p[i]的地址，＊(p+i)表示 p[i]，是 a[i]的地址，＊＊(p+i)相当于 ＊(＊(p+i))，因而代表 a[i]。把 ＊＊(p+i)换成 ＊p[i]或 p[i][0]结果一样。

```
# include < stdio. h>
void main( )
{
    int a[4] = {2, 4, 6, 8}, i;
    int * p[4] = {&a[0], &a[1], &a[2], &a[3]};
    for(i = 0; i < 4; i++)
    {
      printf(" % 3d", * * (p + i) ); // * * (p + i)等价于 * p[i]或 p[i][0]
    }
    printf("\n");
}
```

程序运行结果：

```
2   4   6   8
```

7.8* 指针与动态数组

通常定义变量或数组，如对于"int a[10]，x;"，编译器在编译时都可以根据该变量的类型知道所需内存空间的大小，因此系统在适当的时候会为它们分配确定的存储空间。这种内存分配称为静态存储分配，这样定义的数组称为静态数组。

由于应用的需要，有些数组或变量的存储空间只有在程序运行时才能确定其大小，这样编译器在编译时就无法为它们预定存储空间，系统只能在程序运行时根据运行时的要求进行内存分配，这种方法称为动态存储分配，通过这种方式定义的数组称为动态数组。

7.8.1 用于动态存储分配的函数

C语言中，有一些标准函数可用来进行动态存储分配，它们是：

```
malloc( )
calloc( )
realloc( )
free( )
```

我们可以利用这些函数来实现动态数组。使用这些函数必须包含头文件 stdlib.h。

1. malloc()函数

malloc()函数的作用是在内存中分配由应用程序使用的存储空间，并将此存储空间的起始地址作为函数返回值返回给调用处。malloc()函数的原型为：

```
void * malloc(unsigned size)
```

形参 size 用于指定所分配的存储空间大小，单位为字节，函数返回值是 void 类型指针，根据需要可以显示转换为其他类型。

调用形式为：

```
(类型 * ) malloc(size);
```

【例 7.9】 动态分配内存并使用。

分析：程序 p=(int *)malloc(4)分配了 4 字节的存储空间，把首字节地址返回给指针变量 p，由于整型变量占 4 字节，因此这个空间可以当一个整型变量使用。程序 q=(char *)malloc(1)分配了 1 字节的存储空间，把地址返回给指针变量 q，由于字符型变量占 1 字节，因此这个空间可以当一个字符型变量使用。程序" * p=8； * q='A'； printf("%3d,%c\n"， * p， * q);"通过指针方式访问存储空间。程序"p[0]+=2；q[0]+=32;"通过指针访问存储空间，用了下标法。

```c
# include < stdio. h >
# include < stdlib. h >
 void main( )
 {
```

```
 int * p;
 char * q;
 p = (int * )malloc(4);
q = (char * )malloc(1);
 * p = 8;                          // * p是一个整型变量
 * q = 'A';                        // * q是一个字符型变量
 printf("% 3d, % c\n", * p, * q);
 p[0] += 2;
 q[0] += 32;
 printf("% 3d, % c\n", p[0], q[0]);
 }
```

程序运行结果：

```
8,A
10,a
```

2. calloc()函数

calloc()函数的作用是在内存中分配由应用程序使用的存储空间,并将此存储空间的起始地址作为函数返回值返回给调用处。calloc()函数的原型为：

```
void * calloc(unsigned n, unsigned size)
```

形参 n 用于指定所分配的存储空间的存储单元的个数,形参 size 用于指定所分配的存储空间的存储单元的大小,单位为字节。函数返回值是 void 类型指针,根据需要可以显式转换为其他类型。

调用形式为：

```
(类型 * ) calloc( n, size);
```

分配的存储空间的总字节数为 n * size。相当于调用"(类型 *) malloc(n * size);"。

3. realloc()函数

realloc 函数使已分配的存储空间改变大小,即重新分配,并将新存储空间的起始地址作为函数返回值返回给调用处。realloc()函数的原型为：

```
void * realloc(void * p, unsigned newsize)
```

形参 p 为原存储空间的地址,形参 newsize 为新分配的存储空间的大小。可以使原来的存储空间扩大,也可以缩小。调用形式为：

```
(类型 * ) realloc(p, newsize);
```

调用该函数后,新存储空间的地址与原存储空间的地址不一定相同。因为重新分配空间,存储空间可能会进行必要的移动。调用该函数后,原存储空间中的内容由系统复制到新存储空间中。在程序设计中调用该函数的一般格式为：

```
p = (类型 * ) realloc(p, newsize);
```

把新存储空间的地址赋值给指向原存储空间的指针变量。这样虽然指向变了，但指针变量名未变，从而能够维护代码的一致性。

4. free()函数

free()函数用来释放由 malloc()、calloc()分配的存储空间或由 realloc()函数重新分配的存储空间。free()函数的原型为：

```
void free(void * p);
```

调用形式为：

```
free(p);
```

其中指针变量 p 必须是 malloc()、calloc()分配存储空间或由 realloc()函数重新分配存储空间时返回的地址。该函数的作用是收回由 p 指向的动态分配的存储空间，以便将来重新分配。

该函数无返回值。

【例 7.10】 改变存储空间大小。

分析：首先分配一个存储空间，然后扩大该存储空间，并以整型变量的大小为单位使用存储空间中的存储单元。

```c
# include < stdio. h >
# include < stdlib. h >
void main( )
{
  int * p;
  p = (int * )malloc(sizeof(int));          //分配存储空间(一个整型存储单元),地址赋值给 p
  printf("p = % u\n",p);                     //输出原存储空间的地址
  p[0] = 5;                                  //把整数 5 存入分配的存储单元中
  p = (int * )realloc(p,3 * sizeof(int));    //把存储空间扩大到 3 个整型变量大小
  //首单元的地址仍然赋值给 p
  printf("p = % u\n",p);                     //输出新存储空间的地址,即首单元的地址
  p[1] = 10;                                 //把 10 存入第 2 个存储单元
  p[2] = 15;                                 //把 15 存入第 3 个存储单元
  printf(" % d, % d, % d\n", p[0], p[1], p[2]);//输出 3 个存储单元中的内容
  free(p);                                   //释放由 p 指向的存储空间
}
```

程序运行结果：

```
p = 4463712
p = 4463648
5,10,15
```

注意：原空间（4 字节）的地址是 4463712，新空间（12 字节）的地址是 4463648。虽不同，但都赋值给指针变量 p，用法不变。

7.8.2　一维动态数组

可以使用上面介绍的函数来实现一维动态数组,以解决某些实际问题。实现一维动态数组需要定义单星指针变量,用来存储所分配空间的首单元的地址。

【例7.11】　使用一维动态数组。

```c
#include <stdio.h>
#include <stdlib.h>
void main( )
{
    int * p, i, n = 4, m = 7;
    p = (int * )malloc(n * sizeof(int));      //分配 n 个存储单元,存储单元为一个整型数大小
    for(i = 0; i < n; i++)
    {
      p[i] = 2 * i+1;                         //对第 i 个存储单元赋值
    }
    for(i = 0; i < n; i++)                     //输出原存储空间的所有存储单元
    {
        printf(" % 3d", p[i]);
    }
    printf("\n");
    p = (int * )realloc(p, m * sizeof(int));   //把存储空间从 n 个单元扩大到 m 个单元
    for(i = n; i < m; i++)
    {
      p[i] = 2 * i+1;                          //对新增的存储单元赋值
    }
    for(i = 0; i < m; i++)                     //输出新存储空间的所有存储单元
    {
        printf(" % 3d", p[i]);
    }
    free(p);
    printf("\n");
}
```

程序运行结果:

```
1   3   5   7
1   3   5   7   9   11   13
```

7.8.3　二维动态数组

同样可以使用上面介绍的函数来实现二维动态数组,以解决另外一些实际问题。实现二维动态数组需要定义双星指针变量。

【例7.12】　一个班有 n 个人,m 门成绩,编写程序进行简单成绩处理。

分析:程序中语句"pp=(float **)malloc(n * sizeof(float *));"先建立一维 float 指针数组,有 n 个下标变量,每个下标变量都是指针变量;第8、9、10及11行程序依次建立了 n 个一维 float 数组,首单元的地址分别赋值给了指针数组的各下标变量。每个一维数组有 m+1

个下标变量,前 m 个分别用来存储一人的 m 门成绩,最后一个变量用来存储该人的平均分。

```c
# include < stdio. h>
# include < stdlib. h>
void main( )
{
    int i, j , n, m, s;
    float * * pp;
    printf("n = ");
    scanf(" % d", &n);                      //输入人数
    /* 分配 n 个单元的存储空间,每个单元为 float * 类型大小,每个单元都是一个单星指针变量,
首单元的地址赋值给双星指针变量 pp * /
    pp = (float * * )malloc(n * sizeof(float * ));
    printf("m = ");
    scanf(" % d", &m);                      //输入成绩门数
    for(i = 0; i < n; i++)
    {
    /* 分配 m + 1 个单元,每个单元为 float 类型大小,把首单元的首地赋值给指针变量 pp[ i] * /
     pp[i] = (float * )malloc((m + 1) * sizeof(float));
      }
    ////输入各门成绩////
    for(i = 0; i < n; i++)
    {
      for(j = 0; j < m; j++)
      {
        scanf(" % f", &pp[i][j]);           //输入个人的 m 门成绩
       }
    }
    ////计算个人平均分////
    for(i = 0; i < n; i++)
    {
        s = 0;
        for(j = 0; j < m; j++)
        {
          s += pp[i][j];
              }
        pp[i][m] = s / m;
    //个人的平均分存入下标变量 pp[i][m]中
    }
    ////输出成绩表////
    printf("\n 成绩表 \n");
    for(i = 0; i < n; i++)
    {
        for(j = 0; j < m + 1; j ++)
          {
             printf(" % 6.2f", pp[i][j]);
          }
          printf("\n");
    }
    ////释放空间////
    for(i = 0; i < n; i++)
```

```
    {
        free(pp[i]);                        //释放 pp[i]指向的存储空间
    }
    free(pp);                               //释放 pp 指向的存储空间
}
```

输入及程序运行过程：

n = 2
m = 3
67   89   79
89   90   75
  成绩表
67.00 89.00 79.00 78.33
89.00 90.00 75.00 84.67

说明：

① 二维动态数组的结构与二维静态数组是不同的,二维静态数组的所有下标变量在内存中是连续存储的,二维动态数组是由一个一维指针数组和多个一维数组构成的,相邻两行下标变量在内存中一般不是连续单元,如图 7-9 所示。

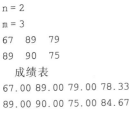

图 7-9　二维动态数组的结构

② 不能把二维数组名赋值给双星指针变量,因为二维数组名是"类型(＊)[m]"类型,而不是双星指针类型。

7.9　指针与字符串

7.9.1　字符串操作的特点及字符指针变量的引入

在 C 语言中,前面对字符串的操作是通过字符数组来实现的,字符数组是一种用来存放和处理字符数据的有效方法。当字符数组中在存放字符的结尾处以"\0"为结束标志符,这种字符数组可作为表示字符串的字符数组。

一般数组元素的引用中(整型、实型数组),只能逐个引用数组元素而不能一次引用整个数组,但是在字符串数组中却既可以逐个引用字符串中的单个字符,也可以一次引用整个字符串数组。

一个字符数组元素,代表一个字符。逐个引用字符串中的单个字符,同普通数组完全一样。如果将字符数组作为字符串来处理。在一次引用整个字符串数组时,则只需使用数组名就可以引用整个字符数组。其中 C 语言有专用的字符处理函数,如 gets()、puts()、strlen()、strcpy()、strcmp()、strcat()等。

由于字符数组的操作特点,在 C 语言程序设计中,增加了字符指针变量来对字符数组进行操作。

7.9.2　指向字符串的指针变量

由于指针变量可以对变量、数组（整型、实型数组）进行操作，所以使用一个指向字符串的指针变量就可实现对字符数组的操作。

1. 字符指针变量的定义

字符指针变量的定义形式如下：

```
char *指针变量名；
```

例：

```
char *pc；
```

定义了一个字符指针 pc。基于前面有关数组与指针的关系可知，数组名就是指针，因此，任何指向字符串数组的首地址的指针都可以操作该字符串（注：字符串的数据以"\0"为结束标志符，其操作只要知道字符串的首地址，就可以操作字符串）。所以，只要对字符指针 pc 赋予一个数组的首地址，它就可以操作字符串，这是字符指针对字符串操作的主要使用方式。

2. 字符指针对字符串的操作

在 C 语言中，通过描述字符串的首地址，就可实现一个字符串的操作，所以，对字符串的操作有下面几种操作方式：

1）用字符数组

```
char st[ ] = "ABCDE"；          /*定义字符串数组*/
printf ("%s\n",st )；           /*输出字符串*/
```

说明：st 是数组名，表示字符数组的首地址，通过数组名，可输出整个字符串的内容。对于数组元素，如果 st[3]表示数组中序号为 3 的元素，那么其值为 D。如果用指针的方式进行字符元素操作，那么可描述为：*(st+3)，而 st+3 就是指向"D"元素的指针。

2）用字符指针

有两种操作方法：

（1）定义字符数组和字符指针。

```
char st[ ] = "ABCDE", *pc = st；      /*定义字符串数组及字符指针*/
printf ("%s\n",pc )；
```

说明：pc 是字符指针变量，表示字符数组的首地址。通过 pc 字符指针变量，可输出整个字符串的内容。

（2）可以不定义字符数组，而定义一个字符指针来操作字符串；用字符指针指向字符串中的字符。

```
char *pc = "ABCDE"；
printf("%s\n",pc )；
```

输出的结果：

ABCDE

说明：虽然没有定义字符数组，但 C 语言对字符串常量是按字符数组处理，它仍在存储器中开辟了一个空间用来存放字符串常量；用 pc 指针指向该字符串的首地址，如图 7-10 所示。

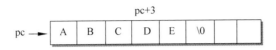

图 7-10 字符指针与字符串

注意：在该字符串的存储中，系统会自动在字符串的末尾加上"\0"。

3. 字符数组与字符指针的特性及区别

1）字符数组的特性

通过字符数组名或字符指针变量可以输出一个字符串；但对一个数值型数组，则不能用数组名输出它的全部元素。

2）使用指针直接处理字符串和使用字符数组处理字符串的区别

- 字符指针可以随时向一个已定义的字符指针赋一个字符串的值，而字符数组只有在初始化时才能这样做。
- 字符指针可以运算，可实现不同字符串的操作，而字符数组名只能对整个字符串进行操作。

例如：

```
char a[ ] = "abcde";           /*初始化字符数组*/
char * pc = "abcde";           /*用字符指针操作字符串*/
char * p ,s[6];
p = "ABCDE";                   /* 正确的赋值 */
s[ ] = "ABCDE";                /* 非法赋值 */
```

如果执行：

```
p = p + 3; printf(" % s\n",pc ) ;
```

输出的结果：

DE

4. 程序举例

【例 7.13】 从键盘上输入多个字符，判断其中是否有字符'm'，并统计它的个数，用字符数组和字符指针实现。

```
# include < stdio.h>
void main ( )
{ char * ps,s[25];
  int n = 0,i;
```

```
    printf("input a string:");
    ps = s;                                    /*字符指针变量赋值*/
    scanf(" % s",ps);
    for (i = 0;ps[i]!= '\0';i++);              /*其中 ps[i]表示字符元素*/
      if(ps[i] == 'm') n++;
    if(n >= 1)
            printf("\n there is 'm'in the string , n = % d",n );
        else
            printf("\n there is no'm'in the string " );
}
```

【例 7.14】 对字符数据进行排序。排序方式使用冒泡排序原理进行，用字符数组和字符指针实现。

```
# include < stdio. h>
# include < string. h>
void main( )
{ register int i, j;                         /*寄存器变量*/
 register char t;
 static char s[100];                         /*静态变量*/
 char * item = s;                            /*定义字符指针*/
 int count;
 printf("enter a string = ");
 gets(item);                                 /*字符信息的输入*/
 count = strlen(s);
 for(i = 1; i < count; i++)                   /*字符排序*
    for(j = count - 1; j >= i; j -- )
    { if(item[j - 1]> item[j])
      { t = item[j - 1];
        item[j - 1] = item[j];
        item[j] = t;
       }
      }
 item = s;                                   /*指针复位*/
 printf("\n the sorted string is = % s", item);
}
```

程序运行结果：

```
enter a string = Ianstudent
the sorted string is = Iadennsttu
```

7.10   多级指针

1. 多级指针的引入

指针变量的定义，跟普通变量一样，在计算机内存中仍然分配一个存储单元，所以，它也有相应的存储地址，其描述方法如图 7-11 所示。

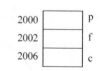

图 7-11   指针变量存储结构

```
int * p;
float * f;
char * c;
```

对于指针变量存储地址,如何用其他变量来描述?

在 C 语言中,为了存储指针变量地址,引入了多级指针的概念,使用指针存储变量的地址,用其他指针变量来进行操作。

2. 多级指针的定义

如果一个指针变量存放的又是另一个指针变量的地址,则称这个指针变量为指向指针的指针变量,称为多级指针。

定义形式:

```
类型标识符  ** 指针变量名
int ** pp;
```

其中,pp 是一个整型的多级指针变量,它指向及应用于另一个指针变量,"**"即定义 pp 为 2 级指针。

例如:

```
int m = 3, n = 4;
int * pm = &m, * pn, * * pp;          /* 各种指针的定义 */
pn = &n; pp = &pn;                    /* 各种指针与其他变量建立联系 */
```

多级指针与变量的关系如图 7-12 所示。

图 7-12　多级指针与变量的关系

其中,pm 为 1 级指针,pp 为 2 级指针,输出变量 m 和 n 的内容,可分别描述为:

```
printf("% d, % d", * pm, * * pp);
```

所以,通过指针访问变量称为间接访问,由于指针变量直接指向变量,所以称为单级间接访问。而如果通过指向指针的指针变量来访问变量,则构成了二级或多级间接访问。

在 C 语言程序设计中,对间接的级数并未做明确的限制,可以定义多级指针,实现多级的间接访问,但是如果间接访问的级数太多而不容易理解,也容易出错,因此,一般很少超过二级间接访问。

【例 7.15】 用多级指针实现字符串的操作,输出多个字符串的内容。

```
# include < stdio. h >
main ( )
{ static char * a[ ] = {"abcde", "abc", "abcd", "ab", "abcdef"};
  char * * p;
  int i;
  for (i = 0; i < 5; i++)
    { p = a + i;
```

```
        printf("%s\n", *p);
    }
    p = a + 2; p++;
    printf("**p= %s\n", *p);
}
```

程序运行结果：

abcde
abc
abcd
ab
abcdef
**p= ab

其中，p为二级指针，*p为指向字符串的地址。

7.11*　数的存储结构

前面介绍了数的存储结构，本节通过程序把内存中的地址读出来，以帮助理解数的存储结构。

【例7.16】　显示短整数10和−10在内存中的存储内容。

```
#include <stdio.h>
void main( )
{
    printf("\short 型 10 与 − 10 的存储:\n");
    short st1 = 10;
    short st2 = −10;
    unsigned char *ch1, *ch2;
    ch1 = (unsigned char *)&st1;        //指向 st1 的首字节
    ch2 = ch1 + 1;                      //指向 st1 的第 2 字节
    printf("原数:%d\n",st1);
    printf("地址: %u, %u\n", ch2, ch1);
    printf("十六进制:%x, %x\n", *ch2, *ch1);
    printf("十进制: %d, %d\n", *ch2, *ch1);
    ch1 = (unsigned char *)&st2;        //指向 st2 的首字节
    ch2 = ch1 + 1;                      //指向 st2 的第 2 字节
    printf("原数:%d\n", st2);
    printf("地址: %u, %u\n", ch2, ch1);
    printf("十六进制:%x, %x\n", *ch2, *ch1);
    printf("十进制: %d, %d\n", *ch2, *ch1);
}
```

程序运行结果：

short 型 10 与 − 10 的存储:
原数:10
地址: 1245053, 1245052
十六进制:0, a

十进制: 0, 10
原数: -10
地址: 1245041, 1245040
十六进制:ff, f6
十进制: 255, 246

说明：

① 用 unsigned char 指针读取内存字节中的内容,系统不会把首位当符号位进行处理,因而能准确地显示该字节中的每一位内容。

② 输出结果第 3、4 行,输出了两个字节的地址和内容(十六进制 0 和 a),由此可知内存中的存储形式如下：

地址：1245053　　　　1245052
字节内容：0000 0000　　0000 1010

③ 输出结果第 7、8 行,输出了两个字节的地址和内容(十六进制 ff 和 f6),由此可知内存中的存储形式如下：

地址：1245041　　　　1245040
字节内容：1111 1111　　1111 0110

这正是-10 的补码。

④ 从例 7.16 可以看到,整数字节的逻辑顺序与物理顺序一致。

【例7.17】 显示单精度数 2.0f、-2.0f、0.75f 在内存中的存储内容。

```
# include < stdio.h >
void main( )
{
unsigned char  * ch1, * ch2 * ch3, * ch4;
float ft = 2.0f;
ch1 = (unsigned char * )&ft;              //指向 ft 的首字节
ch2 = ch1 + 1;                           //指向 ft 的第 2 字节
ch3 = ch2 + 1;
ch4 = ch3 + 1;
printf("原数:% f\n",ft);
printf("地址: % u, % u, % u, % u\n", ch4, ch3, ch2, ch1);
printf("十六进制:% x, % x, % x, % x\n", * ch4, * ch3, * ch2, * ch1);
printf("十进制: % d, % d, % d, % d\n", * ch4, * ch3, * ch2, * ch1);
ft = -2.0f;
ch1 = (unsigned char * )&ft;              //指向 ft 的首字节
ch2 = ch1 + 1;                           //指向 ft 的第 2 字节
ch3 = ch2 + 1;
ch4 = ch3 + 1;
printf("原数:% f\n", ft);
printf("地址: % u, % u, % u, % u\n", ch4, ch3, ch2, ch1);
printf("十六进制:% x, % x, % x, % x\n", * ch4, * ch3, * ch2, * ch1);
printf("十进制: % d, % d, % d, % d\n", * ch4, * ch3, * ch2, * ch1);
ft = 0.75f;
ch1 = (unsigned char * )&ft;              //指向 ft 的首字节
ch2 = ch1 + 1;                           //指向 ft 的第 2 字节
ch3 = ch2 + 1;
```

```
    ch4 = ch3 + 1;
    printf("原数:%f\n", ft);
    printf("地址: %u, %u, %u, %u\n", ch4, ch3, ch2, ch1);
    printf("十六进制:%x, %x, %x, %x\n", *ch4, *ch3, *ch2, *ch1);
    printf("十进制: %d, %d, %d, %d\n", *ch4, *ch3, *ch2, *ch1);
}
```

程序运行结果：

原数:2.000000

地址: 1245031, 1245030, 1245029, 1245028

十六进制:40, 0, 0, 0

十进制: 64, 0, 0, 0

原数:-2.000000

地址: 1245031, 1245030, 1245029, 1245028

十六进制:c0, 0, 0, 0

十进制: 192, 0, 0, 0

原数:0.750000

地址: 1245031, 1245030, 1245029, 1245028

十六进制:3f, 40, 0, 0

十进制: 63, 64, 0, 0

说明：

① 输出结果第2、3行,输出了4个字节的地址和内容(十六进制 40、0、0 和 0),由此可知 2.0f 在内存中的存储形式如下：

地　　　　　址:	1245031	1245030	1245029	1245028
字节内容:	0100 0000	0000 0000	0000 0000	0000 0000

② 输出结果第6、7行,输出了4个字节的地址和内容(十六进制 c0、0、0 和 0),由此可知-2.0f 在内存中的存储形式如下：

地　　　　　址:	1245031	1245030	1245029	1245028
字节内容:	1100 0000	0000 0000	0000 0000	0000 0000

③ 输出结果第10、11行,输出了4个字节的地址和内容(十六进制 3f、40、0 和 0),由此可知 0.75f 在内存中的存储形式如下：

地　　　　　址:	1245031	1245030	1245029	1245028
字节内容:	0011 1111	0100 0000	0000 0000	0000 0000

习题 7

一、选择题

1. 下面各语句行中,能正确进行赋字符串操作的语句行是（　　　）。

A. char s[4][5]={"abcd"}

B. char s[5]={'a','b','c','e','f'};

C. char *s; s="abcd";

D. char *s=; scanf("%s",s);

2. 正确的数组定义语句为（　　　）。

    A. int A['a'];　　　B. int A[3,5];　　　C. int A[ ][ ];　　　D. int ＊A[3];

3. 若有以下说明和语句，对 c 数组元素的正确引用是（　　）。

```
int c[4][5], (＊cp)[5];cp = c;
```

    A. cp＋1　　　　　B. ＊(cp＋3)　　　　C. ＊(cp＋1)＋3　　D. ＊(＊cp＋2)

4. 执行下列语句后，其输出结果为（　　　）。

```
＃include＜stdio.h＞
main( )
{ int ＊＊k, ＊j, i = 100;j = &i; k = &j;printf("％d\n", ＊＊k);}
```

    A. 运行错误　　　　B. 100　　　　　　C. i 的地址　　　　D. j 的地址

5. 设有如下的程序段：

```
char str[ ] = "Hello";
char ＊ptr;ptr = str;
```

执行上面的程序段后，＊(ptr＋5)的值为（　　　）。

    A. 'o'　　　　　　B. '\0'　　　　　C. 不确定的值　　D. 'o'的地址

6. 当调用函数时，如果实参是一个数组名，则向函数传送的是（　　　）。

    A. 数组的首元素　　　　　　　　　B. 数组的首地址

    C. 数组每个元素的地址　　　　　　D. 数组每个元素中的值

7. 下面函数的功能是（　　　）。

```
sss(s, t)
char ＊s, ＊t;
{ while((＊s)&&(＊t)&&(＊t++ == ＊s++)); return(＊s－＊t);}
```

    A. 求字符串的长度　　　　　　　　B. 比较两个字符串的大小

    C. 将字符串 s 复制到字符串 t 中　　D. 将字符串 s 接续到字符串 t 中

8. 以下程序正确的输出结果是（　　　）。

```
＃include＜stdio.h＞
sub(x,y,z)
int x, y, ＊z;
{ ＊z = y－x; }
main( )
{ int a, b, c;
sub(10,5,&a); sub(7,a,&b); sub(a,b,&c);printf("％d,％d,％d\n", a,b,c);
}
```

    A. 5,2,3　　　　　B. －5,－12,－7　　C. －5,－12,－17　D. 5,－2,－7

9. 若有说明语句"double ＊p,a;"，则能通过 scanf 语句正确给输入项读入数据的程序段是（　　　）。

    A. ＊p＝&a; scanf("％lf", p);　　　　B. ＊p＝&a; scanf("％f", p);

    C. p＝&a; scanf("％lf", ＊p);　　　　D. p＝&a; scanf("％lf", p);

10. 有以下程序：

```
void fun1(char * p)
{
char * q;
q = p;
while( * q != '\0')
{ ( * q)++; q++; }
}
void main( )
{
char a[ ] = {"Program"}, * p;
p = &a[3]; fun1(p); printf(" % s\n", a);
}
```

程序执行后的输出结果是（　　）。

　　A. Prohsbn　　　　　B. Prphsbn　　　　C. Progsbn　　　　D. Program

11. 设已有定义"float x;"，则以下对指针变量 p 进行定义且赋初值的语句中正确的是
（　　）。

　　A. float * p＝1024;　　　　　　　　B. int * p＝(float)x;

　　C. float p＝＆x;　　　　　　　　　　D. float * p＝＆x;

12. 有以下程序：

```
void f(int * q)
{
int i = 0;
for( ; i < 5; i++) ( * q)++;
}
void main( )
{
int a[5] = {1, 2, 3, 4, 5}, i;
f(a);
for(i = 0; i < 5; i++)printf(" % d, ", a[i]);
}
```

程序运行后的输出结果是（　　）。

　　A. 2,2,3,4,5,　　　B. 6,2,3,4,5,　　　C. 1,2,3,4,5,　　　D. 2,3,4,5,6,

13. 有以下程序：

```
void main( )
{
char ch[ ] = "uvwxyz", * pc;
pc = ch; printf(" % c\n", * (pc + 5));
}
```

程序运行后的输出结果是（　　）。

　　A. z　　　　　　　　　　　　　　　　B. 0

　　C. 元素 ch[5]的地址　　　　　　　　D. 字符 y 的地址

二、填空题

1. 在指针的概念中，"*"表示的含义是_____，"&"表示的含义是_____。

2. 如果 p 是一个指针，那么 *&p 表示的含义是_____，而 &*p 表示的含义是_____。

3. 统计从终端输入的字符中每个大写字母的个数。用 ♯ 号作为输入结束标志，请填空。

```
♯ include <stdio.h>
♯ include <ctype.h>
void main( )
{ int num[26],i;
  char c, * pc = &c;
  for(i = 0; i < 26; i++) num[i] = 0;
  while( (_____ = getchar()) != '♯')           /*统计从终端输入的大写字母个数*/
    if( isupper( * p)) num[ * p - 65] += 1;
  for(i = 0; i < 26; i++)                          /*输出大写字母和该字母的个数*/
    if(num[i]) printf(" % c: % d\n", i + 'A',_____);
}
```

4. 以下程序调用 findmax 函数，求数组中值最大的元素在数组中的下标，请填空。

```
♯ include <stdio.h>
findmax ( int * s , int t , int * k )
{ int p;
  for(p = 0, * k = p;p < t;p++)
    if ( s[p] > s[ * k] ) _____;
}
void main()
{ int a[10] , i , k ;
  for ( i = 0 ; i < 10 ; i + + ) scanf(" % d",&a[i]);
  findmax ( a,10,&k );
  printf ( " % d, % d\n" , k , a[k] );
}
```

5. 以下程序求 a 数组中的所有素数的和，函数 isprime 用来判断自变量是否为素数，请填空。

```
♯ include <stdio.h>
void main( )
{ int i,a[10], * p = ,sum = 0;
  printf("Enter 10 num:\n");
  for(i = 0;i < 10;i + + ) scanf(" % d",&a[i]);
  for(i = 0;i < 10;i + + )
    if(isprime( * (p + i)) = = 1)
      { printf(" % d", * (a + i)); sum += _____; }      /*打印素数*/
  printf("\nThe sum = % d\n",sum);                          /*打印所有素数的和*/
}
isprime(int x)
{ int i;
  for(i = 2;i <= x/2;i + + )
```

```
        if(x % i = = 0) return (0);
    return _____;
}
```

6. 在下列程序中，函数的功能是比较两个字符串的长度，比较的结果是函数返回较长的字符串的地址。若两个字符串长度相同，则返回第一个字符串的地址，请填空。

```
# include < stdio. h >
char * _____( char * s, char * t)
{ char * ss = s, * tt = t;
    while(( * ss)&&( * tt))
    { ss++; tt++; }
    if ( * tt) return tt;
    else return _____;
}
void main( )
{ char a[20],b[10], * p = a, * q = b;
    gets(p);
    gets(_____);
    printf(" % s\n",fun (p, b ));
}
```

三、写出以下程序的运行结果。

1.

```
# include < stdio. h >
void main( )
{ int a[ ] = {2,4,6,8}, * p = a,i;
  for(i = 0;i < 4;i++) a[i] = * p++;
  printf(" % d, % d\n",a[2], * ( - -p));
}
```

2.

```
# include < stdio. h >
void main( )
{ int a,b,c;
  int x = 4,y = 6,z = 8;
  int p1 = &x,p2 = &y, * p3;
  a = p1 == &x;
  b = 3 * ( - * p1)/( * p2) + 7;
  c = * (p3 = &z) = * p1 * ( * p2);
  printf(" % d, % d, % d\n",a,b,c);
}
```

3.

```
# include < stdio. h >
void main( )
{ int a[ ] = {2,4,6,8,10}, * p, * * k;
  p = a; k = &p;
  printf(" % d ", * (p++));
```

```
        printf(" % d \n", * * k);
}
```

4.

```
#include < stdio. h >
void main( )
{ int a[3][4] = {2,4,6,8,10,12,14,16,18,20,22,24};
  int ( * p)[4] = a, i, j, k = 0;
  for(i = 0; i < 3; i++)
    for(j = 0; j < 2; j++))
        k += * ( * (p + i) + j);
  printf(" % d \n",k);
}
```

5.

```
#include < stdio. h >
void main( )
{ int k = 0, sign, m;
char s[ ] = " – 12345";
int p1 = &x, p2 = &y, * p3;
if(s[k] == ' + '||s[k] == ' – ')
sign = s[k++] == ' + '?1: – 1;
for(m = 0; s[k] > = '0'&&s[k] < = '9'; k++)
    m = m * 10 + s[k] – '0';
printf("Result = % d\n", sign * m);
}
```

6. 若有 5 门课程的成绩是：92.5,86,70，71.5，50,则程序运行结果是什么,函数执行什么功能?

```
#include < stdio. h >
float fun ( float * a , int n )
{ int i;
float sum = 0;
  for(i = 0; i < = n; i++)
    sum += a[i];
  return(sum/n);
}
void main()
{ float score[30] = {90.5, 72, 80, 61.5, 55}, aver;
  aver = fun( score, 5 );
  printf( "\nAverage score is: % 5.2f\n", aver);
}
```

7. 若输入字符串"－1234",则程序运行结果是什么？其程序执行什么功能?

```
#include < stdio. h >
#include < string. h >
long fun ( char * p)
{ long nn = 0; int ss = 1;
```

```
    if((*p) == '-'){ p++; ss = -1;}
    if((*p) == '+') p++;
    while(*p)
        nn = nn * 10 - 48 + (*p++);
    return(nn * ss);
}
void main( )                                    /* 主函数 */
{ char s[6];
  long n;
  printf("Enter a string:\n") ;
  gets(s);
  n = fun(s);
  printf("%ld\n",n);
}
```

8. 下列程序的功能是将长整型数中每一位上为偶数的数依次取出，构成一个新数放在 t 中。高位仍在高位，低位仍在低位。例如，当 s 中的数为 87653142 时，t 中的数为 8642。请改正程序中的错误，使它能得出正确的结果。

```
#include < stdio.h>
void fun (long s, long *t)
{ int d;
long sl = 1;
  *t = 0;
    while ( s > 0)
    { d = s % 10;
      if (d/2 == 0)
          { *t = d * sl + *t; sl *= 10; }
      s \= 10;
    }
}
void main( )
{ long s, t;
  scanf("%ld", &s);
  fun(s, &t);
  printf("The result is: %ld\n", t);
}
```

9. 下列程序的功能是对 M 行 M 列的整数方阵求两条对角线上各元素之和。请改正程序中的错误，使它能得出正确的结果。

```
#include < stdio.h>
#define M 5
int fun(int n, int x[ ][ ])
{ int i, j, sum = 0, *p;
  for( p = 1,i = 1;i <= M ; i++)
    sum += p[ i ][ i ] + p[ i ][ n - i - 1 ];
  return( sum );
}
void main( )
{ int a[M][M] = {{1,2,3,4,5},{4,3,2,1,0},{6,7,8,9,0},{9,8,7,6,5},{3,4,5,6,7}};
```

```
    printf ( "\nThe sum of all elements on 2 diagnals is % d.",fun( M, a ));
}
```

四、编程题

1. 通过键盘输入 10 个整数,将其保存在一维数组中,编程把该数组中所有为偶数的数放在另一个数组中,用指针的方法进行编程。

2. 对在一维数组中存放的 10 个整数进行如下的操作:从第 3 个元素开始直到最后一个元素,依次向前移动一个位置,输出移动后的结果,用指针的方法进行编程。

3. 在一个字符数组中存放"AbcDEfg"字符串,编写程序,把该字符串中的小写字母变为大写字母,把该字符串中的大写字母变为小写字母,用指针的方法进行编程。

4. 用字符指针变量,进行 5 个字符串的输入。比较字符串的大小,然后输出 5 个字符串中最小的字符串。

5. 在主函数中随机输入 10 个数并保存在一个数组中,通过运算处理输出该数组中的最小值。其中确定最小值的下标的操作在子函数实现,请写出该函数的主函数与子函数的完整程序。

6. 在主函数中有 10 个学生、3 门课程的信息,用二维数组存放该信息。用子函数对数组的信息分别进行如下操作:

(1) 输出每门课程的平均分;

(2) 输出每门课程的最高分、最低分;

(3) 统计每门课程不及格人数。

7. 编写函数 fun(char ∗ str, int num[10]),它的功能是:分别找出字符串中每个数字字符(0,1,2,3,4,5,6,7,8,9)的个数,其中用 num[0] 来统计字符 0 的个数,用 num[1] 来统计字符 1 的个数……用 num[9] 来统计字符 9 的个数。字符串通过主函数从键盘读入。

C 语言是模块化程序设计语言。模块化程序设计的思想就是把复杂的问题分解为若干小模块，每个小模块对应一个函数，分模块解决问题将使得程序结构分明，查找问题和维护程序都较为方便。C 语言使用函数来实现模块化程序设计。一个 C 程序由一个主函数 main() 和若干个函数组成，其中有且仅有一个 main() 函数。main() 函数是整个程序的入口和正常出口。

本章主要阐述函数的定义、函数的声明、函数的调用形式和参数的传递，介绍变量的存储类别、模块化程序设计方法、函数的嵌套调用和递归调用。

8.1 问题的提出和程序示例

下面通过一个例子让读者体会引入"函数"概念进行程序设计的好处。先看下面一段程序：

```
int i, x = 1;
for(i = 1; i <= 10; i++)
{
    x = x * i;
}
```

可以看出，这段程序的功能是计算 10 的阶乘 10!。

假设编程计算组合函数 $C_m^n = \dfrac{m!}{n!(m-n)!}$（其中 $m \geq n$），用已经学过的知识编程如下：

```
# include < stdio. h >
# define M 6
# define N 2
void main( )
{
    int i, x = 1, y = 1, z = 1, cmn;
    for(i = 1; i <= M; i++)              //求 m 的阶乘
    {
        x = x * i;
    }
    for(i = 1; i <= N; i++)              //求 n 的阶乘
    {
```

```
        y = y * i;
        }
    for(i = 1; i <= M - N; i++)              //求 m-n 的阶乘
        {
        z = z * i;
        }
    cmn = x / (y * z);
    printf("m = %d, n = %d 的组合函数的解是 %d\n", M, N, cmn);
    }
```

说明:以上程序中,求 m 的阶乘、n 的阶乘以及 m-n 的阶乘这 3 段代码功能一样,以同样形式重复写了 3 遍。这样的程序看起来显得较为呆板,且结构臃肿。可以将求阶乘这一有特定功能的程序段作为一个独立的小模块,当需要使用这一功能时,只需调用这个小模块即可。通过一个用户自定义函数就可以解决这个问题,这样整个程序就不再需要写 3 遍重复的代码。下面给出引入函数概念后的程序。

【例 8.1】 设计一个求阶乘的用户自定义函数,然后用主函数调用该用户自定义函数实现求 $C_m^n = \dfrac{m!}{n!(m-n)!}$ (其中 m≥n)。

```
# include < stdio.h >
# define M 6
# define N 2
int fac(int x);                         //函数声明
void main( )
{
  int cmn;
  cmn = fac(M) / (fac(N) * fac(M-N));   //函数调用
  printf("m = %d, n = %d 的组合函数解是 %d\n", M, N, cmn);
}
int fac(int x)                          //函数定义
{
  int i, y = 1;
  for(i = 1; i <= x; i++)
   {
     y = y * i;
   }
  return (y);
}
```

程序运行结果:

m = 6, n = 2 的组合函数的解是 15

说明:该实例中,设计了一个用户自定义函数 fac(int x)实现求阶乘的功能,在 main( )函数中 3 次调用该函数 fac(M)、fac(N)、fac(M-N)求得 M!、N!、(M-N)!。如此编写的程序模块化结构较为清晰,将求阶乘这一功能设计为一个用户自定义函数 fac(int x),即封装为一个小模块,当需要使用该模块的功能时只需调用 fac( )函数,避免了相同代码的重复书写。由此可以体会出使用函数的作用及好处:

① 可以方便地使用其他人已经编写的代码,就像我们调用系统提供的库函数一样。

② 可以在后续程序中使用自己编写的代码，避免重复劳动。

③ 实现结构化程序设计的基本思想，即将大型程序分割成小块程序，把问题分解为若干较小的、功能简单的、相互独立又相互关联的模块来进行设计，而这些模块便是一个一个的函数。

例 8.1 中引入了 3 个基本概念：函数定义、函数调用、函数声明，下面依次详细介绍。

8.2　函数定义

8.2.1　函数基础知识

下面先介绍与"函数"有关的 3 个重要概念：函数定义、函数调用、函数声明。

函数定义：定义函数的功能。注意：未经定义的函数是不能使用的。从函数定义的角度看，函数可分为库函数和用户自定义函数两种。库函数由 C 编译系统提供，不需要进行函数定义就可以使用，如 printf()、scanf()、sqrt()、pow()等函数均属此类。用户自定义函数是由程序员自己编写的函数，这类函数必须先定义再使用。

函数调用：执行一个函数。调用函数时，如果有参数首先传参数，程序由主调函数跳转到被调函数体内的第一条语句开始执行，执行完被调函数体内的最后一条语句或中途遇到 return 语句时，又返回到主调函数继续向下执行。

函数声明：指通知编译系统该函数已经定义过了。对于库函数而言，不需写出函数声明，只需要在程序前面用 #include 包含具有该库函数原型的头文件即可。对于用户自定义函数，如果函数定义的位置在函数调用之后，则前面必须有函数声明；如果函数定义放在函数调用之前，则可以省略函数声明。

8.2.2　函数定义的一般形式

函数定义的一般形式是：

函数返回值类型 函数名([类型名 参数 1, 类型名 参数 2, …])
{
　　函数体
}

例 8.1 中用户自定义函数名是 fac，它具有 int 类型的返回值，有一个 int 类型的参数 x，{}括起来的部分是函数体。

说明：

① 函数定义由两部分组成——函数首部、函数体。其中函数首部包括了函数返回值类型、函数名、参数列表。函数体由{}括起来，在语法上是一个复合语句。

② 函数返回值类型是返回给主调函数的结果的数据类型，可以是 C 语言的基本数据类型、构造数据类型、指针类型。函数也可以没有返回值，此时需要使用 void 说明符将其定义为空类型，如果省略了 void，则系统默认返回值类型为 int 型。

③ 函数名是用户自定义的标识符，遵循 C 语言中标识符的命名规则。函数名是唯一

的,同一应用程序中不能有重名函数。

④ 函数名后用()括起来的是参数列表。如果函数没有参数(即无参函数),则()内需写入 void 或括号为空,但是()不能省略。如果函数有参数,参数可以是各种类型的变量。如果有多个参数,则参数与参数之间用逗号隔开,并且每个参数必须给出数据类型,即使多个参数是相同数据类型也必须各自指定数据类型。例如,当参数表为"(int a, int b, int c)"时,不能写成"(int a, b, c)"。

⑤ 用{}括起来的是函数体,由说明部分和执行语句部分组成,它决定了该函数所要实现的功能。注意:函数体内定义的变量不能与参数列表中的参数同名。{}内也可以没有语句,此时称为"空函数",表示占一个位置,以后再补写函数的功能代码。

注意:

① 函数首部的一对小括号()后面不能加";"号,即函数首部和函数体是一个整体,如果加了";",就错误地将二者分离开了。

② 函数的定义不允许嵌套,即在一个函数内部不允许再定义另外一个函数。

8.2.3 形参与实参的关系

例 8.1 中的 fac()函数定义为"int fac(int x)",在语句"cmn=fac(M)/(fac(N) * fac(M-N));"中对该函数调用了 3 次。函数定义时的参数"int x"是形参,函数调用时的参数"M""N""M-N"是实参,形参与实参是主调函数与被调函数之间数值传递的桥梁。下面对形参和实参进行详细介绍。

1. 形参

函数定义时,函数名后面小括号内的参数就是形式参数,简称形参。每个形参必须明确指出其数据类型。形参是形式上的变量,在进行函数调用之前,系统并不为形参分配存储单元,因此它没有具体的值,只有在发生函数调用时,系统才为形参分配临时的存储单元,并在存储单元中存入与实参相同的值,当被调函数运行结束后,形参所占用的存储单元释放,其中的数值也随之丢失。

2. 实参

函数调用时,函数名后面小括号内的参数就是实际参数,简称实参。实参是有确定值的常量、变量或表达式,因此实参前面不写数据类型。函数调用时,实参将它的值传给形参,称为实参向形参传值。

3. 实参与形参的关系

当发生函数调用时,实参向形参传值。为实现数值传递的正确性,应保证实参与形参的 3 个一致性:类型一致、个数一致、顺序一致。

实参与形参传值的规则是:自左至右,把实参的值一一对应地传递给形参,传递时与名字无关,因此实参与形参不需要同名。

实参向形参的传值是单向传递,即只能是实参将数值传递给形参,而形参的数值是不能反过来传递给实参的。

图 8-1 能够帮助读者理解实参与形参的关系。

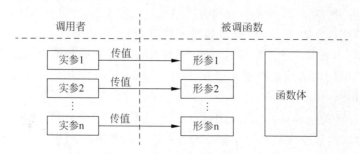

图 8-1　实参与形参的对应关系

8.2.4　有参函数与无参函数

函数定义时,根据函数名后的小括号内是否有形参,分为有参函数和无参函数两类。

1. 有参函数

有参函数的小括号内有一个或者多个形式参数,简称形参。当发生函数调用时,由主调函数给这些形参传递实际的值。

有参函数的定义格式:

```
函数返回值类型 函数名(形参列表)
{
    函数体
}
```

【例 8.2】　定义一个函数 fun(),其功能是用"＊"号打印直角三角形,三角形的行数由函数的形参决定,即在 main()函数中给定行数,通过参数的形式传递给 fun()函数。

```
# include < stdio. h >
void fun(int n) //函数定义,n是形参,此时 n = 5,注意 n 前面必须有类型说明符 int
{
 int i, j;
 for(i = 1; i <= n; i++)                //控制打印函数为 n 行
    {
    for(j = 1; j <= 2 * i - 1; j++)      //每行打印 2 * i - 1 列"＊"号
        printf(" * ");
    printf("\n");                        //打印每行结束时的换行符
    }
}
void main( )
{
    int x = 5;
    fun(x);                             //函数调用,x是实参,此时 x = 5,注意 x 前面不能有
                                        //类型说明符 int
}
```

程序运行结果:

```
*
***
*****
*******
*********
```

2．无参函数

无参函数没有形式参数，函数名后是一对空的小括号，或者小括号内需写入 void。无参函数表示"发生函数调用时主调函数没有数据传递给被调函数"。

无参函数的定义格式：

```
函数返回值类型 函数名( )
{
    函数体
}
```

【例8.3】 定义一个函数 fun()，其功能是用"＊"号打印一个行数为 3 的直角三角形，并在 main()函数中调用该 fun()函数。

```
# include < stdio.h>
void fun( )                        //定义函数 fun( )
{
 printf(" * \n");
 printf(" * * * \n");
 printf(" * * * * * \n");
}
void main( )
{
    fun( );                        //函数调用,注意书写时不能省略函数名 fun 后面的一对空括号
}
```

```
*
***
*****
```

说明：比较例8.2与例8.3，例8.2中 fun()函数打印三角形的行数受形参 n 的控制，而 n 的数值并不在 fun()函数内部获得，而是在 main()函数中给定的，因此借助"参数"这一桥梁，当发生函数调用时，实参 x 将它的数值"5"传递给形参 n，如果实参 x 的值改变，那么打印的三角形行数也随之改变。例8.3中的 fun()函数无参数，则打印的三角形行数由 fun()函数自行确定，不受 main()函数的控制。

8.2.5　函数的分类

在 C 语言中可从不同的角度对函数分类。

1．从函数定义的角度分类

从函数定义的角度看，函数可分为库函数和用户定义函数两种。

1) 库函数

由 C 系统提供，用户无须定义，也不必在程序中作类型说明，只需在程序前包含有该函数原型的头文件即可在程序中直接调用。在前面各章的例题中反复用到的 printf()、scanf()、 getchar()、putchar()、gets()、puts()、strcat()等函数均属此类。

2）用户定义函数

由用户按需要写的函数。对于用户自定义函数，不仅要在程序中定义函数本身，而且在主调函数模块中还必须对该被调函数进行类型说明，然后才能使用。

2. 从函数有无返回值的角度分类

C语言的函数可以分为有返回值函数和无返回值函数两种。

1）有返回值函数

此类函数被调用执行完后将向调用者返回一个执行结果，称为函数返回值。如数学函数即属于此类函数。由用户定义的这种要返回函数值的函数，必须在函数说明和函数定义中明确返回值的类型。

2）无返回值函数

此类函数用于完成某项特定的处理任务，执行完成后不向调用者返回函数值。由于函数无须返回值，所以用户在定义此类函数时可指定它的返回为"空类型"，空类型的说明符为void。

3. 从函数间数据传送的角度分类

从主调函数和被调函数之间数据传送的角度看函数又可分为无参函数和有参函数两种。

1）无参函数

函数定义、函数说明及函数调用中均不带参数。主调函数和被调函数之间不进行参数传送。此类函数通常用来完成一组指定的功能，可以返回或不返回函数值。

2）有参函数

有参函数也称为带参函数。在函数定义及函数说明时都有参数，称为形式参数（简称为形参）。在函数调用时也必须给出参数，称为实际参数（简称为实参）。进行函数调用时，主调函数会将实参的值传送给形参，供被调函数使用。

8.2.6　主函数

在C语言中，所有的函数定义，包括主函数main()在内，都是平行的。也就是说，在一个函数的函数体内，不能再定义另一个函数，即不能嵌套定义。但是函数之间允许相互调用，也允许嵌套调用。习惯上把调用者称为主调函数，被调用者称为被调用函数。函数还可以自己调用自己，称为递归调用。main()函数是主函数，它可以调用其他函数，但不允许被其他函数调用。因此，C程序的执行总是从main()函数开始，完成对其他函数的调用后再返回到main()函数，最后由main()函数结束整个程序。一个C源程序必须有，也只能有一个主函数main()，它将在程序开始执行时被自动调用。

除了主函数外，程序中的其他函数只有在具体调用时才能进入执行状态。所以，一个函数要在程序执行过程中起作用，那么它或是被主函数直接调用的，或是被另外一个能被调用执行的函数调用的。没有被调用的函数在程序执行中不会起任何作用。

8.3 函数调用

8.3.1 函数调用的一般形式

函数定义好后,只有被调用了才能实现该函数的功能,一个不被调用的函数是没有任何作用的。只有发生了函数调用,函数体内的语句才会被执行。

如图 8-2 所示为函数调用时的流程。由图可以看出,在主调函数 main() 中,若执行了 fun() 函数调用语句,则流程转到 fun() 函数内部,待 fun() 函数从头至尾执行结束后,流程再返回主调函数中继续执行。

函数调用的一般形式为:

函数名([实际参数表])

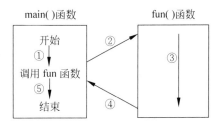

图 8-2　函数的调用

调用有参函数时,函数名后的小括号里需写入实参。如例 8.2 的 main() 中的函数调用语句"fun(x);",小括号里的 x 是实参。当程序执行到该语句时,流程转到 fun(int n) 函数内部,同时伴随着实参 x 向形参 n 的传值过程。

调用无参函数时,函数名后需跟一对空括号。如例 8.3 的 main() 函数中的函数调用语句"fun();",当程序执行到该语句时,流程转到 fun() 函数内部,将该函数执行一次。

除了 main() 函数之外,对于用户自定义函数都必须遵循"先定义、后调用"的规则。main() 函数可以调用其他函数,但不能被其他函数调用,其他函数之间可以相互调用。

8.3.2 函数的调用与返回值

当被调函数运行结束时,通常函数的调用者会获得一个确定的值,称为函数的返回值。以下分两种情况加以介绍:一种是函数运行结束后返回确定值,即返回值类型为非空的情况;另一种是函数运行结束后对调用者不返回任何值,即返回值类型为空的情况。

被调函数的值只能通过 return 语句返回给调用者。return 语句的一般格式有 3 种:

```
return(表达式);          //①
return 表达式;           //②
return;                 //③
```

1. 函数的返回值类型为非空

这类函数在定义时,函数首部的"函数返回值类型"需明确指出数据类型,可以是 C 语言的基本数据类型、指针类型、结构体类型等。此时要求被调函数中使用上述 return 语句的前两种格式"return(表达式);"或者"return 表达式;"向调用者返回一个确定值,并且 return 语句中"表达式"的类型必须与函数首部的"函数返回值类型"保持一致。

【例8.4】 定义一个函数 max()，求两个整数中的较大数，并在 main()函数中调用 max()函数。要求：两个整数在 main()函数中给定，结果输出也在 main()函数中完成。

分析：由于 max()函数中要用到的两个整数是在 main()中给定，而不是在 max()函数中给定，因此需借助"参数"这一桥梁将这两个整数值由 main()函数传递给 max()函数；另外 max()函数的运行结果（两个整数中的较大值）又需放在 main()函数中打印，因此需借助"返回值"这一桥梁将运行结果由 max()函数带回给 main()函数。由以上分析得知，max()函数设计为"有参数、有返回值"的形式。

```c
# include < stdio. h>
int max( int a, int b)            //函数定义,有 2 个形参,函数返回值类型为 int 型
{
    int m;
    m = (a > b) ? a : b;
    return (m);                   //通过 return 语句向调用者"max(x,y)"返回一个 int 型的值 m
}
void main( )
{
    int x = 5, y = 9, z;
    z = max(x, y);                //函数调用,"max(x,y)"调用结束后将带回一个确定值并赋值给 z
    printf("两个整数是: % d 和 % d,较大数是 % d \n", x, y, z);
}
```

程序运行结果：

两个整数是: 5 和 9,较大数是 9

说明：本例中，max()函数首部的"函数返回值类型"是 int 型，函数体的最后一条语句"return(m);"中的 m 也是 int 型，表示向 main()函数中的调用者"max(x, y)"返回一个 int 型的数值。可以看出，"函数返回值类型"与"return(表达式);"中"表达式的类型"需保持一致。

2. 函数的返回值类型为空（即 void 类型）

这类函数在定义时，函数首部的"函数返回值类型"为 void 型，也就是这类函数运行结束后不需要向主调函数返回任何结果，因此可以省略 return 语句。即使不省略，也只需要写成"return ;"，即省略 return 后面的表达式。此时的 return 语句仅仅表示执行到此处时流程返回主调函数，不带回任何数值。

【例8.5】 定义一个函数 max()，求两个整数中的较大数，并在 main()函数中调用 max()函数。要求：两个整数的输入在 main()函数中完成，结果打印在 max()函数中完成。

分析：与例 8.4 比较，发现两个实例仅在结果打印要求上略有区别，该例将打印结果放在 max()函数中完成。也就是说，max()函数调用结束后，不需将较大值带回函数调用处，也就是说，函数可以设计为无返回值类型。

```c
# include < stdio. h>
void max( int a, int b)     //函数定义,有 2 个形参,函数返回值类型为 void 型
{
    int m;
```

```
    m = (a > b) ? a : b;
    printf("两个整数是: %d和%d,较大数是%d\n", x, y, m);
    return;            //此处的return语句可以省略,即使不省略,return后面也不能有表达式
}
void main( )
{
    int x = 5, y = 9;
    max(x, y);         //函数调用
}
```

程序运行结果:

两个整数是:5 和 9,较大数是 9

通过以上两个实例的比较可以得出函数返回值类型与return语句关系的一些结论:

① 当函数首部明确给出"函数返回值类型",或者省略"函数返回值类型"(此时默认为int型)时,表示被调函数运行结束后必须向调用者返回一个数值,该数值只能通过return语句返回。因此,当函数返回值类型为"非空"时,函数体里必须有return语句,而且return语句的格式只能为"return(表达式);"或者"return 表达式;",并且保证该"表达式"的类型与函数返回值类型一致。

② 当函数首部的函数返回值类型明确给出void,表示该函数返回值类型为"空",即被调函数运行结束后不需向调用者返回数值。此时,被调函数体内部可以没有return语句,即使有,也只能是"return;"形式。

注意: 被调函数体里可以有多个return语句,但只有其中的一个会被执行,一旦程序执行到其中某一个return语句,就表示被调函数运行在此结束,流程便返回到主调函数。

8.3.3 函数调用的一般形式

在C语言中,调用函数主要有以下3种方式。

1. 函数语句形式

C语言中的函数可以只进行某些操作而不返回函数值,这时的函数调用可作为一条独立的语句。

2. 函数表达式形式

函数作为表达式的一项,出现在表达式中,以函数返回值参与表达式的运算,这种方式要求函数必须有返回值。

3. 函数实参形式

函数作为另一个函数调用的实际参数出现。这种情况是将该函数的返回值作为实参进行传送,因此要求该函数必须有返回值。

以下通过图8-3的示范,观察3种函数调用形式的差别,掌握函数调用的3种形式。

```
void max(int a, int b)
{
  int m;
  m = (a > b) ? a : b;
  printf("较大数=%d \n", m);
  return;
}
void main(void)
{
  int x = 5, y = 9;
  max(x, y);
}
```

```
int max(int a, int b)
{
  int m;
  m = (a > b) ? a : b;
  return(m);
}
void main(void)
{
  int x = 5, y = 9, z;
  z = max(x, y);
  printf("较大数=%d \n", z);
}
```

```
int max(int a, int b)
{
  int m;
  m = (a > b) ? a : b;
  return(m);
}
void main(void)
{
  int x = 5, y = 9;
  printf("较大数=%d \n",
      max(x, y));
}
```

(a) 函数语句形式　　　　　　(b) 函数表达式形式　　　　　　(c) 函数实参形式

图 8-3　函数的 3 种调用形式

说明：

① 图 8-3(a)是函数语句形式，即 max()函数的调用以一条独立语句的形式存在，写成"max(x, y);"，此时 max()函数调用结束后，无须返回任何值，因此函数设计为无返回值类型。

② 图 8-3(b)是函数表达式形式，即 max()函数的调用作为赋值表达式中的一部分而存在，写成"z＝max(x, y);"，此时 max()函数调用结束后，必须返回一个 int 型的数值，并通过赋值号将该值赋值给变量 z，因此 max()函数设计为有返回值类型。

③ 图 8-3(c)是函数实参形式，即 max()函数的调用作为 printf()函数的实参而存在，写成"printf("较大数＝%d \n", max(x, y));"，此时 max()函数调用结束后，必须返回一个 int 型的数值，并在 printf()函数中将该值以整型格式输出，因此 max()函数设计为有返回值类型。

8.3.4　函数参数的传递方式

发生函数调用时，实参与形参的传递方式有两种：值传递方式、地址传递方式。

1. 值传递方式

如果参数传递的是数据本身，就称为"值传递"。在前面介绍的例子中，参数的传递方式都是使用值传递方式。C 语言规定，数值只能由实参传递给形参，形参不能反过来传值给实参，即传值是单向的。也就是说，形参的任何变化不会影响到实参。值传递过程如下：

① 发生函数调用时，系统临时创建形参变量；

② 实参将其数值复制一份给形参变量；

③ 在函数调用过程中，形参的任何改变只发生在被调函数内部，不会影响到实参；

④ 当被调函数运行结束返回主调函数时，形参的存储空间被自动释放。

在例 8.6 中，子函数 swap()中参数使用的是值传递方式，仔细观察程序的运行结果，体会值传递方式的特点。

【例 8.6】　以下程序试图通过调用 swap()函数，交换主函数中变量 x、y 的数值。根据程序代码以及运行结果，思考主函数中变量 x、y 中的数值是否真的实现了交换。为什么？

```
# include < stdio. h >
void swap( int a, int b)                              //形参 a、b
{
 int t;
 printf("(2)子函数开始时: a = % d, b = % d\n", a, b) ;   //输出子函数中交换操作前的数值
 t = a; a = b; b = t;
 printf("(3)子函数结束时: a = % d, b = % d\n", a, b) ;   //输出子函数中交换操作后的数值
}
void main( )
{
 int x = 2, y = 4;
 printf("(1)子函数调用前: x = % d, y = % d\n", x, y);    //输出 swap( )函数调用前的数值
 swap(x, y);                                            //实参 x、y,值传递方式
 printf("(4)子函数调用后: x = % d, y = % d\n", x, y);    //输出 swap( )函数调用后的数值
}
```

程序运行结果:

(1) 子函数调用前: x = 2, y = 4
(2) 子函数开始时: a = 2, b = 4
(3) 子函数结束时: a = 4, b = 2
(4) 子函数调用后: x = 2, y = 4

说明: 从程序运行结果可以看出,虽然在 swap( )函数内部对数值进行了交换,但是当流程返回到 main( )函数后,并没有真正实现变量 x、y 的数值交换,这是为什么呢?

开始调用 swap( )函数时,系统临时为形参 a、b 分配存储空间,然后把实参 x、y 的值各自复制一份给 a、b,此时形参 a 和实参 x 是存放相同数值的两个不同存储空间,形参 b 和实参 y 也是存放相同数值的两个不同存储空间。在 swap( )函数运行过程中,形参 a、b 中的数值发生了交换,但是这个过程仅发生在 swap( )函数内部,并不会影响到 main( )函数中的实参 x、y。当 swap( )函数运行结束时,形参 a、b 的存储空间自动释放。因此我们看到的现象是数据交换只发生在形参 a 与 b 之间,并没有发生在实参 x 与 y 之间。

图 8-4 显示了 swap( )函数调用前后实参 x、y 及形参 a、b 各自的数值变化。

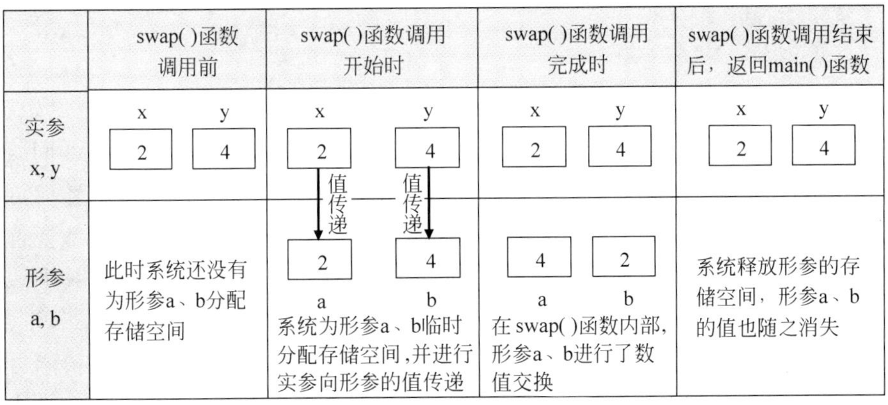

	swap( )函数 调用前	swap( )函数调用 开始时	swap( )函数调用 完成时	swap( )函数调用结束 后,返回main( )函数
实参 x, y	x y 2 4	x y 2 4 值传递 值传递	x y 2 4	x y 2 4
形参 a, b	此时系统还没有 为形参a、b分配 存储空间	a b 2 4 系统为形参a、b临时 分配存储空间,并进行 实参向形参的值传递	a b 4 2 在swap( )函数内部, 形参a、b进行了数 值交换	系统释放形参的存 储空间,形参a、b 的值也随之消失

图 8-4   例 8.6 中值传递方式下实参和形参变化过程示意图

例 8.6 验证了"实参向形参传值是单向传递"的规则。这一点非常重要,初学者对这一概念需仔细理解并掌握。

2. 地址传递方式

函数的"地址传递方式"就是指实参与形参之间传递的不是普通数值，而是地址值。

要理解"地址传递方式"，首先要分清"值"和"地址"的概念。"值"可以是常量、变量、表达式、函数的计算结果；而"地址"则是普通变量的地址、数组名、指针变量等。

当函数的实参是"地址"时，对应的形参是同类型的指针变量。发生函数调用时，实参将它的地址值复制一份给形参指针变量，形参指针变量便指向了实参所对应的存储单元。于是在被调函数内部，可以借助形参指针变量间接地修改主调函数中实参所对应存储单元中的数值。例8.7通过调用 swap() 函数，真正实现了 main() 函数中 x、y 数值的交换。

【例 8.7】 通过调用 swap() 函数，真正实现交换主函数中变量 x、y 的数值。

```c
# include < stdio. h >
void swap(int * a, int * b)  //形参指针变量a、b
{
 int t;
 printf("(2)子函数开始时: * a= % d, * b= % d\n", * a, * b);  //输出子函数中交换操作前的数值
 t = * a; * a = * b; * b = t;
 printf("(3)子函数结束时: * a= % d, * b= % d\n", * a, * b);  //输出子函数中交换操作后的数值
}
void main( )
{
 int x = 2, y = 4;
 printf("(1)子函数调用前: x = % d, y = % d\n", x, y);        //输出 swap( )函数调用前的数值
 swap(&x, &y);                                           //实参 &x、&y,地址传递方式
 printf("(4)子函数调用后:x= % d, y = % d\n", x, y);        //输出 swap( )函数调用后的数值
}
```

程序运行结果：

```
(1) 子函数调用前: x = 2, y = 4
(2) 子函数开始时: * a = 2, * b = 4
(3) 子函数结束时: * a = 4, * b = 2
(4) 子函数调用后: x = 4, y = 2
```

说明：从运行结果可以看出，该例从真正意义上实现了主函数中变量 x、y 的数据交换。这一交换结果是利用地址传递方式实现的，也可以说，是借助形参指针变量 a、b 间接地操作主函数中的变量 x、y 而实现的。当发生 swap() 函数调用时，实参" & x"将地址值传递给形参指针变量 a，于是指针 a 指向了主函数中的普通变量 x；同理，实参" & y"将地址值传递给形参指针变量 b，于是指针 b 指向了主函数中的普通变量 y。当在 swap() 函数中执行交换语句"t= * a; * a= * b; * b=t;"时，可以理解为等价于"t=x; x=y; y=t;"，于是，实际上发生数值交换的是 x 和 y。图 8.5 显示了调用 swap() 函数前后，利用地址传递方式交换主函数中变量 x、y 数值的过程。对比图 8-4 和图 8-5，体会值传递方式和地址传递方式的差异。

说明：地址传递过程如下。

① 发生函数调用时，系统临时创建形参指针变量；

	swap( )函数 调用前	swap( )函数调用 开始时	swap( )函数调用 完成时	swap( )函数调用结束 后，返回 main( )函数
实　参 &x,&y	x　y 2　4	x　y 2　4 地址　指　地址　指 传递　向　传递　向	x　y 4　2	x　y 4　2
形　参 a,b	此时系统还没有 为形参指针变量 a、b 分配存储空 间	&x　&y a　b 系统为形参指针变量 a、b 临时分配存储空间，并进行 实参向形参的地址传递	a　b &x　&y t=*a; *a=*b; *b=t; 这3条语句的执行实 际上是借助指针a、b 交换 x、y 的值	系统释放形参的存 储空间，形参 a、b 的值也随之消失

图 8-5　例 8.7 中地址传递方式下实参和形参变化过程示意图

② 实参将其地址值复制一份给形参，于是形参指针变量与实参变量间建立了"指向"关系，即形参指针变量指向了实参所对应的存储空间；

③ 在函数调用过程中，利用形参指针变量间接地引用或修改实参对应存储空间中的数值；

④ 当被调函数运行结束返回主调函数时，形参指针变量自动释放。注意：此时释放的是形参所占的临时存储空间，而不是释放实参所对应的存储空间。

结论：地址传递方式常应用于以下两种场合。

① 如果主调函数中有值需要利用被调函数运行中修改，可以采用地址传递方式，将需要修改数值的变量地址作为函数实参。

② 地址传递方式还经常用于被调函数运行结束后，向主调函数带回多个运行结果的场合。由于函数的返回值每次仅能向主调函数带回一个数值，当有多个数值需要带回主调函数时，应采用地址传递方式。

8.3.5　函数的嵌套调用

在 C 语言中，一个函数不能在另一个函数中定义，即所谓的函数定义不允许嵌套。但是函数调用是允许嵌套的。所谓"嵌套调用"，是指一个被调函数在它执行还未结束前，根据需要又去调用另一个函数，这种关系可以嵌套多层。图 8-6 便是函数嵌套调用的示意图。图中 main( )函数调用 f1( )函数，f1( )函数又调用 f2( )函数。在实际工程应用中，函数嵌套调用随处可见。

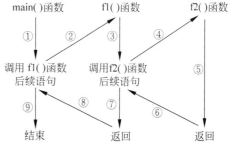

图 8-6　函数的嵌套调用

【例 8.8】　输入年、月、日，求该日是该年的第几天。

```
# include < stdio.h >
int sum_day(int, int, int);          // sum_day( )函数功能为求指定的某年某月某日是该年的
                                              第几天
```

```
int month_day(int, int);              // month_da( )函数功能为求指定的某年某月的天数
void main( )
{
    int year, month, day, days;
    printf("请输入年－月－日:");
    scanf("%d-%d-%d", &year, &month, &day);
    days = sum _day(year, month, day);
    printf("%d-%d-%d是该年的第%d天\n", year, month, day, days);
}
int sum_day(int year, int month, int day)
{
    int i, sum = 0;
    for(i = 1; i < month; i++)        //统计该年中从1月到"month-1"月内,各月的总天数之和
    {
        sum = sum + month_day(year, i);
    }
    sum = sum + day;                  //将指定月份前各月的总天数和再加上指定月份的天数 day
    return (sum);                     //sum 代表统计出的指定年、月、日是该年的第几天
}
int month_day(int year, int month)
{
    int day;
    switch(month)                     //根据月份 month 来选择该月的天数
    {
        //判断该年是否是闰年,以确定2月份有29天还是28天
        case 2: if(year % 400 == 0 || (year % 4 == 0 && year % 100 != 0)) day = 29;
                else day = 28;
                    break;
        case 4:
        case 6:
        case 9:
        case 11:day = 30; break;      //4月、6月、9月、11月的天数都是30天
        default: day = 31;            //其余月份的天数都是31天
    }
    return (day);
}
```

输入及程序运行过程:

请输入年－月－日:2008-8-8↵
2008-8-8是该年的第 221 天

说明:以上是一个函数嵌套调用的实例,在 main()函数中调用了 sum_day()函数,计算得到某年某月某日是该年的第几天,sum_day()函数在累计每月的天数时又作为主调函数调用了另一个函数 month_day()函数。

8.3.6　函数的递归调用

函数的递归调用是指调用一个函数的过程中直接或间接地调用该函数自身,如图 8-7 所示。这种函数称为递归函数。C 语言允许函数的递归调用,在递归调用中,主调函数又是

被调函数。执行递归函数将反复调用其自身,每调用一次就进入新的一层。

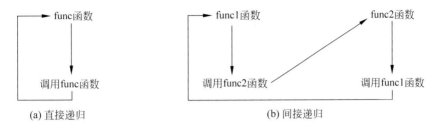

图 8-7　函数递归示意

可采用递归算法解决的问题的特点:原始的问题可转化为解决方法相同的新问题,而新问题的规模要比原始问题小,新问题又可以转化为规模更小的问题……直至最终归结到最基本的情况。

例如,有函数 f( )如下:

```
int f(int x)
{
   int y;
   z = f(y);
   return z;
}
```

这个函数就是一个递归函数。但是运行该函数无休止地调用其自身,这就是不正确的。

为了防止递归调用无休止地进行,必须在函数内有终止递归调用的手段。常用的办法是加条件判断,满足某种条件后就不再做递归调用,然后逐层返回。

递归调用的过程分为:

① 递归过程。将原始问题不断转化为规模小了一级的新问题,从未知向已知推进,最终达到递归终结条件。

② 回溯过程。从已知条件出发,沿递归的逆过程,逐一求值返回,直至递归初始处,完成递归调用。

【例8.9】　用递归法计算 n!,n!可用下述公式表示:

$$n! = \begin{cases} 1 & n=0,1 \\ n \times (n-1)! & n>1 \end{cases}$$

```
# include < stdio. h >
long ff(int n)
{
    long f;
    if(n < 0) printf("n < 0, input error");
    else if(n == 0 || n == 1) f = 1;
    else f = ff(n — 1) * n;
    return(f);
}
void main( )
{
    int n;
```

```
        long y;
        printf("\ninput a inteager number:\n");
        scanf(" % d",&n);
        y = ff(n);
        printf(" % d!=  % ld",n,y);
    }
```

程序分析：

程序中给出的函数 ff() 是一个递归函数。主函数调用 ff() 后即进入函数 ff() 执行，n<0，n＝0 或 n＝1 时都将结束函数的执行，否则就递归调用 ff() 函数自身。由于每次递归调用的实参为 n—1，即把 n—1 的值赋予形参 n，最后当 n—1 的值为 1 时再作递归调用，形参 n 的值也为 1，将使递归终止。然后可逐层退回。下面再举例说明该过程：

设执行本程序时输入为 5，即求 5!。在主函数中的调用语句即为 y＝ff(5)；

进入 ff() 函数后，由于 n＝5，不等于 0 或 1，故应执行 f＝ff(n—1) * n，即 f＝ff(5—1) * 5。该语句对 ff() 做递归调用，即 ff(4)。逐次递归展开如图 8-8 所示。

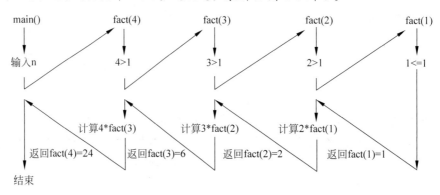

图 8-8   递归调用示意图

进行 4 次递归调用后，ff 函数形参取得的值变为 1，故不再继续递归调用，而开始逐层返回主调函数。ff(1) 的函数返回值为 1，ff(2) 的返回值为 1 * 2＝2，ff(3) 的返回值为 2 * 3＝6，ff(4) 的返回值为 6 * 4＝24，最后返回值 ff(5) 为 24 * 5＝120。

大部分递归例程没有明显地减少代码规模和节省内存空间。另外，大部分例程的递归形式比非递归形式运行速度要慢一些。这是因为附加的函数调用增加了时间开销（在许多情况下，速度的差别不太明显）。对函数的多次递归调用可能造成堆栈的溢出。不过溢出的可能性不大，因为函数的参数和局部变量是存放在堆栈中的。每次新的调用都会产生一些变量的复制品。这个堆栈冲掉其他数据和程序的存储区域的可能性是存在的。但是除非递归程序运行失控，否则不必为上述情况担心。

递归函数的主要优点是可以把算法写得比使用非递归函数时更清晰、更简洁，而且某些问题，特别是与人工智能有关的问题，更适合用递归方法解决。

递归的另一个优点是，递归函数不会受到怀疑。较非递归函数而言，一些人更相信递归函数。

例 8.9 也可以不用递归的方法来完成。如可以用递推法，即从 1 开始乘以 2，再乘以 3……直到 n。递推法比递归法更容易理解和实现。但是有些问题则只能用递归算法才能实现。典型的问题就是 Hanoi 塔问题。

【例 8.10】 Hanoi 塔问题求解。

如图 8-9(a)所示（n＝3），一块板上有 3 根针 A、B、C。A 针上套有 n(n＝3)个大小不等的圆盘,大的在下,小的在上。要把这 n 个圆盘从 A 针移动 C 针上。

移动规则是:

（1）一次只能移动一个;

（2）大的不能放在小的上面;

（3）只能在 3 个位置中移动。

求移动的步骤。

算法分析:

设 A 上有 n 个盘子。

如果 n＝1,则将圆盘从 A 直接移动到 C;

如果 n＝2,则:

（1）将 A 上的 n－1(等于 1)个圆盘移到 B 上;

（2）再将 A 上的一个圆盘移到 C 上;

（3）最后将 B 上的 n－1(等于 1)个圆盘移到 C 上。

如果 n＝3,则:

（1）将 A 上的 n－1(等于 2,令其为 n')个圆盘移到 B(借助于 C)上,步骤如下:

① 将 A 上的 n－1(等于 1)个圆盘移到 C 上,见图 8-9(b);

② 将 A 上的一个圆盘移到 B,见图 8-9(c);

③ 将 C 上的 n－1(等于 1)个圆盘移到 B,见图 8-9(d)。

（2）将 A 上的一个圆盘移到 C,见图 8-9(e)。

（3）将 B 上的 n－1(等于 2,令其为 n')个圆盘移到 C(借助 A),步骤如下:

① 将 B 上的 n－1(等于 1)个圆盘移到 A,见图 8-9(f);

② 将 B 上的一个盘子移到 C,见图 8-9(g);

③ 将 A 上的 n'－1(等于 1)个圆盘移到 C,见图 8-9(h)。

至此,便完成了 3 个圆盘的移动过程。

从上面分析可以看出,当 n 大于等于 2 时,移动的过程可分解为 3 个步骤:

第一步,把 A 上的 n－1 个圆盘移到 B 上;

第二步,把 A 上的一个圆盘移到 C 上;

第三步,把 B 上的 n－1 个圆盘移到 C 上。

其中第一步和第三步是类同的。

当 n＝3 时,第一步和第三步又分解为类同的 3 步,即把 n－1 个圆盘从一个针移到另一个针上,这里的 n＝n－1。显然这是一个递归过程,据此算法可编程如下。

```c
# include < stdio. h>
long int d = 0;
void move( int n, int x, int y, int z)
{ d = d + 1;
  if(n == 1)
    printf(" % c --> % c\n",x,z);
```

```
         else
         { move(n-1,x,z,y);
           printf(" % c --> % c\n",x,z);
           move(n-1,y,x,z);
         }
      }
      void main( )
      {
      int h;
      printf("\ninput number:\n");
      scanf(" % d",&h);
      printf("the step to moving % 2d diskes:\n",h);
      move(h,'a','b','c');
      printf("d = % ld",d);
      }
```

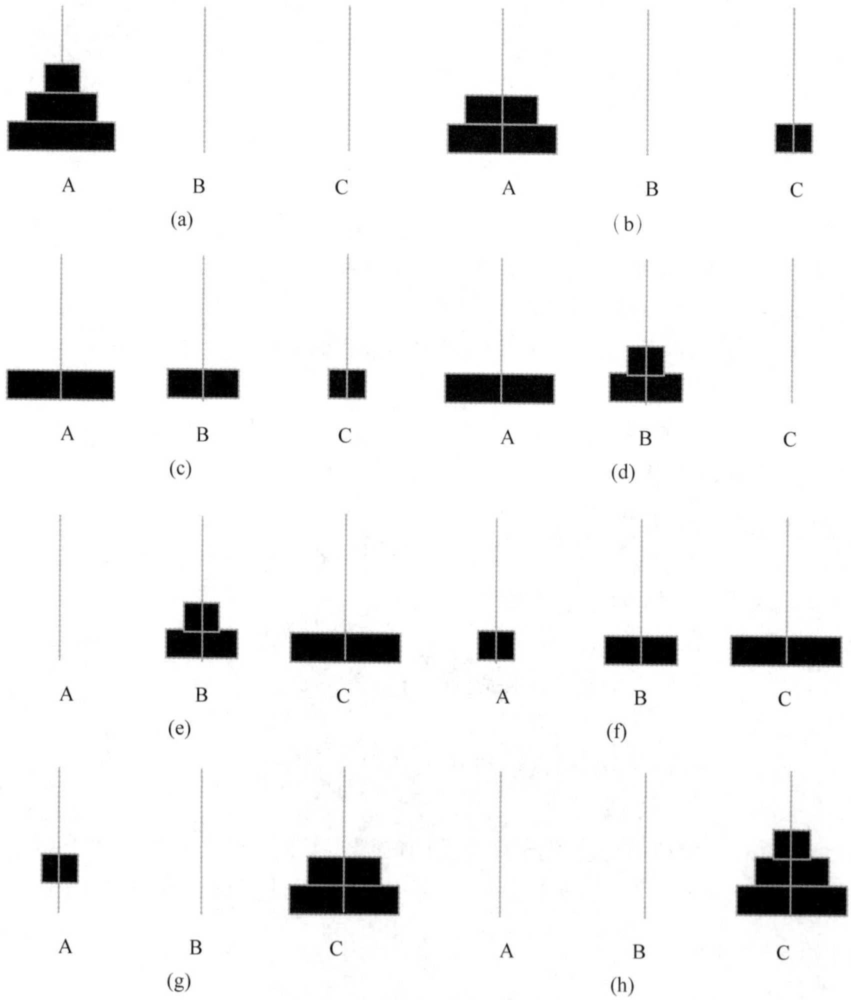

图 8-9　Hanoi 塔问题求解示意图(n=3)

程序分析：

从程序中可以看出，move()函数是一个递归函数，它有 4 个形参 n、x、y、z。

n 表示圆盘数，x、y、z 分别表示 3 根针。

move()函数的功能是把 x 上的 n 个圆盘移动到 z 上：

（1）当 n==1 时，直接把 x 上的圆盘移至 z 上，输出 x→z；

（2）若 n!=1，则分为 3 步：

① 递归调用 move()函数，把 n—1 个圆盘从 x 移到 y；

② 输出 x→z；

③ 递归调用 move()函数，把 n—1 个圆盘从 y 移到 z。

在递归调用过程中 n=n—1，故 n 的值逐次递减，最后 n=1 时，终止递归，逐层返回。

当 n＝4 时程序运行的结果为：

```
input number:
4
the step to moving 4 diskes:
a→b
a→c
b→c
a→b
c→a
c→b
a→b
a→c
b→c
b→a
c→a
b→c
a→b
a→c
b→c
```

8.4 函数声明

8.4.1 函数声明的作用、形式和位置

1. 函数声明的作用

函数声明的作用是在程序编译阶段对函数调用的正确性进行检查，包括对函数的返回值类型、函数名、形参表进行检查。若函数定义放在函数调用之前，则可以省去函数声明；若函数定义放在函数调用之后，则必须有函数声明。因为编译是根据程序的书写顺序自上而下地扫描，如果在扫描到函数调用之前，已经扫描过函数定义，或者函数声明，则不会报错。

2. 函数声明的形式

函数声明的一般形式为：

函数返回值类型 函数名(类型 形参1, 类型 形参2,…);

或者

函数返回值类型 函数名(形参1的类型,形参2的类型,…);

3. 函数声明的位置

如果函数声明放在所有函数定义的前面,说明在此之后的所有主调函数都可以对该函数进行调用,而不需要各自再次声明。

如果函数声明放在某个主调函数内部,说明只有该主调函数可以调用被声明的函数。而如果其他主调函数也需要调用这个被声明的函数,则在其他主调函数内部需要再次声明。

8.4.2 函数声明可以省略的情况

C语言中,有以下两种情况可以省略函数声明。

(1) 当函数定义位置放在函数调用之前时,可以省略函数声明。

(2) 对C编译提供的库函数的调用不需要函数声明,但必须把该函数的头文件用 #include 命令包含在源程序的最前面。诸如 printf()、scanf() 这样的函数声明是放在 stdio.h 头文件中的,当使用到这些库函数时,只要在程序最前面加上"#include < stdio.h >"即可。

以下通过例8.11帮助大家理解函数声明的形式、函数声明的位置,以及什么情况下可以省略函数声明? 什么情况下不能省略函数声明? 并列举有关函数声明的一些报错情况。

【例8.11】 在 main() 中给定一个整数值,定义 fun1() 函数,其功能是求该整数的平方值; 定义函数 fun2(),其功能是求该整数的开方值。在 main() 函数中调用 fun1() 和 fun2(),并打印结果。

```
# include < stdio.h >
# include < math.h >
void fun1(int a, int * p);          //fun1( )函数的声明
double fun2(int a);                 //fun2( )函数的声明
void main( )
{
    int x = 6, y;
    double z;
    fun1(x, &y);                    // fun1( )函数的调用
    z = fun2(x);                    // fun2( )函数的调用
    printf("%d的平方值 = %d\n", x, y);
    printf("%d的开方值 = %.2lf\n", x, z);
}
void fun1(int a, int * p)           // fun1( )函数的定义
{
    *p = a * a;
}
double fun2(int a)                  // fun2( )函数的定义
{
    return (sqrt(a));
```

```
}
```

程序运行结果：

```
6 的平方值 = 36
6 的开方值 = 2.45
```

说明：

(1) 细心的读者可能发现，函数声明只需将函数首部抄写一遍，并且在后面加上分号即可。函数声明的另一种形式是将各形参名省略掉，如下所示：

```
void fun1(int, int * );
double fun2(int);
```

(2) 该程序中，由于 fun1()、fun2()函数的定义放在函数调用之后，因此在函数调用前面必须加函数声明，而此例的函数声明放在所有函数定义之前，表示如果程序中还有其他函数，则这些函数可以直接调用 fun1()、fun2()函数，而不用再次声明。

(3) 如果函数声明放在 main()函数内部如下所示，则说明只有 main()函数可以调用 fun1()、fun2()，其他函数若也要调用 fun1()、fun2()，则需要再次声明。如下所示：

```
void main( )
{
    void fun1(int , int * );            //在主函数内部声明 fun1( )函数
    double fun2(int);                   //在主函数内部声明 fun2( )函数
    …
}
void fun1(int a, int * p)
{ … }
double fun2(int a)
{ … }
```

(4) 函数声明时，函数返回值类型、函数名、各形参的类型必须与函数定义时的函数首部保持一致，否则系统会给出错误提示。

例如，将 fun1()函数声明写成"void fun1(int, int);"，系统将会报错，出错原因是 fun1()函数定义时的第二个形参本来是指针类型"int *"型，而此处错误地写成了 int 型。

再如，将 fun2()函数声明写成"fun2(int);"，系统会报错，出错原因是 fun2()函数定义时的返回值类型是 double 型，而此处省略了返回值类型，系统默认为 int 型，二者不一致。

(5) 如果函数定义放在函数调用之前，则可以省略函数声明，如下所示：

```
void fun1(int a, int * p)            //fun1( )函数的定义
{ … }
double fun2(int a)                   //fun2( )函数的定义
{ … }
void main( )
{
    int x = 6, y;
    double z;
    fun1(x, &y);                     //fun1( )函数的调用
    z = fun2(x);                     //fun2( )函数的调用
    printf(" % d 的平方值 = % d\n", x, y);
```

```
    printf("%d的开方值 = %lf\n", x, z);
}
```

8.5　数组与函数参数

8.5.1　一维数组与函数参数

1. 数组名作实参

当一维数组名作为函数实参时，由于数组名本身是一个地址值（即整个数组的首地址），因此对应的形参是一个同类型的指针变量。此时参数之间实现的是"地址传递方式"，即实参将数组的首地址传递给对应的形参指针变量，于是形参指针便指向了主调函数中数组的存储空间，借助形参指针变量可以访问并修改原数组中的值。

【例 8.12】　定义 fun()函数，用数组名作函数实参，其功能是将主函数中原始数组中每个元素的值加 10，并在 main()函数中调用它。

```
#include<stdio.h>
void fun(int * p)                    //定义 fun( )函数,形参是与数组同类型的指针变量
{
    int i;
    printf("\n(2)打印子函数调用过程中的数组元素\n");
    for(i = 0; i < 10; i++)
    {
        p[i] = p[i] + 10;     //"p[i]"是用下标法访问数组元素,也可以用地址法" * (p + i)"
        printf("%d ", p[i]);
    }
}
void main( )
{   int i, a[10] = {1,2,3,4,5,6,7,8,9,10};
    printf("(1)打印子函数调用前的数组元素值\n");
    for(i = 0; i < 10; i++)
    {
    printf("%d ", a[i]);
    }
    fun(a);                          //调用 fun( )函数,数组名 a 作实参
    printf("\n(3)打印子函数调用后的数组元素值\n");
    for(i = 0; i < 10; i++)
    {
    printf("%d ", a[i]);
    }
    printf("\n");
}
```

程序运行结果：

(1) 打印子函数调用前的数组元素值
1 2 3 4 5 6 7 8 9 10
(2) 打印子函数调用过程中的数组元素值
11 12 13 14 15 16 17 18 19 20

(3) 打印子函数调用后的数组元素值
11 12 13 14 15 16 17 18 19 20

说明：该例在 main() 中调用 fun() 函数，实参是数组名 a，对应的形参是与数组同类型的"int *"型指针变量 p。如图 8-10 所示，形参指针变量 p 指向了主函数中的数组 a，因此便可以借助指针 p 间接地操作并修改原数组 a 中各元素的值。

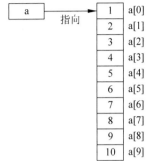

图 8-10 数组名作实参时，形参 p 的指向关系示意图

当一维数组名作实参时，对应的形参有以下 3 种等价的表示方法。

① fun(int * p)

② fun(int p[ ])

③ fun(int p[10])

注意：数组名作实参时，不要误以为整个数组都传给了被调函数。主调函数只是把整个数组的首地址传递给被调函数的形参，在被调函数中，并没有为与数组名对应的形参分配另外一连串的存储单元，而只是分配了一个指针变量的存储单元，该指针变量存放了原数组存储空间的首地址。

2. 数组元素作实参

函数调用时，如果用数组元素作函数实参，则参数之间实现的是"值传递方式"。由于每个数组元素实际上代表内存中的一个存储空间，和普通变量一样，对应的形参也是同类型的普通变量。基于"值传递方式"的特点，只能是实参将数值单向传递给形参，被调函数中形参的任何改变不会反过来影响实参。请将例 8.13 和例 8.12 进行对比，思考数组名作实参与数组元素作实参的区别。

【例 8.13】 定义 fun() 函数，用数组元素作函数实参，观察运行结果，思考该例中通过调用 fun() 函数是否实现将原数组中每个元素的值加 10 的功能。为什么？

```
#include <stdio.h>
void fun(int p)                     //定义 fun( )函数,形参是普通变量
{
    p = p + 10;
    printf("%d ", p);
}
void main( )
{
    int i, a[10] = {1, 2, 3, 4, 5, 6, 7, 8, 9, 10};
    printf("(1)打印子函数调用前的数组元素值\n");
    for(i = 0; i < 10; i++)
    {
        printf("%d ", a[i]);
    }
    printf("\n(2)打印子函数调用过程中的数组元素值\n");
    for(i = 0; i < 10; i++)
    {
```

```
        fun(a[i]);                //调用 fun( )函数,数组元素 a[i]作实参
    }
    printf("\n(3)打印子函数调用后的数组元素值\n");
    for(i = 0; i < 10; i++)
    {
        printf("%d ", a[i]);
    }
}
```

程序运行结果：

(1) 打印子函数调用前的数组元素值
1 2 3 4 5 6 7 8 9 10
(2) 打印子函数调用过程中的数组元素值
11 12 13 14 15 16 17 18 19 20
(3) 打印子函数调用后的数组元素值
1 2 3 4 5 6 7 8 9 10

说明：从运行结果可以看出，在 fun()函数内部，形参变量 p 对应的值都加了 10，但是数值的改变仅仅发生在 fun()函数内部，并没有影响到主函数中原数组各元素的初值。原因是每个数组元素都存放了一个确定值，当数组元素作实参时，参数之间实现的是"值传递方式"，形参的任何改变只会发生在 fun()函数内部，不会影响到主函数中的各数组元素。

3. 数组元素的地址作实参

函数调用时，可以用数组元素的地址作函数实参，由于实参是地址值，对应的形参便是同类型的指针变量，此时参数之间实现的是"地址传递方式"。只不过该方式下实参向形参传递的地址不一定是数组的首地址，可以是数组中任何一个元素的地址。那么形参指针变量便指向这个数组元素，在子函数中采用"下标法"或者"地址法"访问数组元素时，起始参考地址便是这个数组元素的地址。

【例8.14】 定义 fun()函数，用数组元素 a[2]的地址作函数实参，其功能是将主函数中原始数组中指定元素的值加 10，并在 main()函数中调用它。

```
#include <stdio.h>
void fun(int * p)               //定义 fun( )函数,形参指针变量 p 指向原数组中的 a[2]
{int i;
 printf("\n(2)打印子函数调用过程中的数组元素\n");
 for(i = 0; i < 8; i++)
 {
  p[i] = p[i] + 10;
  //注意此时的 p[0]实际上是原数组中的 a[2],p[1] 实际上是原数组中的 a[3],以此类推
  printf("%d ", p[i]);
 }
}
void main( )
{int i, a[10] = {1,2,3,4,5,6,7,8,9,10};
 printf("(1)打印子函数调用前的数组元素值\n");
 for(i = 0; i < 10; i++)
   {
```

```
        printf(" % d ", a[i]);
    }
fun(&a[2]);                    //数组元素 a[2]的地址作实参
printf("\n(3)打印子函数调用后的数组元素值\n");
for(i = 0; i < 10; i++)
    printf(" % d ", a[i]);
printf("\n");
}
```

程序运行结果：

(1) 打印子函数调用前的数组元素值
1 2 3 4 5 6 7 8 9 10
(2) 打印子函数调用过程中的数组元素值
13 14 15 16 17 18 19 20
(3) 打印子函数调用后的数组元素值
1 2 13 14 15 16 17 18 19 20

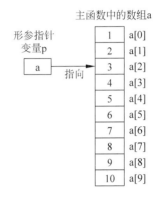

图 8-11 数组元素 a[2]的地址作实参时，
形参 p 的指向关系示意图

说明：从运行结果可以看出，调用 fun( )函数之后，原数组中只是 a[2]～a[9]这 8 个元素的值加了 10，而 a[0]、a[1]的初值不变。原因是 fun( )函数调用时的实参是 &a[2]，对应的形参指针变量 p 便指向了 a[2]元素，如图 8-11 所示，fun( )函数中访问数组元素时的 p[i]表示以指针 p 所指存储单元的地址为基础，向后移动 i 个元素，而这个作为基础地址的单元是 a[2]，于是可以理解 p[i]即相当于原数组中的 a[2+i]。数组名作函数实参或者数组元素的地址作函数实参实现的都是"地址传递方式"，二者的不同之处在于：数组名作实参时，总是将整个数组的首地址传递给形参指针变量，于是在被调函数内部借助形参指针访问数组元素时便是以数组的起始地址为基础进行的；而当数组元素的地址作实参时，是将数组中某个指定元素的地址传递给形参指针变量，于是形参指针变量便指向这个指定的数组元素，在被调函数内部借助形参指针访问数组元素时便是以该元素的地址为基础进行的。

8.5.2 二维数组与函数参数

函数调用时，也可以将二维数组名作为函数实参。请读者回忆，定义二维数组时，系统规定只能省略第一维下标(行下标)，而不能省略第二维下标(列下标)，即编译系统必须明确知道二维数组每行由多少列元素构成。因此当二维数组名作实参时，对应的形参应该是行指针变量。定义行指针时，要求指明该指针所指向的一行数据有几个元素。

【例 8.15】 利用二维数组名作实参，编程查找一个给定二维数组中的最大值。

```
# include < stdio.h >
int fun(int p[ ][4])            //定义 fun( )函数，形参 p 是一个行指针
{   int i, j, max;
    max = p[0][0];              //先默认整个二维数组中的第一个元素最大
    for(i = 0; i < 3; i++)
    for(j = 0; j < 4; j++)
```

```
        if(p[i][j] > max) max = p[i][j];
    return (max);
}
void main( )
{
int a[3][4] = {{1,3,2,4}, {7,5,8,3}, {4,2,6,5}}, i, j, max;
printf("打印二维数组的初值: \n");
for(i = 0; i < 3; i++)
{
    for(j = 0; j < 4; j++)
        printf(" % d ", a[i][j]);
    printf("\n");
}
max = fun(a);                    //调用 fun( )函数,二维数组名 a 作实参
printf("二维数组中的最大值是: % d\n", max);
}
```

程序运行结果：

```
打印二维数组的初值
1   3   2   4
7   5   8   3
4   2   6   5
二维数组中的最大值是: 8
```

总结：以例 8.14 为例，当二维数组名 a 作实参时，对应的形参可以有以下 3 种表示方法。

① fun(int (∗ p)[4])

② fun(int p[3][4])

③ fun(int p[ ][4])

以上形参的 3 种表示方法虽然写法不同，但是所代表的含义是相同的，即都看作是行指针变量，该行指针变量 p 指向的一行数据由 4 个 int 型的元素组成。

8.6　指针变量与函数

8.6.1　函数的操作方式与指针变量

在 C 语言中，函数是程序的基本单位，用一个函数来实现一个功能。在函数的操作中，函数的定义、函数的调用、函数的参数传递、函数的返回值是在程序设计中必须考虑的问题。其主要包括：

（1）定义一个函数，其函数名是函数调用的主要标识。在 C 语言中，函数名与数组名具有相同的地址性质，它表示是被定义函数的存储首地址，即函数调用后函数执行的入口地址。如前所述，一个指针变量可以指向变量或数组，用它可以对变量或数组进行操作。由于函数名是函数的入口地址，而指针描述的是地址，因此，可以将一个函数名赋给一个指针变量，然后通过这个指针变量对其函数进行操作。一个函数在编译时，自动分配一个入口地

址,这个入口地址称为函数的指针。

(2) 函数的参数传递,主要包括数值参数的传递和地址参数的传递,在地址参数传递中,可使用数组名及指针变量,其操作的方式呈多样化。

(3) 在函数的返回值中,一般只能返回一个值,而这个值只能是一个数值或字符,如果希望返回一批数据,那么其操作方法是返回该批数据的首地址指针,通过对该地址指针的操作来实现该批数据的操作。

所以,在函数的操作中,其函数的调用、参数的传递、函数的返回值,都可转变为对指针的操作。在 C 语言中,有函数指针变量和指针型函数两种定义方式来实现上述的操作。

8.6.2 指针型函数的定义与使用

1. 指针型函数的引入

在函数的返回值中,如果希望返回的数据是一个地址值,那么从该地址开始进行连续地址操作,从而可获得多个数据信息。要想函数返回一个地址值,在 C 语言中可用指针型函数来实现,这就是指针型函数的作用。

2. 指针型函数的定义及使用

指针型函数定义方式是在函数名前面加上" * "。

定义:

类型说明符　　 * 函数名(参数表);

例如,

int　 * fun(x, y);

其中, * fun 为被调用的函数名,函数名应有" * ",表示能得到一个指向整型数据的指针。

x、y 为函数 fun 的形参。

定义该指针型函数后,该函数的返回值就是一个地址值。下面通过一个实例来了解指针型函数的使用方法。

【例 8.16】 在多个学生成绩中,输入一个学生的序号,输出该学生的全部成绩。

```
# include < stdio. h >
void main ( )
{ static float score[ ][4] = {{60,70,80,90},{56,88,87,90},{38,90,78,47}};
    float * search(float ( * pointer)[4],int n);              /* 函数说明 */
    float * p;
    int i,m;
    printf("enter the number of student:");
    scanf(" % d",&m);
    printf("The score of No. % d are:\n",m);
    p = search(score, m);                                    /* 函数调用 */
    for (i = 0;i < 4;i++)                                     /* 返回地址指针的操作 */
     printf(" % 5.2f\t", * (p + i));
}
```

```
float * search(float ( * pointer)[4], int n)                    / * 指针型函数定义 * /
{
  float  * pt;
  pt = * (pointer + n);
  return pt;                                                     / * 返回指针 * /
}
```

该函数定义了一个指针型函数 * search，函数类型为 float，表示 return pt 返回的指针变量 pt 类型为 float。其中，pt 表示二维数组 score 某一行的首地址，通过对该地址的操作就可获得所需的多个返回值。

8.6.3　函数指针的定义与使用

1. 函数指针的引入

函数名是函数调用的主要标识，在 C 语言程序设计中，需要调用一个函数，只要给出函数名及相关参数，就可以调用该函数。其使用机制是：函数名表示被定义函数在存储器中分配的存储首地址，即函数调用后函数执行的入口地址，通过该地址进入所需要执行的函数程序。函数调用示意情况如图 8-12 所示。

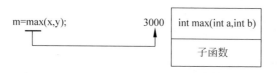

图 8-12　函数调用关系

其中：

（1）int max(int a,int b) 中的 max 是定义函数名；在 C 语言中，函数一旦定义，计算机就会给它分配一定的存储空间来存储子函数程序，该存储空间的首地址由 max 确定。所以，max 的地址为 3000（由计算机分配的）。但要注意，函数的地址是 C 语言在编译时分配的。一个函数在编译时，自动分配一个入口地址，这个入口地址称为函数的指针。

（2）"m＝max(x,y);"中的 max 是调用函数名；在这里它是一个指针，为了能找到函数，该指针的地址值为 3000，通过它就可以找到从 3000 地址单元开始的子函数。

从如图 8-12 所示的函数调用关系来看，函数名是一个指针，按指针变量的用途来看，就可以用指针变量来描述它。一个指针变量可以指向变量或数组，用它可以对变量或数组进行操作。同样，也可以用指针变量指向函数名，用它来对函数进行操作。

函数名是函数的入口地址，是一个指针，而指针描述的是地址，因此，可以将一个函数名赋给一个指针变量，然后通过这个指针变量对其函数进行操作。这样就实现了函数指针对函数的调用操作。

2. 函数指针的定义

函数指针变量定义的一般形式为：

类型标识符（ * 指针变量名）（）;

例如，

int（* p）（ ）;

说明：

（1）类型标识符 int，指函数返回值的类型，即返回值为整型。

（2）（* p）（ ）表示定义了一个指向函数的指针变量 p，该变量专门用来存放函数的入口地址；对该变量进行操作，就可实现函数的调用操作。

（3）函数指针与普通指针一样，可以对多个函数进行操作，即在一个程序应用中，一个函数指针变量可以先后指向不同的函数。但是，函数的类型应与函数指针的类型一样。

注意：

（1）该指针变量 p，只能用于指向函数的入口地址，不能用于指向一般变量或数组。

（2）函数指针在程序的使用中，如果把一个子函数的入口地址赋给它，它就指向那个函数，就可实现对该子函数的调用。

3. 函数指针变量的使用

函数指针的使用，就是如何通过它来调用子函数。其使用方法比较简单，只要把被调用的函数名赋值给函数指针变量，就实现了函数地址的赋值。函数指针的使用主要包括 3 个步骤：

（1）函数指针变量的定义。

int（* p）（ ）;

（2）函数指针变量的赋值。

p = max;

其中，max 为定义的函数名，p 为函数指针。由函数名进行直接赋值，但不能给出函数参数。

（3）用函数指针变量调用函数。

c =（* p）（a,b）;

如果函数有参数，那么在用函数指针调用函数时，必须给出参数；如果函数没有参数，那么在调用函数时就无须给出参数。

下面通过一个例子，了解普通函数的调用方式与函数指针调用方式的过程。

【例 8.17】 用函数指针的方法求 a 和 b 中的最大者。

```
void main（ ）
{ int max（ ）;                                    /* 函数说明 */
  int（* p）（ );                                   /* 函数指针变量的定义 */
  int a,b,c;
  scarf(" % d, % d",&a,&b);
  c = max(a,b);                                    /* 普通函数的调用 */
  printf("a = % d, b = % d,max = % d",a,b,c);
  p = max;                                         /* 函数指针的赋值 */
  c =（* p）(a,b);                                  /* 函数指针的调用 */
```

```
        printf ("a = % d, b = % d, max = % d", a, b, c);
    }
    int max( int x, int y)                              /* 函数的定义 */
    { int z;
        if (x > y) z = x;
        else z = y;
        return z;
    }
```

函数指针主要用在对函数的调用,对其他指针变量来说,其指针变量的运算,如 p＋n、p＋＋、p－－等都是无意义的,这是与普通指针变量的主要区别。

8.6.4　与指针有关的函数参数传递方式

函数在实际的使用中,其函数参数的传递方式是操作函数的一个关键技术,参数的传递方式及方法也是多样的,数值传递主要包括变量及数组元素,地址参数的传递主要包括指针及数组名。要很好地掌握及使用函数参数的传递方式,一方面要掌握数值参数的使用技术,另一方面就必须要了解指针在函数参数中的使用技术及操作方式。下面分几步来阐述函数参数的传递方法及技术。

1. 数组元素作函数参数（数值参数的传递）

在实际使用中,数组元素相当于一个普通变量,所以它作为函数实参使用与普通变量是完全相同的,它是一种数值传递方式。

【例 8.18】　在一个数组中存放学生成绩,判别一个整数数组中各元素的值,若满足"80＜值≤90"则输出该学生的成绩。

```
    # include < stdio. h >
    void main ( )
    { int a[30],i;
     printf("输入学生成绩分数\n");
     for(i = 0;i < 30;i++)
        { scanf(" % d",&a[i]);
         func(a[i]);                                 /* 函数的调用 */
        }
    }
    func ( int x )                                      /* 函数定义 */
    { if ( 80 < x&&x < = 90 )
        printf("x = % d\n",x ) ;
    }
```

注意:在数组元素作函数参数时,二维数组元素的传值调用与一维数组相似,其使用方法相同,所以,可以推广到多维数组元素的传值方式。

```
    void main ( )
        { int a[3][5];
            …
         mul( a[1][2],a[0][4] );                        /* 调用函数 */
            …
```

```
        }
        int mul(int x,int y,int z)                          /* 函数定义 */
        { int s;
            …
        }
```

其中,实参为 a[1][2]、a[0][4],形参为 x、y,其传递方式为数值传递。

2. 数组名作函数参数(地址参数的传递)

由于数组名表示其地址的形式,所以数组名作为函数参数属于地址传递方式,就形参和实参的值来讲是单向的,就数据的传递来讲是双向的。

【**例 8.19**】 在一个数组中存放一个学生 4 门课程的成绩,求学生的总成绩和平均成绩。

```
# include < stdio. h >
void main ( )
{ float sum ( float a[ ] );                                 /* 函数声明 */
  float sco[4],ave;
  int i;
  printf("输入 4 门成绩分数\n");
  for(i = 0;i < 4;i++)
  scanf(" % d",&sco[i]);
  s = sum(sco);                                             /* 函数的调用 */
  ave = s/4;
  printf("s = % f\n",s);
  printf("ave = % f\n",ave);
}
float sum ( float a[4] )                                     /* 函数定义 */
{ int i;
  float s = a[0];
  for(i = 1;i < 4;i++)
      s = s + a[i];
return s;
}
```

3. 指针变量作函数参数

在函数参数传递中,描述地址参数传递,主要有数组名和指针变量。指针变量中存放的是地址,所以,用指针变量作为地址传递的参数,是一种容易理解的方式。不管是数组名还是指针变量,都可归纳为用指针作函数参数,那么,其参数的传递方式有如下几种:

	实参	形参
①	数组名	数组名
②	指针变量	数组名
③	数组名	指针变量
④	指针变量	指针变量

注意:

（1）指针作函数参数时，要求实参与形参必须匹配。从上面的组合方式来看，数组名也是一个地址，但它是一个常量，只能是数组的首地址。

（2）指针变量是一个变量，可以描述不同的地址，并可进行运算，其灵活性较强。

（3）要掌握好指针的传递方式，就必须要理解地址的传递方式及相关特点。

可以通过下面的程序例子来理解与掌握函数参数的传递方法。

1）数组名与数组名进行参数的传递实例

【例 8.20】 在主函数中存放 n 个数据，设计一个子函数对该数据按由小到大进行排序，用选择法实现排序。

选择排序法的基本思想是：如对于 10 个数，先从这 10 个数中挑选出最小的数，并通过交换而成为这 10 个元素的首元素；再从其后的 9 个数中挑选出最小的，并通过交换而成为这 9 个元素的首元素；再从其后的 8 个数中挑选出最小的，并通过交换而成为这 8 个元素的首元素……如此反复，当只剩下最后一个数据时，排序完成。

程序实现过程如下：

```
#include<stdio.h>
void main ( )
{ void sort ( int array[ ],int n );            /* 函数声明 */
  int a[100],i,n;
  printf("排序数据的个数 = ");
  scanf("%d",&n);
  printf("\n 排序的数据 = ");
  for(i = 0;i < n;i++)
    scanf("%d",&a[i]);                        /* n 个数据的输入 */
  sort( a, n );                               /* 调用排序函数 */
  printf("\n");
  for(i = 0;i < n;i++)
    printf("排序的结果:%d",a[i]);             /* 输出排序结果 */
}
void sort ( int array[ ], int n )
{ int i,j,k,t;
  for(i = 0;i < n-1;i++)
    { k = i;                                  /* 把 k 作为最小数据的数组下标值 */
      for(j = i+1;j < n;j++)
        if(ayyay[k]> array[j]) k = j;         /* 把 j 的下标值保存在 k 中 */
      t = array[k]; array[k] = array[i]; array[i] = t;/* 最小值和首元素进行交换 */
    }
}
```

2）数组名与指针进行参数的传递实例

【例 8.21】 编写一个子函数，统计字符串的长度，通过主函数的调用实现地址的传递。

```
#include<stdio.h>
void main ( )
{ int strlen(char * s);
  char * p,s[] = "45678";
  p = "abcde";
  p++;
```

```
  printf(" % d\t",strlen(p + 1));          /* 函数调用 */
  printf(" % d\t",strlen(s));              /* 函数调用 */
}
int strlen(char  * s)
{ int n;
for (n = 0;  * s++ ;n++);
return n;
}
```

输出：

3   5

从上面的结果看,实参是指针变量和数组名,形参是指针变量,由于指针 p 进行了移动,当指针变量 p+1 的值传递到指针变量 s 时,它已指到字符串中的字符'c',所以,它的长度计算为 3;而数组名 s 表示该字符串的首地址,其长度为 5。如果把 strlen(s)写为 strlen(s+2)是否可以? 其结果是多少? 如果把 int strlen(char * s)中的形参改为数组形式 int strlen(char s[]),要完成该功能,函数应如何改写?

注意: * s++是当它取出'\0'时,表示其值为 0,即逻辑值为假,结束循环。也可把它写为: * s++ ! = '\0'。

3) 二维数组在函数参数的传递实例

【例 8.22】 编写一个子函数,实现矩阵对角元素的求和,用数组名作实参进行参数传递。

分析：二维数组元素相当于一个变量,可以像变量一样作实参,与用一维数组元素作函数参数相类似。但二维数组名作实参和形参时,其使用的方式有一定的区别。在被调函数中对形参数组定义可以指定每一维的大小,也可以省略第一维(行)的大小说明,但列的长度必须给出。

```
# include < stdio. h>
void main( )
{ int a[ ][3] = {0,2,4,6,8,10,12,14,16},sum;
   sum = func(a);
   printf("\n sum = % d\n",sum);
}
func(int a[ ][3])                          /* 注意函数形参的定义 */
{ int i,j,sum = 0;
for(i = 0;i < 3;i++)
 for(j = 0;j < 3;j++)
    if(i == j) sum += a[i][j];
  return sum;
}
```

另外,由于二维数组在描述数组元素地址、行地址时有多种表示方法,所以,在作函数参数时,要特别注意其使用方式。下面通过程序例子来理解它们的传递地址的应用。

【例 8.23】 编写一个子函数,实现二维数组元素的输出,用不同的地址参数进行传递。

```
# include < stdio. h>
void main( )
```

```
{ int tran(int n, int x[ ]);
  int total,a[4][4] = {{3,8,9,10},{2,5, - 3,5},{7,0, - 1,4},{2,4,6,0}};
  tran(2,a);                                    /*数组首地址*/
  tran(2,a[0]);                                 /*数组行地址*/
  tran(2,&a[0]);                                /*数组行地址*/
  tran(0,a[2]);                                 /*数组行地址*/
  tran(0,&a[2][0]);                             /*数组某行某列地址*/
}
tran(int n, int arr[ ])
{ int i;
for (i = 0;i < 4;i++)
    printf(" % d,",arr[n * 4 + i]);
printf("\n");
}
```

程序输出：

```
7,0, - 1,4,
7,0, - 1,4,
7,0, - 1,4,
7,0, - 1,4,
7,0, - 1,4,
```

从程序运行结果看,输出的结果都是一样的。这是因为二维数组的存储方式是按行存储的,所以在函数定义时,把函数的形参定义成了一个一维数组。而"tran(2,a);""tran(2,a[0]);""tran(2,&a[0]);""tran(0,a[2]);""tran(0,&a[2][0]);"在语句中所表示的地址是不一样的,描述了二维数组的不同地址,其中有指向二维数组的首地址,也有指向二维数组的行地址的。通过地址的传递,在函数中,通过 arr[n * 4+i]计算一维数组的下标来反映二维数组的存储情况,把二维数组 a 中的值输出出来。

4）函数指针变量作函数参数的传递实例

【例 8.24】 输入 a 和 b 两个数,用子函数实现求最大值、最小值及两数之和的操作。

分析：函数指针变量作函数参数,实际上是函数的一种灵活使用方式,它可实现函数地址的传递,即将函数名传给形参。

```
# include < stdio. h >
void main( )
{ int max( ), min( ), add( );                   /*函数说明*/
   int a,b;
   scanf(" % d,  % d",&a,&b);
   printf("max = ");
   process(a, b, max);                          /*求最大值*/
   printf("min = ");
   process(a, b, min);                          /*求最小值*/
   printf("sum = ");
   process(a, b, add);                          /*求两数之和*/
}
/*函数子程序*/
process(int x, int ( * fun)( ));
{ int s;
```

```
    s = ( * fun)( x,y );                                          / * 函数指针的调用 * /
     printf(" % d\n",s);
}
/ * 求最大值 * /                  / * 求最小值 * /                   / * 求和 * /
 max (int x, int y)           min (int x, int y)           add (int x, int y)
 { int z;                     { int z;                     { int z;
   if (x > y) z = x;            if (x < y) z = x;            z = x + y;
   else z = y;                  else z = y;                  return z;
   return z;                    return z;                   }
}                             }
```

8.6.5　带参数的 main() 函数和命令行参数

在 C 语言中,main() 函数为主函数,程序执行时,都是从该函数开始执行,一般情况下,该函数不带参数,实际上,main() 函数可以带参数。

main() 函数的参数不像一般的函数那样被用来完成函数间的通信,它的参数是由程序设计人员在执行该文件的命令行时输入的,并由操作系统传递给 main() 函数,所以,main() 函数的参数被称为“命令行参数”。main() 函数的参数形式,即个数和类型都是固定的。

1. main() 函数的定义

main() 函数的参数格式如下:

main(int argc, char * argv[ ])

其中:

(1) 第 1 个形参 argc 是整型变量,它存储用户从键盘输入的字符串的数目(包括可执行文件名),表示命令行中参数的个数,由于系统至少要传递给 main() 函数一个运行文件名,所以 argc 的最小值是 1。

(2) 第 2 个参数 * argv[ ] 是字符指针数组,数组中元素顺序存储用户从键盘输入的具体字符串的首地址,这些字符串的首地址构成一个字符指针数组。

2. main() 函数的调用

带参数的 main() 函数调用,是在执行该程序的时候进行的,它需要带哪些参数,由命令行来确定。

命令行定义形式如下:

命令名　参数 1　参数 2　…　参数 n

其中:

(1) 命令名为该程序文件名。

(2) “参数 1 参数 2 … 参数 n”的地址传递到 argv[ ] 字符指针数组中,argv[1] 存放的是参数 1 的地址、argv[2] 存放的是参数 2 的地址,以此类推。

说明:命令行参数应当是字符串,其中 argv[0] 存放的是该程序文件的文件名。

【例 8.25】　带参数的 main() 函数和命令行参数的应用。

（1）输入源程序代码，对该程序存盘，并进行程序编译，生成可执行程序，其文件名为 mainexe. exe。

```
/ * 源程序代码 * /
main (int argc, char * argv[ ])
{
int i = 1;
    printf(" % d\n", argc);
    while( -- argc > 0)
        printf(" % s\n", argv[ i++] );
}
```

（2）带命令行参数进行运行。

C:\> mainexe abc bb dddd

输出：

4

abc

bb

dddd

结果分析：

（1）C:\>为 C 盘的根目录，在该盘符下，输入：

mainexe abc bb dddd

（2）其中 4 是 argc 输出的，表示带命令行参数有 4 个；后面的 3 个结果表示 3 个字符串 abc、bb、dddd。

8.7　变量的作用域和存储类别

8.7.1　变量的作用域

在讨论函数形参时，我们提到只有当函数被调用时系统才为形参分配临时的存储单元，一旦函数调用完毕，其存储单元就释放。也就是说，形参只有在函数内部才有效，离开该函数就不能再使用了，这种变量有效性的范围称为变量的作用域。C 语言中所有的变量都有自己的作用域，按作用域范围可分为两类：局部变量和全局变量。

1. 局部变量

局部变量是指在函数内部定义的变量，函数的形参也属于局部变量。局部变量的作用域仅限于定义它的函数体内部。通常，这些变量的定义放在函数体的最前部，即函数定义中的"说明语句"部分。

【例 8.26】　局部变量使用示例。

```
void fun1( int a)
```

```
{
    int x, y;                      //定义 fun_1( )函数内部的局部变量
    ...
}
void fun2(int a)
{
    int x, y;                      //定义 fun_2( )函数内部的局部变量
    ...
}
void main( )
{
    int x, y;                      //定义 main( )函数内部的局部变量
    fun1(x);
    fun2(y);
}
```

说明：从以上实例可以看出，main( )函数、fun1( )函数、fun2( )函数体内各自定义了名为 x、y 的局部变量，由于各 x、y 变量的作用域仅限于定义变量的各函数本身，因此局部变量即使重名也没有关系。

2. 全局变量

在函数外定义的变量称为全局变量，也称外部变量。全局变量的作用域从定义的位置开始直到本源程序结尾结束。通常全局变量的定义集中放在源文件中各函数的前面，这样，其作用域可以覆盖源程序文件中的各函数。全局变量一经定义，系统即为它分配固定的存储单元，在整个程序运行期间都占用该存储单元。

全局变量可以被其作用域内的所有函数访问，因此有时可以利用全局变量增加函数之间联系的渠道，使得函数之间的数据传递不只局限于参数传递和 return 语句。

【例 8.27】 全局变量使用示例。

```
int x = 2, y = 3;               //定义全局变量 x、y
void fun(void)
{
    x ++;                       //引用全局变量 x,此时 x = 3
    y ++;                       //引用全局变量 y,此时 y = 4
}
void main( )
{
    fun( );
    x ++;                       //引用全局变量 x,此时 x = 4
    y ++;                       //引用全局变量 y,此时 y = 5
}
```

说明：以上示例中全局变量 x、y 定义的位置在 fun( )函数和 main( )函数前面，其作用域覆盖了 fun( )函数和 main( )函数，因此在这两个函数中均可以引用并修改 x、y 的值。

虽然全局变量的作用域较大，生存期长，看起来使用很方便，但必须说明的是，除非十分必要，否则不提倡使用全局变量，原因如下：

（1）全局变量在整个程序运行期间都占用固定的存储单元，即使该变量没有被使用，其

存储单元也不会释放，这会造成存储空间的浪费。

（2）使用全局变量容易因疏忽或使用不当而导致全局变量中的值被意外改变，不利于错误的查找和程序的维护。

（3）全局变量必须在函数外面定义，这影响了函数的独立性。

8.7.2　变量的存储类别

在 C 语言中，变量是对程序中数据的存储空间的抽象。变量的定义由两方面组成：一是变量的数据类型，二是变量的存储类别。在前面的学习中，我们只接触到变量的数据类型，还未涉及变量的存储类别。数据类型决定了变量的取值范围，存储类别决定了变量在内存中的存储方式，同时决定了变量的生存期及其作用域。

之所以要讨论变量的存储类别，是因为在程序运行过程中，数据在内存中的存放是有一定规定的，这主要是为了更好地利用存储空间，提高程序运行的效率。

C 语言中的变量存储类别分为 4 种：自动变量（auto）、寄存器类变量（register）、静态变量（static）和外部变量（extern）。下面分别对这 4 种存储类别进行说明。

1. 自动变量（auto）

自动变量用关键字 auto 表示，此类变量放在动态存储区里，是 C 语言中使用最广泛的一种类型。函数的形参、函数体或复合语句内部定义的省略存储类别的变量都属于自动变量。每当进入函数体或复合语句时，系统自动为 auto 变量分配存储单元，退出函数体或复合语句时自动释放这些存储单元另作他用。我们在此之前用到的所有变量都属于自动变量，自动变量定义时通常省略关键字 auto，完整的定义格式为：

[auto]数据类型说明符　变量名表;

例如，

```
int x;
```

等价于

```
auto int x;
```

注意：不能在声明形参时使用 auto 关键字。

auto 变量具有以下特点：

（1）自动变量的作用域仅限于定义该变量的函数或复合语句内。也就是说，函数体内定义的自动变量，当函数运行结束后该变量的存储空间被释放，其中的值也不能保留；而复合语句中定义的自动变量，在退出复合语句后也不能再使用。

（2）由于自动变量的作用域和生存期仅限于定义它的函数体或复合语句内，因此，当在不同区域内定义了同名的变量时，系统并不会将它们混淆在一起，系统总是遵循"作用域小的变量屏蔽作用域大的同名变量"的原则。

【例 8.28】　该例中定义了全局变量 x、y，函数体内的局部变量 x、y，复合语句内的局部变量 x、y。

```
# include < stdio.h >
int x = 1, y = 1;                              //定义全局变量 x、y
void fun( )
{
    int x = 2, y = 2;                          //定义 fun( )函数内的局部变量 x、y
    printf(" (1) x =  % d, y =  % d\n", x, y);  //此处的 x、y 是 fun( )函数内的局部变量
}
void main( )
{
  fun( );
  if(1)
  {
   int x = 3, y = 3;                           //定义复合语句内的局部变量 x、y
   printf(" (2) x =  % d, y =  % d\n", x, y);   //此处的 x、y 是复合语句内的局部变量
  }
  printf(" (3) x =  % d, y =  % d\n", x, y);    //此处的 x、y 是全局变量
}
```

程序运行结果：

```
(1) x = 2, y = 2
(2) x = 3, y = 3
(3) x = 1, y = 1
```

分析运行结果：

(1) 先看第一行打印信息"(1) x = 2，y = 2"，打印该信息的 printf()语句在 fun()函数内调用。在 fun()函数内部，作用域有效的变量有两组：一是全局变量 x、y，二是函数体内定义的局部变量 x、y。但这两组变量重名，系统只选其一，于是遵循"作用域小的变量屏蔽作用域大的变量"的原则，于是第一行打印信息中的 x、y 是函数体内定义的局部变量。

(2) 再看第二行打印信息"(2) x = 3，y = 3"，打印该信息的 printf()语句在主函数的复合语句内部调用。在此复合语句内，作用域有效的变量有两组：一是全局变量 x、y，二是复合语句内定义的局部变量 x、y。但这两组变量重名，仍然遵循"作用域小的变量屏蔽作用域大的变量"的原则，于是第二行打印信息中的 x、y 是复合语句内定义的局部变量。

(3) 最后看第三行打印信息"(3) x = 1，y = 1"，打印该信息的 printf()语句在 main()函数最后调用，此处作用域有效的变量仅有全局变量 x、y 一组。

(4) 自动变量定义后如果没有赋初值，则变量的初值是随机数。例如，

```
# include < stdio.h >
void main( )
{
 int x = 1, y;
 printf("x =  % d, y =  % d\n", x, y);
}
```

程序运行结果：

```
x = 1, y =  - 858993460
```

可以看到，该例中变量 y 没有赋初值，打印结果便是一个随机数。

2. 寄存器变量（register）

寄存器变量用关键字 register 表示，也属于动态变量，它与 auto 变量的区别是：register 变量的值存放在 CPU 的寄存器中，auto 变量的值存放在内存单元中。程序运行时，CPU 访问寄存器的速度比访问内存的速度快，因此把变量设置为 register 型将提高程序运行的速度。寄存器变量定义的格式为：

register 数据类型说明符 变量名表;

例如，

register int x;

【例 8.29】 设计一个函数 sum()求 $1+2+3+\cdots+n$。

```c
#include <stdio.h>
int power(register int n)
{
register int i, sum = 0;                    //定义寄存器型的变量 i、sum
 for(i = 1; i <= n; i++)
     sum = sum + i;
return (sum);
}
void main( )
{
int n;
 printf("请输入一个整数:");
scanf("%d", &n);
 printf("1 + 2 + … + %d =  %d\n", n, power(n));
}
```

输入及程序运行过程：

请输入一个整数: 10 ↙
1 + 2 + … + 10 = 55

使用寄存器变量必须注意以下几点：

（1）CPU 中寄存器的数量有限，只能将使用频率较高的少数变量设置为 register 型。当没有足够的寄存器来存放指定的变量，或编译程序认为指定的变量不适合放在寄存器中时，将自动按 auto 变量来处理。因此，register 说明只是对编译程序的一种建议，不是强制的。

（2）register 型变量是放在寄存器中而不是放在内存中，因此这种类型的变量没有地址，不能对它进行求地址运算。

（3）寄存器的长度一般与机器的字长相同，所以数据类型为 float、long、double 的变量通常不能定义为 register 型，只有 int、short、char 类型的变量可以定义为 register 型。

3. 静态变量（static）

静态变量用关键字 static 表示，此类变量存放在静态存储区里。一旦为其分配了存储单元,在整个程序运行期间,其占用的存储单元将固定存在,不会被系统释放掉,直到程序运行结束,因此静态变量也称为永久存储变量。

静态变量定义的格式为:

static 数据类型说明符 变量名表;

例如,

static int x;

静态变量分为两种:静态局部变量和静态全局变量。

1) 静态局部变量

静态局部变量定义时,关键字 static 不能省略,如果省略了就表示定义的是自动变量,而不是静态变量。static 型局部变量和 auto 型、register 型局部变量在使用上的区别是:

(1) static 型局部变量在程序的整个运行期间永久性地占用存储单元,即使退出某个用户自定义函数,下次再进入该函数时,静态局部变量仍保留上一次退出函数时的值。而 auto 型或 register 型局部变量在退出函数后,其存储单元就释放掉,数值也随之消失。

(2) static 型局部变量定义后如果未赋初值,则 C 程序自动给它赋值为 0。而 auto 型变量如果未赋初值,则其初值是随机数。

(3) static 型局部变量的初值是在编译时赋予的,而 auto 型变量是在程序执行过程中赋值的。

【例 8.30】 以下程序是 static 型局部变量应用的实例,请观察运行结果。

```c
# include < stdio. h >
int fun( int, int);
void main( )
{
    int k = 4, m = 1, p;
    p = fun(k, m);                         //第一次调用 fun( )函数
    printf(" (1) % d\n", p);
    p = fun(k, m);                         //第二次调用 fun( )函数
    printf(" (2) % d\n", p);
}
int fun( int a, int b)
{
    static int m = 2;                      //定义静态型局部变量
    int n = 1;
    n = m + n;
    m = n + a + b;
    return (m);
}
```

程序运行结果:

(1) 8
(2) 14

说明:

（1）第一次调用 fun()函数的过程：a＝4，b＝1，m＝2，n＝1→n＝3，m＝8，返回8。

（2）第二次调用 fun()函数的过程：a＝4，b＝1，m＝8，n＝1→n＝9，m＝14，返回14。

从运行结果及以上分析可以看出，fun()函数内部定义了静态局部变量 m 和动态局部变量 n，第二次进入 fun()函数时，m 的初值是前一次运行完该函数的值，而每次进入 fun()函数时 n 的初值都是 1。该实例体现了静态局部变量 m 的特点是：在整个程序运行过程中占用固定的存储单元，该存储单元不会被释放，里面的数值始终存在。而动态局部变量 n 的特点是：函数调用时系统为动态变量分配临时的存储单元，并且每次都为存储单元赋初值1，函数退出时存储单元立即释放。

2）静态全局变量

在全局变量说明的前面再加上 static 就构成了静态全局变量。全局变量本身就存放在静态存储区，静态全局变量当然也存放在静态存储区。这两者的区别在于：当一个程序由多个源文件(.c)组成时，非静态全局变量的作用域是整个源程序，即在所有源文件中都有效；而静态全局变量的作用域仅限于定义该变量的这个源程序本身，其他源文件不能引用它。

由此可见，静态全局变量限制了全局变量作用域的扩展，从而达到信息的隐蔽。这对于编写一个具有众多源文件的大型程序是十分有益的，程序员不用担心因全局变量定义重名而引起混乱。

4. 外部变量（extern）

外部变量用关键字 extern 声明，关键字 extern 用来扩展全局变量的作用域，使得之前不能访问被说明的全局变量的函数也能访问到它。extern 的声明格式为：

```
[extern]数据类型说明符　变量名表;
```

例如，

```
extern int x;
```

在较大型的 C 程序设计中，一个源程序往往由多个源文件组成，如果一个源文件中定义的全局变量在另外的源文件中也要使用到，则需要用 extern 对该全局变量进行说明。

【例8.31】　本例有两个源文件 f1.c 和 f2.c。在源文件 f1.c 中定义了全局变量 x、y，而在另一个源文件 f2.c 中需要引用这两个全局变量，则在 f2.c 中需要用 extern 对全局变量 x、y 进行声明。

文件 f1.c 的内容为：

```
int x, y;                              //外部变量的定义
void main( )
{
    …
}
```

文件 f2.c 的内容为：

```
extern int x, y;                       //外部变量的声明
void fun( )
```

```
{
    x = x + y;
    ...
}
```

说明：以上实例中，外部变量 x、y 在 f1.c 中定义为全局变量，在 f2.c 中进行引用。

注意：全局变量的定义和全局变量的声明是不同的。全局变量的定义只能出现一次，其作用是分配存储单元，定义时不能使用 extern 关键字；而全局变量的声明可以多次出现，当需要引用一个已经定义了的全局变量时，加上关键字 extern 对其进行外部声明即可。

8.8 编译预处理

在 C 语言中，凡是以"♯"开头的行，都称为"编译预处理"命令行。所谓"编译预处理"，是指在 C 源程序进行编译前，由编译预处理程序对这些编译预处理命令行进行处理的过程。

C 语言的预处理命令有♯include、♯define、♯undef、♯if、♯else、♯elif、♯endif、♯ifdef、♯line、♯pragma、♯error 等。这些预处理命令组成的预处理命令行必须以"♯"开头，每行的末尾不得加"；"。本节重点介绍最常用的预处理命令♯include 和♯define。

8.8.1 文件包含

文件包含命令行的一般形式为：

♯include <文件名>

或

♯include "文件名"

前面已多次用此命令包含过库函数的头文件。例如，

```
♯include <stdio.h>
♯include <math.h>
```

文件包含命令的功能是把指定的文件插入到该命令行的位置并取代该命令行，从而把指定的文件和当前的源程序文件连成一个源文件。

对文件包含命令还要说明以下几点：

（1）包含命令中的文件名可以用尖括号括起来，也可以用双引号括起来。但是这两种形式是有区别的：使用尖括号表示在包含文件目录中去查找（包含目录是由用户在设置环境时设置的），而不在源文件目录去查找；使用双引号则表示首先在当前的源文件目录中查找，若未找到才到包含目录中去查找。用户编程时可根据自己文件所在的目录来选择某一种命令形式。

（2）包含文件的♯include 命令行通常应书写在所用源程序文件的开头，故有时也把包含文件称为"头文件"。头文件名可以由用户指定，其扩展名不一定用.h。

（3）一个♯include 命令只能指定一个被包含文件，若有多个文件要包含，需用多个♯include

命令，书写时每个#include命令占一行。

（4）文件包含允许嵌套，即在一个被包含的文件中又可以包含另一个文件。

（5）当被包含文件修改后，对包含该文件的源程序必须重新进行编译链接。

8.8.2　宏定义

1. 不带参数的宏定义

不带参数的宏定义也称"无参宏"，无参宏的宏名后不带参数。其定义的一般形式为：

```
#define 标识符  替换文本
```

其中的"#"表示这是一条预处理命令。凡是以"#"开头的均为预处理命令。define为宏定义命令。"标识符"为所定义的宏名。"替换文本"可以是常量、表达式、字符串等。

在前面介绍过的符号常量的定义就是一种无参宏定义。此外，对程序中反复使用的表达式也经常进行宏定义。

【例8.32】　编写程序求圆面积。

```
# include < stdio.h >
# define PI 3.14159
void main( )
{
  float r = 2.0, s;
  s = PI * r * r;
  printf("半径为 %.2f 的圆面积是 %.2f\n", r, s);
}
```

程序运行结果：

半径为 2.00 的圆面积是 12.57

说明：本实例中通过预处理命令行"#define PI 3.14159"将符号常量PI定义为数值3.14159。对源程序作编译时，先由预处理程序进行宏替换，即用3.14159去替换所有的宏名PI，然后再进行编译。

关于不带参宏定义的说明：

（1）替换文本中可以包含已经定义过的宏名。例如，

```
#define PI 3.14159
#define ADDPI (PI + 1)
#define TWO_ADDPI (2 * ADDPI)
```

程序中若有表达式"x=TWO_ADDPI/2;"，则宏替换后表达式为 x=(2*(3.14159+1))/2。如果第二行和第三行中的"替换文本"不加括号，直接写成 PI+1 和 2*ADDPI，则以上表达式宏替换为 x=2*3.14159+1/2。由此可见，在使用宏定义时一定要考虑到替换后的实际情况，适当的时候需添加括号，否则运行结果将与预期的有差异。

（2）当宏定义在一行中写不下，需要换行书写时，需在一行中最后一个字符后面紧接着写一个反斜杠"\"。

（3）同一个宏名不能重复定义。

（4）用作宏名的标识符通常用大写字母表示。在 C 程序中,宏定义的位置一般写在程序的开头。

2. 带参数的宏定义

C 语言允许宏带有参数。在宏定义中的参数称为形式参数,在宏调用中的参数称为实际参数。对带参数的宏,在调用中,先用实参替代形参进行宏展开,然后再进行宏替换。带参宏定义的一般形式为:

＃define 宏名(形参表) 字符串

在字符串中含有各个形参。带参宏调用的一般形式为:

宏名(实参表);

例如,

```
＃define MAX(x, y) (x＞y) ? x : y //宏定义
…
m = MAX(5, 3);                          //宏调用
…
```

在宏调用时,用实参 5 和 3 分别去替代形参 x 和 y,即用(5＞3)?5:3 替换 MAX(5,3),经预处理后的语句为:

```
m = (5＞3) ? 5 : 3;
```

【例 8.33】 以下两个程序说明了带参数的宏定义进行宏替换时需注意的问题。

```
＃include＜stdio.h＞
＃define M(x,y,x) x＊y＋z
void main()
{ int a = 1,b = 2,c = 3;
  printf("％d\n"),M(a＋b,b＋c,c＋a));
}

程序运行结果:

12
```

```
＃include＜stdio.h＞
＃define M(x,y,x) x＊y＋z
void main()
{ int a = 1,b = 2,c = 3;
  printf("％d\n"),M(a＋b,b＋c,c＋a));
}

程序运行结果:

19
```

说明:

由以上两段程序及其运行结果可以看出,当对带参数的宏进行宏替换时,如果替换文本中没有小括号,则替换时不能随意添加小括号;而如果替换文本中有小括号,则在替换时必须加小括号。左侧程序段中带参宏"M(x,y,z)"的替换文本是"x＋y＋z",因此宏调用"M(a＋b, b＋c, c＋a)"展开为"a＋b＊b＋c＋c＋a",即"1＋2＊2＋3＋3＋1",运行结果为 12。而右侧程序段中带参宏"M(x,y,z)"的替换文本是"(x)＋(y)＋(z)",因此宏调用"M(a＋b, b＋c, c＋a)"展开后为"(a＋b)＊(b＋c)＋(c＋a)",即"(1＋2)＊(2＋3)＋(3＋1)",运行结果为 19。

关于带参宏定义的说明：

（1）宏名和左括号必须紧挨着，中间不能有空格或其他字符。

（2）和不带参数的宏定义一样，同一个宏名不能重复定义。

（3）在调用带参数的宏名时，一对小括号不能少，小括号中实参的个数必须与形参的个数相同，若有多个参数，则参数之间用逗号隔开。

（4）不能将宏替换与函数调用混在一起，宏替换中对参数的数据类型没有要求；而函数定义时必须指出参数的数据类型。另外，宏替换是在编译前由预处理程序完成的，因此宏替换不占用运行时间；而函数调用是在程序运行过程中进行的，必然要占用运行时间。

8.8.3　条件编译命令＃ifdef和＃ifndef

1.　＃ifdef

＃ifdef命令的一般形式为：

```
# ifdef 标识符
 代码段 1
# else
 代码段 2
# endif
```

若标识符是用＃define定义过的，则代码段1参与编译，否则代码段2参与编译；＃else及代码段2是可以省略的。

【例8.34】　使用＃ifdef…＃else…＃endif条件编译命令。

```c
# include < stdio. h >
# define LI
int main( )
{
  # ifdef LI
        printf("Hello, LI!\n");
  # else
        printf("Hello, everyone!\n");
  # endif
        return 0;
}
```

程序运行结果：

```
Hello, LI!
```

说明：如果将命令行"＃define LI"注释掉，则程序运行结果为：

```
Hello, everyone!
```

2.　＃ifndef…＃else…＃endif

＃ifndef命令的一般形式为：

```
# ifndef 标识符
```

```
代码段 1
#else
代码段 2
#endif
```

#ifndef 的用法与#ifdef 相反,若标识符未用#define 定义过,则代码段 1 参与编译,否则代码段 2 参与编译。#else 及代码段 2 是可能省略的,省略后,若标识符定义过,则#ifndef 与#endif 之间无代码段参与编译。

8.9 编程实例

【例 8.35】 写一个判断素数的函数,如果是素数则返回 1,如果不是素数则返回 0。在主函数输入一个整数,然后调用该函数,输出是否是素数的信息,并编写程序用此函数验证哥德巴赫猜想,即任何一个大于 6 的偶数,均可分解为两个素数之和,例如,6＝3＋3,8＝3＋5。

```
# include < stdio. h>
# include < math. h>
int prime( int x)
{
 int i, flag = 1;                              /* flag = 1 表示是素数, = 0 表示不是素数 */
 for(i = 2; i <= sqrt(x); i++)
  {
    if(x % i == 0)
      {
        flag = 0;
        break;
      }
  }
  return (flag);
}
void main( )
{
 int x, i, j;
 printf("请输入一个大于 6 的偶数: ");
 scanf(" % d", &x);
 if(x < 6) printf("错误的数值!");
    else
      {
        for(i = 2; i < x; i++)
         if(prime(i))
            {
                j = x - i;
                if(prime(j))
                    printf(" % d = % d + % d\n", x, i, j);
            }
      }
  }
```

输入及程序运行过程:

```
请输入一个大于 6 的偶数：18 ↵
18 = 5 + 13
18 = 7 + 11
18 = 11 + 17
18 = 13 + 5
18 = 17 + 1
```

【例 8.36】　定义两个函数分别求两个整数的最大公约数和最小公倍数，并在主函数中输入两个整数后调用该函数。编写主函数调用该函数。

分析：求最大公约数和最小公倍数的方法有多种，这里介绍一种。假如从键盘上输入的两个整数是 6 和 9，那么这两个数的最大公约数必定小于两个数中的较小数 6，最小公倍数必定大于两个数中的较大数 9。因此先分清 6 和 9 的大小关系，最大公约数在 2～6 之间寻找，如果找到第一个能同时被 6 和 9 除尽的数，则该数就是最大公约数。最小公倍数在 9 至（6×9 = 54）之间寻找，如果找到第一个能同时整除 6 和 9 的数，则该数就是最小公倍数。

```c
#include < stdio. h>
int gong_yue(int max, int min);
int gong_bei(int max, int min);
void main( )
{
    int a, b, max, min, yue, bei;
    printf("请输入两个整数：");
    scanf(" % d % d", &a, &b);
    if(a > = b)
      {
          max = a;
          min = b;
      }
      else
      {
          max = b;
          min = a;
      }
    yue = gong_yue(max, min);
    bei = gong_bei(max, min);
    printf("这两个数的最大公约数是 % d, 最小公倍数是 % d\n", yue, bei);
}
int gong_yue(int max, int min)
{
    int i, yue;
    for(i = min; i > 2; i -- )
      {
      if(max % i == 0 && min % i == 0)
        {
            yue = i;
            break;
        }
      }
      return (yue);
```

```
    }
int gong_bei(int max, int min)
{
    int i, bei;
    for(i = max; i <= max * min; i++)
    {
     if(i % max == 0 && i % min == 0)
        {
            bei = i;
            break;
        }
    }
    return (bei);
    }
```

输入及程序运行过程：

请输入两个整数：6　9 ↵
这两个数的最大公约数是 3,最小公倍数是 18

习题 8

一、选择题

1. 以下叙述错误的是(　　)。

   A．C 程序必须由一个或一个以上的函数组成

   B．函数调用可以作为一个独立的语句存在

   C．若函数有返回值,必须通过 return 语句返回

   D．函数形参的值也可以传回给对应的实参

2. 设函数 fun()的定义形式为 void fun(char ch, float x) { … },则以下对函数 fun() 的调用语句中,正确的是(　　)。

   A. fun("abc", 3.0);   B. t＝fun('D', 16.5);

   C. fun('65', 2.8);   D. fun(65, 32.0);

3. 以下函数正确的是(　　)。

   A. void fun(){return(1);}   B. int fun(){return;}

   C. char fun(){return(1.0);}   D. int fun(){return(1);}

4. 以下程序的运行结果是(　　)。

```
void fun(int * s)
{
    static int j = 0;
    do{
        s[j] += s[j + 1];
        }while(++j < 2);
}
void main( )
```

```
{
    int k, a[10] = {1, 2, 3, 4, 5};
    for(k = 1; k < 3; k++)
        fun(a);
    for(k = 0; k < 5; k++)
        printf("%d" , a[k]);
}
```

  A. 34756　　　　　　B. 23445　　　　　　C. 35745　　　　　　D. 12345

5. 以下程序的输出结果是（　　）。

```
int fun(int a, int b, int c)
{
    c = a * b;
    return c;
}
void main( )
{
    int c;
    c = fun(2, 3, c);
    printf("%d\n", c);
}
```

  A. 0　　　　　　　　B. 1　　　　　　　　C. 6　　　　　　　　D. 随机数

6. 下列格式中合法的是（　　）。

  A. ＃define PI＝3.14159　　　　　　B. include "string. h"

  C. ＃include math. h；　　　　　　　D. ＃define s(r) r＊r

7. 以下程序的输出结果是（　　）。

```
#define MIN(x,y) (x)<(y)?(x):(y)
void main( )
{ int i = 10,j = 15,k;
    k = 10 * MIN(i,j);
    printf("%d\n",k);
}
```

  A. 10　　　　　　　　B. 15　　　　　　　　C. 100　　　　　　　D. 150

8. 以下有关宏替换的叙述不正确的是（　　）。

  A. 宏替换只是字符替换　　　　　　B. 宏名无类型

  C. 宏名必须用大写字母表示　　　　D. 宏替换不占用运行时间

9. 设有以下宏定义,则执行语句"z＝2＊(N＋Y(5＋1))；"后,z值为（　　）。

```
#define N 3
#define Y(n) ((N + 1) * n)
```

  A. 42　　　　　　　　B. 15　　　　　　　　C. 48　　　　　　　　D. 出错

10. 设有定义："＃define F(n) 2＊n；",则表达式 F(4＋2)的值是（　　）。

  A. 12　　　　　　　　B. 10　　　　　　　　C. 22　　　　　　　　D. 20

二、填空题

1. 某函数 fun()具有两个参数,第一个参数是 int 型数据,第二个参数是 float 型数据, 返回值类型是 char 型数据,则该函数的说明语句是_____。

2. 以下函数的功能是:当参数为偶数时,返回参数值的一半;当参数为奇数时,返回参数的平方,请填空。

```
int fun(int x)
{
  return(_____);
}
```

3. 有以下程序,如果从键盘上输入"1234 <回车>",则程序的输出结果是 _____。

```
int fun(int n)
{
    return (n / 10 + n % 10);
}
void main( )
{
    int x, y;
    scanf(" % d", &x);
    y = fun(fun(x));
    printf("y =  % d\n", y);
}
```

4. 以下程序的输出结果是_____。

```
int fun(int k)
{
    static int i = 0;
    i++;
    return(k * k * i);
    }
    void main( )
    {
    int i = 0;
    for(i = 0; i < 5; i++)
    printf(" % d, ", fun(i));
}
```

5. 以下程序的输出结果是_____。

```
# include    < stdio. h>
# define    M    5
# define    N    M + M
void main( )
{
    int k;
    k = N * N * 5;
    printf(" % d\n",k);
}
```

6. 以下程序的运行结果是_____。

```
# define LETTER 0
void main( )
{ char str[20] = "C Language",c;
  int i = 0;
  while( (c = str[i])!= '\0' )
     { i = i + 1;
        # if LETTER
           if( c > = 'a' &&c < = 'z' )
                c = c - 32;
        # else
           if( c > = 'A' &&c < = 'Z' )
                c = c + 32;
        # endif
        printf(" % c",c);
     }
}
```

7. 以下程序的运行结果是_____。

```
# define EXCH(a,b) { int t;t = a;a = b;b = t;}
void main( )
{ int x = 5,y = 9;
  EXCH(x,y);
  printf("x = % d,y = % d\n",x,y);
}
```

8. 以下程序的运行结果是_____。

```
# define PR(x) printf(" % d,",x)
void main( )
{ int i,a[ ] = {1,3,5,7,9,11,13,15}, * p = a + 5;
  for(i = 3;i;i -- )
       switch( i )
           { case 1:
             case 2: PR( * p++);break;
             case 3: PR( * ( -- p));
           }
}
```

三、编程题

1. 求一元二次方程 $ax^2 + bx + c = 0$ 的解,编写 3 个函数分别求当 $b^2 - 4ac > 0$、$b^2 - 4ac = 0$、$b^2 - 4ac < 0$ 时的根并输出结果。方程的系数 a、b、c 在主函数中输入。

2. 写一个判断素数的函数,在主函数中调用该函数,统计 100 以内的正整数中哪些是素数,并输出结果。

3. 编写一个函数输出以下图形,图形的行数以参数的形式给出。

```
   ***
 * ****
*******
********
```

4. 输入 3 个学生 5 门课的成绩,分别用函数求:每个学生的平均分;每门课的平均分;找出最高的分数和对应的学生及课程;求平均分方差 $\sigma = \dfrac{1}{n} \sum x_i^2 \left[\dfrac{x_i^2}{n} \right]^2$($x_i$ 为某一个学生的平均分)。

5. 编写几个函数,分别完成以下功能:输入 5 位职工的姓名和职工号;按职工号由小到大排序,姓名也随之排序;从键盘输入一个职工号,查找该职工的姓名。用主函数调用这些函数。

6. 用递归法计算 $1!+2!+3!+\cdots+n!$,其中 n 在主函数中由键盘输入。

7. 编写一个函数用递归法求解 f,将 x 和 n 作为形参。在主函数中调用该函数。

$$f(x+n) = \sqrt{n + \sqrt{(n-1) + \sqrt{(n-2) + \cdots + \sqrt{1 + \sqrt{x}}}}}$$

8. 使用函数的嵌套调用编程序求表达式 $e = 1 + x + \dfrac{x^2}{2!} + \cdots + \dfrac{x^n}{n!}$ 的值。要求:

• 定义函数 fun1() 求第 i 项,即"$x^i / i!$"(其中 $i = 1, 2, \cdots, n$)的值。

• 定义函数 fun2() 求整个表达式的值。

9. 编写函数,对二维数组对角线上的元素求和,并作为函数返回值。

第9章 复杂数据类型

C 语言提供了许多基本的数据类型供用户使用。但是由于程序需要处理的问题往往比较复杂,而且呈多样化,使得已有的数据类型不能满足应用的要求。因此 C 语言允许用户根据自己的需要定义一些类型,例如结构体和共用体类型,这些类型都是复杂数据类型。

9.1 问题的提出

在本书前面的章节中已经介绍了基本数据类型的变量,也介绍了其中一种构造数据类型——数组。但是只有这些数据类型是不够的。有时需要将不同类型的数据组合成一个有机的整体,以便于使用。这些组合在一个整体中的数据项是互相联系的,例如,一个学生的学号(num)、姓名(name)、性别(sex)、年龄(age)、成绩(score)、家庭地址(address)等数据项。这些数据项都与某一个学生相联系。如果将这些数据项分别定义为互相独立的变量,就难以反映它们之间的内在联系。更合适的方式是把它们组织成一个组合项,在一个组合项中包含若干个类型不同的数据项。C 语言允许用户自己定义这样的数据结构,称为结构体(structure)。例如:

```
struct student
{
 int num;
 char name[20];
 char sex;
 int age;
 float score;
 char address[30];
};                //注意不要忽略最后的分号
```

声明了结构体类型后,就可以使用该类型定义变量并进行相应的处理。

9.2 结构体

9.2.1 结构体类型的定义

C 语言中定义的结构(structure)体类型,相当于其他高级语言中的记录。结构体是一种构造类型,它是由若干"成员"组成的。每一个成员可以是一个基本数据类型或者还是一个构造类型。

结构体类型的一般定义形式为：

```
struct  类型名
{
   成员项表列
};
```

例如,定义一个结构体类型。

```
struct   person            /* 结构体类型名 */
{
 char    name[20];         /* 以下定义成员项的类型和名字 */
 int     age;
 char    sex;
 long    num;
 char    nation;
 char    address[20];
 long    tel;
};
```

在这个结构体定义中,结构名为 person,该结构由 7 个成员组成：第一个成员为 name,字符串变量；第二个成员为 age,整型变量；第三个成员为 sex,字符变量；第四个成员为num,长整型变量；第五个成员为 nation,字符变量；第六个成员为 address,字符串变量；第七个成员为 tel,长整型变量。应注意在大括号后的分号是不可少的。结构体定义之后,即可进行变量说明。凡说明为结构 person 的变量都由上述 7 个成员组成。由此可见,结构体是一种复杂的数据类型,是数目固定、类型不同的若干有序变量的集合,因此在学习过程中应注意结构体类型和基本数据类型以及数组类型的不同。

9.2.2　结构体变量的定义和引用

1. 结构体变量的定义

说明结构体变量有 3 种方法。下面以 stu 为例来加以说明。

先定义结构体,再说明结构变量。如：

```
struct stu
 {
     int num;
     char name[20];
     char sex;
     float score;
 };
struct stu boy1,boy2;
```

说明了两个变量 boy1 和 boy2 为 stu 结构类型。也可以通过宏定义以一个符号常量来表示一个结构类型。例如：

```
#define STU struct stu
STU
 {
    int num;
    char name[20];
    char sex;
    float score;
 };
STU boy1,boy2;
```

（1）在定义结构类型的同时说明结构变量。

例如：

```
struct stu
 {
    int num;
    char name[20];
    char sex;
    float score;
   }boy1,boy2;
```

这种形式的说明的一般形式为：

```
struct 结构名
{
 成员表列
}变量名表列;
```

（2）直接说明结构变量。

例如：

```
struct
 {
 int num;
 char name[20];
 char sex;
 float score;
}boy1,boy2;
```

这种形式的说明的一般形式为：

```
struct
{
    成员表列
}变量名表列;
```

第二种方法与第一种方法的区别在于第二种方法中省去了结构名，而直接给出结构变量。两种方法中说明的 boy1 和 boy2 变量都具有如图 9-1 所示的结构。

说明 boy1、boy2 变量为 stu 类型后，即可向这两个变量中的各个成员赋值。在上述 stu 结构定义中，所有的成员都是基本数据类型或数组类型。

图 9-1 结构体存储图

成员也可以是一个结构体,即构成了嵌套的结构体,如图 9-2 所示。

num	name	sex	birthday			score
			month	day	year	

图 9-2 嵌套结构体图

其结构体定义如下:

```
struct date
{
    int month;
    int day;
    int year;
};
struct{
    int num;
    char name[20];
    char sex;
    struct date birthday;
    float score;
}boy1,boy2;
```

首先定义一个结构体 date,由 month(月)、day(日)、year(年)3 个成员组成。在定义并说明变量 boy1 和 boy2 时,其中的成员 birthday 被说明为 data 结构类型。成员名可与程序中的其他变量同名。

2. 结构体变量的引用

在程序中使用结构体变量时,往往不把它作为一个整体来使用。在 ANSI C 中除了允许具有相同类型的结构体变量相互赋值以外,一般对结构体变量的使用,包括赋值、输入、输出、运算等都是通过结构体变量的成员来实现的。

1)在无嵌套的情况下引用结构体成员

在无嵌套的情况下,引用结构体变量成员的形式为:

结构体变量名.成员名

其中的".”叫"结构体成员运算符",这样引用的结构体成员相当于一个普通变量,例如:

```
student.num
        /*结构体变量 student 的成员 num,相当于一个长整型变量 */
student.name
        /*结构体变量 student 的成员 name,相当于一个字符数组名 */
```

2）在有嵌套的情况下引用结构体成员

在有嵌套的情况下，成员本身又是一个结构，这时必须逐级找到最低级的成员才能使用，即访问的应是结构体的基本成员，因为只有基本成员才会直接存放数据，且数据是基本类型或上面介绍的数组类型，引用形式为：

结构体变量名·结构体成员名……结构体成员名·基本成员名

即从结构体变量开始，用成员运算符"."逐级向下连接嵌套的成员直到基本成员，不能省略，例如：

```
student.birthday.year
/* 基本成员 year，相当于一个整型变量 */
```

9.2.3 结构体变量的赋值

1. 结构体变量的初始化

和其他类型变量一样，结构体变量可以在定义时进行初始化赋值。

【例 9.1】 对结构体变量初始化。

```
# include <stdio.h>
void main( )
{
    struct stu              /* 定义结构 */
    {
        int num;
        char * name;
        char sex;
        float score;
    }boy2,boy1 = {102,"Zhang ping",'M',78.5};
    boy2 = boy1;
    printf("Number = % d\nName = % s\n",boy2.num,boy2.name);
    printf("Sex = % c\nScore = % f\n",boy2.sex,boy2.score);
}
```

程序分析：

本例中，boy2 和 boy1 均被定义为外部结构体变量，并对 boy1 进行了初始化赋值。在 main()函数中，把 boy1 的值整体赋予 boy2，然后用两个 printf 语句输出 boy2 各成员的值。

2. 结构体变量的赋值

结构体变量的赋值就是给各成员赋值，可用输入语句或赋值语句来完成。

1）结构体变量的赋值、输入和输出

结构体变量的输入和输出都只能对其成员进行。

2）同一类型的结构体变量可相互赋值

由于结构体各个成员的类型不同，对结构体变量赋值也只能对其成员进行，同类型的两个结构体变量之间可以相互赋值。

【**例 9.2**】 给结构体变量赋值并输出其值。

```
# include < stdio. h>
void main( )
{
    struct stu
    {
      int num;
      char * name;
      char sex;
      float score;
    } boy1,boy2;
    boy1. num = 102;
    boy1. name = "Zhang ping";
    printf("input sex and score\n");
    scanf(" % c % f",&boy1. sex,&boy1. score);
    boy2 = boy1;
    printf("Number = % d\nName = % s\n",boy2. num,boy2. name);
    printf("Sex = % c\nScore = % f\n",boy2. sex,boy2. score);
}
```

程序分析：

本程序中用赋值语句给 num 和 name 两个成员赋值，name 是一个字符串指针变量。用 scanf( )函数动态地输入 sex 和 score 成员值，然后把 boy1 的所有成员的值整体赋予 boy2。最后分别输出 boy2 的各个成员值。本例表示了结构变量的赋值、输入和输出的方法。

9.2.4 指向结构体变量的指针变量

【**例 9.3**】 通过指向结构体变量的指针输出该结构体变量的信息。

```
# include < stdio. h>
# include < string. h>
struct student
{
    int num;
    char name[20];
    char sex;
    double score;
};
typedef struct student stud;
void main( )
{
    stud std;              //定义 struct student 类型的变量
    stud * stdptr;         //定义指向 struct student 类型变量的指针
    stdptr = &std;
    std. num = 10001;
    strcpy(std. name, "Li Jun");
    std. sex = 'M';
    std. score = 89.5;
    printf("num: % d\nname: % s\nsex: % c\nscore: % f\n",
```

```
                stdptr -> num, stdptr -> name, stdptr -> sex, stdptr -> score);
    }
```

程序运行结果：

```
num: 10001
name: Li Jun
sex: M
score: 89.500000
```

程序在源文件 main.c 中声明 struct student 类型，然后在 main()函数中定义了一个 struct student 类型的变量 std，又定义了一个指针变量 stdptr，它指向一个 struct student 类型的数据。在函数的执行部分将结构体变量 std 的起始地址赋给指针变量 stdptr，也就是使 stdptr 指向 std，然后对 std 的各成员进行赋值。接着使用 printf 函数输出 std 的各个数据成员的值。

在 C 语言中，如果 p 是一个指向结构体变量 s 的指针，那么可以使用以下 3 种方式来访问结构体变量 s 中的数据成员：

（1）s.成员名。

（2）(*p).成员名。

（3）p->成员名（其中"->"符号称为指向运算符）。

9.2.5　结构体数组

数组的元素也可以是结构类型的。因此可以构成结构型数组。结构数组的每一个元素都是具有相同结构类型的下标结构变量。在实际应用中，经常用结构数组来表示具有相同数据结构的一个群体。如一个班的学生档案、一个车间职工的工资表等。

1．结构体数组的定义

结构体数组的定义方法和结构变量相似，只需说明它为数组类型即可，具体有 3 种方法。

定义了一个结构数组 student，共有 50 个元素：student［0］～student［50］。每个数组元素都具有相同的结构形式。

（1）先定义结构体类型，用结构体类型名定义结构体数组，如：

```
struct stud_type
{ char name[20];
  long num;
  int age;
  char sex;
  float score;
 };
struct stud_type student[50];
```

（2）在定义结构体类型名的同时定义结构体数组，如：

```
struct stud_type
```

```
{…
 }student[50];
```

（3）不定义结构体类型名，直接定义结构体数组，如：

```
struct
{…
 }student[50];
```

2. 结构体数组的初始化

对结构数组可以作初始化赋值。结构体数组的一个元素相当于一个结构体变量，结构体数组初始化即顺序对数组元素初始化。例如：

```
struct stu
 {
     int num;
     char * name;
     char sex;
     float score;
 }boy[5] = {
             {101,"Li ping","M",45},
             {102,"Zhang ping","M",62.5},
             {103,"He fang","F",92.5},
             {104,"Cheng ling","F",87},
             {105,"Wang ming","M",58};
              }
```

当对全部元素作初始化赋值时，也可不给出数组长度。

3. 结构体数组的引用

（1）除初始化外，对结构体数组赋常数值、输入和输出、各种运算均是对结构体数组元素的成员（相当于普通变量）进行的。结构体数组元素的成员表示为：

结构体数组名[下标].成员名

（2）结构体数组元素可相互赋值。

例如：

```
student[1] = student[2];
```

对于结构体数组元素内嵌的结构体类型成员，情况也相同。如：

```
student[2].birthday = student[1].birthday;
```

（3）其他注意事项也与结构体变量的引用相同。例如，不允许对结构体数组元素或结构体数组元素内嵌的结构体类型成员整体赋（常数）值；不允许对结构体数组元素或结构体数组元素内嵌的结构体类型成员整体进行输入输出等。

在处理结构体问题时经常涉及字符或字符串的输入，这时要注意：

① scanf()函数用％s输入字符串遇空格即结束，因此输入带空格的字符串可改用 gets

函数。

② 在输入字符类型数据时往往得到的是空白符（空格、回车等），甚至运行终止，因此常做相应处理，即在适当的地方增加"getchar()"；空输入语句，以消除缓冲区中的空白符。

同类型的两个结构体变量之间可以整体赋值（请与数组之间不能整体赋值的情况比较）。

【例9.4】 计算学生的平均成绩和不及格的人数。

```c
# include < stdio. h >
struct stu
 {
    int num;
    char * name;
    char sex;
    float score;
 }boy[5] = {
            {101,"Li ping",'M',45},
            {102,"Zhang ping",'M',62.5},
            {103,"He fang",'F',92.5},
            {104,"Cheng ling",'F',87},
            {105,"Wang ming",'M',58},
          };
void main( )
{
    int i,c = 0;
    float ave,s = 0;
    for(i = 0;i < 5;i++)
    {
      s += boy[i]. score;
      if(boy[i]. score < 60) c += 1;
    }
    printf("s = % f\n",s);
    ave = s/5;
    printf("average = % f\ncount = % d\n",ave,c);
}
```

程序分析：

本例程序中定义了一个外部结构数组 boy，共 5 个元素，并做了初始化赋值。在 main()函数中用 for 语句逐个累加各元素的 score 成员值并存于 s 之中，若 score 的值小于 60，则变量 c 加 1，循环完毕后计算平均成绩，并输出全班总分、平均分及不及格人数。

【例9.5】 建立同学通讯录。

```c
# include"stdio. h"
# define NUM 3
struct mem
 {
    char name[20];
    char phone[10];
 };
void main( )
{
```

```
    struct mem man[NUM];
    int i;
    for(i = 0;i < NUM;i++)
    {
        printf("input name:\n");
        gets(man[i].name);
        printf("input phone:\n");
        gets(man[i].phone);
    }
    printf("name\t\t\tphone\n\n");
    for(i = 0;i < NUM;i++)
        printf("%s\t\t\t%s\n",man[i].name,man[i].phone);
}
```

程序分析：

本程序中定义了一个结构体 mem，它有两个成员 name 和 phone 用来表示姓名和电话号码。在主函数中定义 man 为具有 mem 类型的结构数组。在 for 语句中，用 gets 函数分别输入各个元素中两个成员的值，然后又在 for 语句中用 printf 语句输出各元素中的两个成员值。

9.2.6 指向结构体数组的指针

【例 9.6】 指向结构体数组元素的指针的应用。

```
#include <stdio.h>
struct student
{
    int num;
    char name[20];
    char sex;
    int age;
};
typedef struct student stud;
void main()
{
    stud students[3] = {
        {10001, "Li Jun", 'M', 18},
        {10002, "Zhang Fang", 'F', 19},
        {10003, "Wang Wei", 'M', 20}};
    stud * stdptr;
    for (stdptr = students; stdptr != students + 3; stdptr++)
    {
        printf("%d %s %c %d\n", stdptr->num,
        stdptr->name, stdptr->sex,
        stdptr->age);
    }
}
```

程序运行结果：

```
10001 Li Jun M 18
10002 Zhang Fang F 19
10003 Wang Wei M 20
```

stdptr 是指向 struct student 结构体类型数据的指针变量。在 for 语句中先使 stdptr 的初值为 students，也就是结构体数组 students 第一个元素的起始地址。在第一次循环中输出 students[0]的各个成员值。然后执行 stdptr＋＋，使 stdptr 自加 1。stdptr 加 1 意味着 stdptr 所增加的值为结构体数组 students 中的一个元素所占的字节数。执行 stdptr＋＋后 stdptr 的值等于 students＋1，stdptr 指向 students[1]。在第二次循环中输出 students[1] 的各成员值。在执行 stdptr＋＋后，stdptr 的值等于 students＋2，再输出 students[2]的各成员值。在执行 stdptr＋＋后，stdptr 的值变为 students＋3，结束 for 循环。

如果 stdptr 的初值为 students，即指向 students 的第一个元素，那么 stdptr 加 1 后 stdptr 就指向数组中的下一个元素，例如：

- 语句(＋＋stdptr)->num 是先使 stdptr 自加 1，然后得到 stdptr 指向的元素中的 num 成员值。
- 语句(stdptr＋＋)->num 是先得到 stdptr->num 的值，然后再使 stdptr 自加 1，指向 students[1]。

9.2.7　指向结构体的指针作函数参数

有 3 种方法可以将一个结构体变量的值传递给一个函数：

（1）用结构体变量的成员作参数。例如，用 students[1]. num 或 students[2]作函数参数，将实参值传给形参。用法和用普通变量作实参是一样的，属于"值传递"方式。应当注意实参与形参的类型保持一致。

（2）用结构体变量作实参。用结构体变量作实参时，采取的也是"值传递"的方式，将结构体变量所占的内存单元的内容全部顺序传递给形参，形参也必须是相同类型的结构体变量。在函数调用期间形参也要占用内存单元。这种传递方式在空间和时间上开销大，如果结构体的规模很大，那么开销是很可观的。此外，由于采用值传递方式，如果在执行被调函数期间改变了形参的值，那么该值不能返回主调函数，这往往会造成使用上的不便。因此一般较少使用这种方法。

（3）用指向结构体变量的指针作实参，将结构体变量的地址传给形参。采取的是"地址传递"方式，对应的形参是相同结构体类型的指针变量，借助该指针变量可以访问并修改主调函数中结构体变量的初值。

【例 9.7】　有一个结构体变量 std，包含学生学号、姓名和 3 门课程的成绩。要求在 main()函数中赋值，在另一函数 display()中将它们输出。

```
# include <stdio.h>
struct student
 {
   int num;
   char name[20];
   double scores[3];
 };
```

```
typedef struct student stud;
void display(stud * stdptr);
void main( )
  {
     stud std = {10001, "Li Jun", 67.5, 82.0, 78.6};
     display(&std);
  }
void display(stud * stdptr)
  {
     printf("num: % d\nname: % s\nscores: % f, % f, % f\n",
     stdptr - > num,
     stdptr - > name,
     stdptr - > scores[0],
     stdptr - > scores[1],
     stdptr - > scores[2]);
  }
```

程序运行结果:

```
num: 10001
name: Li Jun
scores: 67.500000, 82.000000, 78.600000
```

display()函数中的形参 stdptr 被定义为指向 struct student 类型的变量的指针。在 main()函数中调用 display()函数时,用结构体变量 std 的起始地址 &std 作为实参。这样, stdptr 就指向 std。

9.3 用指针处理链表

9.3.1 链表概述

链表是一种常见的数据结构。它是动态进行存储分配的一种结构。由前面的介绍中可知:用数组存放数据时,必须事先定义固定的长度。如果有的班级有 100 人,而有的班级只有 30 人,若用同一个数组先后存放不同班级的学生数据,则必须定义长度为 100 的数组。如果事先难以确定一个班的最多人数,则必须把数组定得足够大,以便能存放任何班级的学生数据,显然这将会浪费存储空间。链表则没有这种缺点,它能够根据需要分配内存单元。图 9-3 表示了最简单的一种链表(单向链表)的结构。

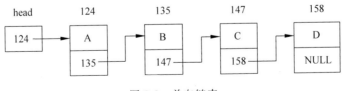

图 9-3 单向链表

构成链表的元素称为"结点",图 9-3 中有 4 个结点。每个结点都应包括两个部分:数据域用来存储用户需要使用的数据,指针域用来存储下一个结点的地址。指向链表第一个结点的指针称为头指针,整个链表的存取必须从头指针开始,图 9-3 中以 head 表示,它存储了第一个结点的地址。可以看出,头指针指向第一个结点;第一个结点又指向第二个结点,……,直到最后一个结点,该结点不再指向其他结点,它称为"表尾",它的地址部分为 NULL,表示链表到此结束。

链表中各结点在内存中的存储空间通常是离散的,是不连续的。要查找某一结点,需要先找到上一个结点,根据它提供的下一个结点的地址才能找到下一个结点。链表这种数据结构,必须使用指针变量才能实现,即一个结点中应包含一个指针变量,用它存储下一个结点的地址。

可以使用结构体变量来实现链表中的结点结构,例如:

```
struct student
{
  int num;
  double score;
  struct student * next;
};
```

其中成员 num 和 score 用来存储结点中的数据,next 是指针类型的成员,它指向 struct student 类型的变量。当用 struct student 来定义变量时,next 是变量的一个成员,可用来指向 struct student 类型的变量。用这种方法就可以建立链表,并用一个指针变量来存储第一个结点的地址,如图 9-4 所示。

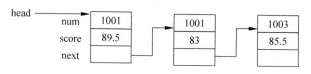

图 9-4　单向链表的建立

有时为了操作方便,还可以在单链表的第一个结点之前附设一个头结点,头结点的数据域可以存储一些关于链表长度等的附加信息,也可以什么都不存;而头结点的指针域存储链表第一个结点的地址。此时头指针就不再指向链表中第一个结点而是指向头结点,如图 9-5 所示。

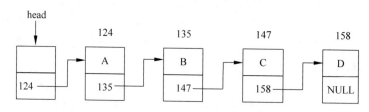

图 9-5　带头结点的单向链表

9.3.2　建立简单的静态链表

下面通过一个例子来说明如何建立和输出一个简单链表。

【例 9.8】　建立一个如图 9-4 所示的简单链表,它由 3 个学生数据的结点组成,输出结点中的数据。

```
# include < stdio.h >
struct student
{
    int num;
    double score;
    struct student * next;
};
typedef struct student stud;
void display(stud * head);
void main( )
{
    stud a, b, c, * head;
    head = &a;
    a.num = 1001; a.score = 89.5; a.next = &b;
    b.num = 1002; b.score = 83; b.next = &c;
    c.num = 1003; c.score = 85.5; c.next = NULL;
    display(head);
}
void display(stud * head)
{
    stud * p = head;
    while (p != NULL)
    {
        printf("%d %f\n", p->num, p->score);
        p = p->next;              // 使 p 指向下一个结点
    }
}
```

本例比较简单,所有结点都是在程序中定义的,不是动态分配的,也不需要用完后释放,这种链表称为"静态链表"。

9.3.3　建立动态链表

动态链表是指在程序执行过程中从无到有地建立起一个链表,即动态创建每个结点和输入各结点数据,并建立起前后相连的关系。

【例 9.9】　编写程序建立一个有 3 名学生数据的单向动态链表。

定义 3 个指针变量:head、p1 和 p2,它们都是用来指向 struct student 类型数据的。先用 malloc 函数分配第一个结点,并使 p1 和 p2 指向它;然后从键盘读入一个学生的数据给 p1 所指的第一个结点;如果输入的学号为 0,则表示建立链表的过程完成,该结点不会链接到链表中。先使 head 的值为 NULL,这是链表为"空"时的情况,当建立第一个结点时就使 head 指向该结点。

如果输入的 p1->num 不等于 0,则输入的是第一个结点的数据,令 head=p1,使 head 也指向新分配的结点,如图 9-6 所示。

p1 所指向的新创建的结点就成为链表中的第一个结点。然后再分配另一个结点并使 p1 指向它,接着输入该结点的数据,如图 9-7 所示。

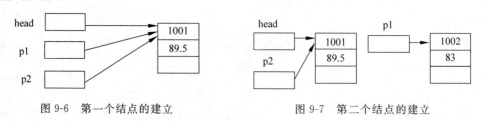

图 9-6　第一个结点的建立　　　　　　图 9-7　第二个结点的建立

如果输入的 p1—> num 不等于 0,则应链接第二个结点,并将 p1 的值赋给 p2—> next,此时 p2 指向第一个结点,如图 9-8 所示。

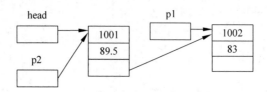

图 9-8　结点的链接

接着使 p2＝p1,也就是使 p2 指向刚才建立的结点,如图 9-9 所示。

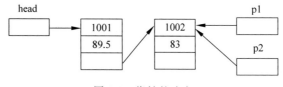

图 9-9　指针的改变

接着再分配一个结点并使 p1 指向它,并输入该结点的数据,如图 9-10 所示。

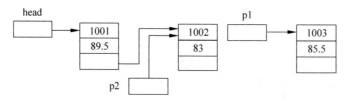

图 9-10　第三个结点的建立

在第三次循环中,将 p1 的值赋给 p2—> next,也就是将第三个结点连接到第二个结点之后,并使 p2＝p1,使 p2 指向最后一个结点,如图 9-11 所示。

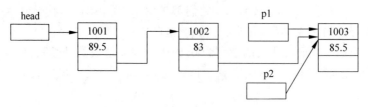

图 9-11　结点的链接

再分配一个新结点,并使 p1 指向它,输入该结点的数据。由于 p1—> num 为 0,不再执行循环,此新结点不应被链接到链表中,如图 9-12 所示。

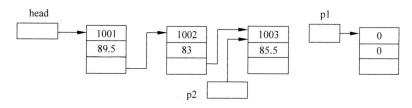

图 9-12　指针的改变

此时将 NULL 赋给 p2—>next，如图 9-13 所示。

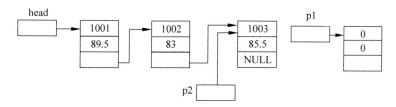

图 9-13　创建链表结束

建立链表过程至此结束，p1 最后所指的结点没有链入链表中，第三个结点的 next 成员的值为 NULL，它不指向任何结点。

```c
#include <stdio.h>
#include <stdlib.h>
struct student
  {
    int num;
    double score;
    struct student *next;
  };
typedef struct student stud;
stud *create();                //动态创建链表
void display(stud *head);       //输出链表
void main()
  {
    stud *head;
    head = create();
    display(head);
  }
stud *create()
{
    int n = 0;
    stud *head, *p1, *p2;
    p1 = (stud *)malloc(sizeof(stud));
    printf("please input data: ");
    scanf("%d, %lf", &p1->num, &p1->score);
    head = NULL;
    while (p1->num != 0)
    {
        ++n;
        if (n == 1) head = p1;     //第一次创建结点
```

```
        else
            p2 -> next = p1;
        p2 = p1;
        p1 = (stud *)malloc(sizeof(stud));
        printf("please input data: ");
        scanf("% d, % lf", &p1 -> num, &p1 -> score);
    }
    p2 -> next = NULL;
    free(p1);
    return head;
}
void display(stud * head)
{
    stud * p = head;
    while (p != NULL)
    {
        printf("% d % lf\n", p -> num, p -> score);
        p = p -> next;
    }
}
```

程序输入及运行结果：

```
please input data: 1001,89.5 ↵
please input data: 1002,83 ↵
please input data: 1003,85.5 ↵
please input data: 0,0 ↵
1001 89.500000
1002 83.000000
1003 85.500000
```

9.3.4 链表的插入

假设要在链表的两个结点 a 和 b 之间插入一个结点 x，已知 p 为其单链表存储结构中指向结点 a 的指针，如图 9-14 所示。

为插入结点 x，首先需要生成一个数据域为 x 的结点，然后插入到单链表中。根据插入操作的逻辑含义，还需要修改结点 a 中的指针域，令其指向结点 x，而结点 x 中的指针域应指向结点 b，从而实现 3 个结点 a、b 和 x 之间逻辑关系的变化，插入后的单链表如图 9-15 所示。

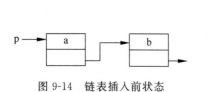

图 9-14   链表插入前状态

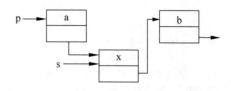

图 9-15   链表插入后状态

在单链表中插入结点的函数实现如下：

//在单链表中第 i 个位置之前插入结点，

```
//插入失败返回 0,插入成功返回 1。
int insert(stud * head, int i, double score)
{
    stud * p = head;
    stud * s;
    int j = 0;
    while (p && j < i - 1)                     //寻找第 i-1 个结点
     {
     p = p->next;
     ++j;
     }
    if (!p || j > i - 1) return 0;             //i 小于 1 或者大于表长加 1
    s = (stud * )malloc(sizeof(stud));         //生成新结点
    s->score = score;
    s->next = p->next;
    p->next = s;
    return 1;
  }
```

9.3.5　链表的删除

反之,要在单链表中删除结点 b 时,为在单链表中实现结点 a、b 和 c 之间逻辑关系的变化,仅需修改结点 a 中的指针域即可,如图 9-16 和图 9-17 所示。

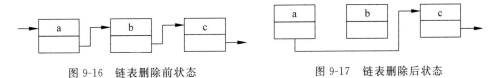

图 9-16　链表删除前状态　　　　　图 9-17　链表删除后状态

在链表中删除结点的函数实现如下:

```
//在单链表中删除第 i 个结点,并由 score 返回
//删除结点值.删除失败返回 0,删除成功返回 1.
int delete(stud * head, int i, double * score)
{
    stud * p = head;
    stud * q;
    int j = 0;
    //寻找第 i 个结点,并令 p 指向其前结点
    while (p->next && j < i - 1)
    {
        p = p->next;
        ++j;
    }
    if (!(p->next) || j > i - 1)               //删除位置不合理
    {
        return 0;
    }
    q = p->next;
```

```
        p->next = q->next;
        free(q);                              //释放结点 q
        return 1;
    }
```

9.4 共用体

9.4.1 共用体类型的定义

所谓共用体类型，是指将不同的数据项组织成一个整体，它们在内存中占用同一段存储单元。共用体类型的定义与结构体类型的定义类似，但所用关键字不同，共用体类型用关键字 union 定义，具体形式为：

```
union 类型名
 {
   成员项表列
   };
```

例如：

```
union data
 {
   int a ;
   float b;
   doublec;
   chard;
 }obj;
```

该形式定义了一个共用体数据类型 union data，定义了共用体数据类型变量 obj。共用体数据类型与结构体在形式上非常相似，但其表示的含义及存储是完全不同的。

9.4.2 共用体变量的定义和引用

1. 共用体变量的定义

与结构体变量的说明类似，也有 3 种方式：

(1) 先定义共用体类型，再用共用体类型定义共用体变量。

```
union   类型名
  {成员表列};
union   类型名   变量名表;
```

例如，用 union   exam 类型定义共用体变量 x、y：

```
union   exam x, y;
```

(2) 在定义共用体类型名的同时定义共用体变量。

```
union   类型名
```

```
{
 成员表列
}变量名表;
```

例如：

```
union   exam
{
int   a;
float   b;
char   c;
}x,y;
```

（3）不定义类型名直接定义共用体变量。

```
union
{
 成员表列
}变量名表;
```

定义了共用体变量后，系统会为共用体变量开辟一定的存储单元。由于共用体变量先后存放不同类型的成员，系统开辟的共用体变量的存储单元的字节数为最长的成员需要的字节数。例如，对上面定义的共用体类型union exam 或变量 x，表达式 sizeof(union exam)和 sizeof(x) 的值均为 4，如图 9-18 所示。另外，共用体变量的所有成员的首地址都相同。所以，先后存放各成员的首地址都相同，就是共用体变量。

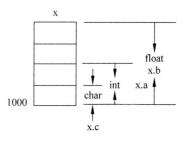

图 9-18　共用体存储结构

2．共用体变量的引用

引用共用体变量的形式以及注意事项均与引用结构体变量相似，其要点如下：

一般只能引用共用体变量的成员而不能整体引用共用体变量，尽管它同时只有一个成员有值。共用体变量的一个基本类型成员相当于一个普通变量，可参与该成员所属数据类型的一切运算，例如，上面定义的共用体变量 x 可以引用的成员有 x. a、x. b、x. c。

【例 9.10】 定义一个结构体和共同体类型。

```
# include < stdio. h >
union data / * 共用体 * /
{
    int a;
    float b;
    double c;
    char d;
}mm;
struct stud / * 结构体 * /
{
    int a;
    float b;
```

```
    double c;
    char d;
};
void main( )
{
    struct stud student;
    printf("%d,%d",sizeof(struct stud),sizeof(union data));
}
```

程序分析：

程序的输出说明结构体类型所占的内存空间为其各成员所占存储空间之和，而形同结构体的共用体类型实际占用的存储空间为其最长的成员所占的存储空间。

9.4.3 共用体变量的赋值

（1）与结构体类似，同一类型的共用体变量可相互赋值。

例如，有赋值语句"x.a＝3；"，则给共用体变量 x 赋值。也可使用赋值语句"y.a＝x.a；"，这样使得 y.a 的值也为 3。

（2）在赋值和输入输出方面也与结构体类似，即共用体的输入和输出只能对共用体变量的成员进行，不允许直接对共用体变量进行输入和输出。

9.5 枚举类型

9.5.1 枚举类型的定义

在实际问题中，有些变量的取值被限定在一个有限的范围内。例如，一个星期内只有 7 天，一年只有 12 个月，一个班每周有 6 门课程等等。如果把这些量说明为整型、字符型或其他类型显然是不妥当的。为此，C 语言提供了一种称为枚举的类型。在枚举类型的定义中列举出所有可能的取值，被说明为该枚举类型的变量取值不能超过定义的范围。应该说明的是，枚举类型是一种基本数据类型，而不是一种构造类型。

枚举类型定义的形式为：

enum 类型名{标识符序列}；

在枚举值表中应罗列出所有可能值。这些值也称为枚举元素。例如，定义枚举类型 color_name，它由 5 个枚举值组成：

enum color_name{red,yellow,blue,white,black}；

说明：

（1）enum 是定义枚举类型的关键字。

（2）枚举值标识符是常量不是变量，系统自动对其赋值 0，1，2，3…，因此枚举类型是基本数据类型。

（3）枚举值只能是一些标识符（以字母开头，由字母、数字和下画线组合而成），不能是基本类型常量。虽然它们有值 $0,1,2,3\cdots$，但如果这样定义类型：

```
enum   color_name{0,1,2,3,4};
```

则是错误的。

（4）可在定义枚举类型时对枚举常量重新定义值，如：

```
enum color_name{red = 3,yellow,blue,white = 8,black};
```

此时 yellow 为 4，blue 为 5，black 为 9，系统自动往后延续。

9.5.2　枚举变量的说明与引用

1. 枚举变量的说明

如同结构和联合一样，枚举变量也可用不同的方式说明，即先定义、后说明，同时定义说明或直接说明。

可以用定义过的枚举类型来定义枚举变量，形式为：

```
enum   类型名   变量名表;
```

例如，定义枚举类型 color_name 的变量 color：

```
enum   color_name   color;
```

也可以在定义类型的同时定义变量，形式为：

```
enum   类型名{标识符序列} 变量名表;
```

例如，定义枚举类型 color_name 的变量 color：

```
enum   color_name{red,yellow,blue,white,black} color;
```

或者省略类型名直接定义变量，形式为：

```
enum   {标识符序列} 变量名表;
```

2. 枚举变量的引用

（1）枚举变量定义以后就可以对它赋枚举常量值或者其对应的整数值。例如，变量 color 可以赋 5 个枚举值之一：

color＝red；或 color＝0；

color＝blue；或 color＝2；

但"color＝green;"或"color＝10;"均不合法，因为 green 不是枚举值，而 10 已超过枚举常量对应的内存值。

（2）因枚举常量对应整数值，因此枚举变量、常量和常量对应的整数之间可以比较大小，如：

```
if(color == red) printf("red");或 if(color == 0) printf("red");
if(color!= black) printf("The color is not block!");
```

```
if(color>white) printf("It is block.");
```

（3）枚举变量还可以进行＋＋、－－ 等运算。

（4）枚举变量不能通过 scanf()或 gets()函数输入枚举常量，只能通过赋值取得枚举常量值。但是枚举变量可以通过"scanf("％d",& 枚举变量);"输入枚举常量对应的整数值。

（5）枚举变量和枚举常量可以用"printf("％d",…);"输出对应的整数值，若想输出枚举值字符串，则只能间接进行，如：

```
color = red;
if(color == red) printf("red");
```

由于枚举变量可以作为循环变量，因此可以利用循环和 switch 语句打印全部的枚举值字符串。

【例 9.11】 输出全部的枚举值字符串。

```
# include < stdio. h>
void main( )
{
    enum weekday
    { sun,mon,tue,wed,thu,fri,sat } a,b,c;
    a = sun;
    b = mon;
    c = tue;
    printf("％d,％d,％d\n",a,b,c);
}
```

程序分析：

只能把枚举值赋予枚举变量，不能把元素的数值直接赋予枚举变量。如"a＝sum；b＝mon;"是正确的，而"a＝0；b＝1;"是错误的。

【例 9.12】 输入星期几的整数，输出"工作日"或"休息日"的信息。

```
# include < stdio. h>
void main( )
{
    enum weekday {mon = 1,tue,wed,thu,fri,sat,sun}x;
    printf("Input a integer:\n");
    scanf("％d",&x);
    switch(x)
    {
        case mon:
        case tue:
        case wed:
        case thu:
        case fri:printf("Work day\n");
            break;
        case sat:
        case sun:printf("Rest day\n");
            break;
        default :printf("Input error!\n");
```

```
    }
}
```

程序分析：

如一定要把数值赋予枚举变量,则必须用强制类型转换。如"a＝(enum weekday)2;",其含义是将顺序号为 2 的枚举元素赋予枚举变量 a,相当于"a＝tue;",还应该说明的是,枚举元素不是字符常量也不是字符串常量,使用时不要加单引号或双引号。

9.6　用 typedef 命名类型

除了可以直接使用 C 提供的标准类型名(如 int、char、float、double 等)外,C 语言还允许使用 typedef 为已有的类型指定同义的新类型。例如:

```
typedef int INTEGER;
```

为 int 指定同义的新类型 INTEGER。这样,以下两行语句就是等价的:

```
int i, j;
INTEGER i, j;
```

还可以这样使用 typedef:

（1）typedef int NUM[100];

```
NUM a;
```

首先声明 NUM 为整型数组类型,接着定义 a 为整型数组变量。

（2）typedef char * CHARPTR;

```
CHARPTR p;
```

首先声明 CHARPTR 为指向 char 类型的指针类型,接着定义 p 为 char 类型的指针变量。

（3）typedef int (* FUNCPTR);

```
FUNCPTR fp;
```

首先声明 FUNCPTR 为指向函数的指针类型,该函数返回值为 int 类型,接着定义 fp 为 FUNCPTR 类型的指针变量。

归纳起来,声明一个新的类型名的方法是:

```
typedef 类型名   新类型名
```

其中,"类型名"必须是在此语句之前已经定义的类型标识符。"新类型名"是一个用户定义的标识符,用作新的类型名。

关于 typedef 的几点说明:

（1）用 typedef 可以指定各种类型名,但不能用来定义变量。用 typedef 可以声明数组类型、字符串类型,使用比较方便。例如定义数组,原来使用语句:

```
int a[10], b[10], c[10];      //定义 a、b 和 c 分别为 10 个元素的整型数组
```

由于 a、b 和 c 都是一维数组，大小也相同，因此可以先将此数组类型命名为一个新的名字 ARRAY：

```
typedef int ARRAY[10];
```

然后用 ARRAY 去定义数组：

```
ARRAY a, b, c;
```

可以看到，用 typedef 可以将数组类型和数组变量分离开来，利用数组类型可以定义多个数组。同样可以定义字符串类型、指针类型等。

（2）用 typedef 语句只是对已经存在的类型指定一个新的类型名，并未产生新的类型。

（3）当不同源文件用到同一数据类型时，常常使用 typedef 声明一些数据类型，并放在头文件中，然后在需要的地方用 #include 命令把相应的头文件包含进来。

9.7　复杂数据类型应用综合举例

【例 9.13】　有 5 个学生，每个学生的信息有学号、姓名和 3 门课的成绩，求每个学生的平均成绩并按平均成绩从大到小对所有学生的信息进行排序然后输出。

```c
#include <stdio.h>
void main( )
{
    struct student
    {
        long num;
        char name[10];
        int score[3];
        float evr;
    }t,st[5]={{1001,"wang",67,75,88},{1002,"li",83,92,95},
            {1003,"zhao",56,82,79}, {1004,"han",78,87,79},
            {1005,"qian",69,79,81}};
    int i,j;
    for(i=0;i<5;i++)
    {
        st[i].evr=0;
        for(j=0;j<3;j++)
            st[i].evr+=st[i].score[j];
        st[i].evr/=3;
    }
    for(i=0;i<4;i++)
        for(j=i+1;j<5;j++)
            if(st[i].evr<st[j].evr)
            {
                t=st[i];
                st[i]=st[j];
                st[j]=t;
            }
```

```
    printf("No.    Name    scor1    scor2    score3    evr\n");
    for(i = 0;i < 5;i++)
    {
        printf(" % ld % 8s",st[i].num,st[i].name);
        for(j = 0;j < 3;j++)
            printf(" % 8d",st[i].score[j]);
        printf(" % 8.1f\n",st[i].evr);
    }
}
```

程序分析：

在定义结构体类型时可以定义一个存放平均成绩的成员，排序交换位置时要将结构体数组元素整体交换。

【**例 9.14**】 有 5 个学生，每个学生的信息有学号、姓名和 3 门课的成绩，输出 3 门课的总平均分以及所有成绩中最高成绩所对应学生的全部信息。

```
# include < stdio. h >
void main( )
{
    struct student
    {
        long    num;
        char    name[10];
        int    score[3];
    }st[5] = {{1001,"wang",67,75,88},{1002,"li",83,92,95},
            {1003,"zhao",56,82,79},{1004,"han",78,87,79},
            {1005,"qian",69,79,81}};
    int i,j,max,maxi;
    float aver[3] = {0};
    for(j = 0;j < 3;j++)
    {
        for(i = 0;i < 5;i++)
            aver[j] += st[i].score[j];
        aver[j]/ = 5;
    }
    max = st[0].score[0];
    for(i = 0;i < 5;i++)
        for(j = 0;j < 3;j++)
            if(st[i].score[j]> max)
            {
                max = st[i].score[j];
                maxi = i;
            }
    printf("The averages of courses are:\n");
    for(i = 0;i < 3;i++)
        printf(" % 6.1f",aver[i]);
    printf("\n");
    printf("The informations of the student with maximal score:\n");
    printf("No.    Name    scor1    scor2    score3\n");
    printf(" % ld % 8s",st[maxi].num,st[maxi].name);
```

```
        for(j = 0;j < 3;j++)
            printf(" % 8d",st[maxi].score[j]);
        printf("\n");
    }
```

程序分析：

3 门课的总平均分可以定义一个数组，找出最高成绩时应记录是哪个学生再输出该学生的全部信息。

【例 9.15】 口袋中有红、黄、绿、蓝颜色的球各一些，现从口袋中每次摸出 3 个球，要求颜色均不同，考虑摸出的顺序，输出所有可能的取法的排列及取法的数量。

```
# include < stdio. h>
void main( )
{
    enum color{red,yellow,green,blue}c,x,y,z;
    int i,n = 0;
    for(x = red;x < = blue;x = color(x + 1))
        for(y = red;y < = blue;y = color(y + 1))
            if(x!= y)                          /* 避开 x = y 的情况,提高了效率 */
                for(z = red;z < = blue;z = color(z + 1))
                    if(z!= x && z!= y)          /* x、y、z 均不相同 */
                    {
                        n++ ;
                        printf(" % - 5d",n);    /* 打印序号 */
                        for(i = 1;i < = 3;i++)   /* 轮流对 x、y、z 打印颜色  */
                        {
                            switch(i)
                            {
                            case 1:c = x;break;
                            case 2:c = y;break;
                            case 3:c = z;
                            }
                            switch(c)
                            {
                            case red :printf(" % - 8s","red");break;
                            case yellow:printf(" % - 8s","yellow");break;
                            case green :printf(" % - 8s","green");break;
                            case blue :printf(" % - 8s","blue");
                            }
                        }
                        if (n % 2 == 0) printf("\n");
                    }
    printf("n = % d\n",n);
}
```

程序分析：

这是枚举类型的一个小例子。

习题 9

一、选择题

1. 如下说明语句,则下面叙述不正确的是( )。

```
struct stu{
  int a; float b;
}stutype;
```

    A. struct 是结构体类型的关键字

    B. struct stu 是用户定义的结构体类型

    C. stutype 是用户定义的结构体类型名

    D. a 和 b 都是结构体成员名

2. 以下对结构类型变量的定义中不正确的是( )。

    A. ♯define STUDENT struct student
```
    STUDENT {
        int num ; float age;
        } std1 ;
```

    B. struct student {
```
                int num ;
                float age ;
                } std1 ;
```

    C. struct {
```
        int num ;
        float age ;
        } std1 ;
```

    D. struct {
```
        int num ; float age ;
        } student ;
        struct student std1 ;
```

3. 在 16 位 PC 中,若有定义:

```
struct data { int i ; char ch; double f; } b ;
```

则结构体变量 b 占用内存的字节数是( )。

    A. 1   B. 2   C. 8   D. 11

4. 当定义一个结构体变量时,系统分配给它的内存是( )。

    A. 各成员所需内存量的总和   B. 结构中第一个成员所需内存量

    C. 成员中占内存量最大的容量   D. 结构中最后一个成员所需内存量

5. C 语言结构体类型变量在程序执行期间( )。

    A. 所有成员一直驻留在内存中   B. 只有一个成员驻留在内存中

    C. 部分成员驻留在内存中   D. 没有成员驻留在内存中

6. 已知学生记录描述为:

```
struct student {
            int no ; char name[20]; char sex;
            struct {
                    int year; int month ; int day ;
                    } birth ;
            } s ;
```

设结构体变量 s 中的成员 birth 等于"1985 年 10 月 1 日",则正确的赋值方式是( )。

A.　year = 1985　　　　　　　　　　　B.　birth. year = 1985
　　month = 10　　　　　　　　　　　　　birth. month = 10
　　day = 1　　　　　　　　　　　　　　birth. day = 1

C.　s. year = 1985　　　　　　　　　　D.　s. birth. year = 1985
　　s. month = 10　　　　　　　　　　　　s. birth. month = 10
　　s. day = 1　　　　　　　　　　　　　　s. birth. day = 1

7. 下面程序的运行结果是(　　　)。

```
# include < stdio. h>
void main ( ) {
    struct complx {
                int x; int y ;
                } cnum[2] = {1,3,2,7} ;
    printf("% d\n",cnum[0]. y/cnum[0]. x * cnum[1]. x) ;
}
```

A. 0　　　　　　　　B. 1　　　　　　　　C. 2　　　　　　　　D. 6

8. 以下对结构体变量成员不正确的引用是(　　　)。

```
struct pupil {
    char name[20]; int age; int sex ;
} pup[5], * p = pup ;
```

A.　scanf("% s",pup[0]. name);　　　　B.　scanf("% d",&pup[0]. age);

C.　scanf("% d",&(p-> sex));　　　　　D.　scanf("% d",p-> age);

9. 以下引用不合法的是(　　　)。

```
struct s {
    int i1; struct s * i2, * i0 ;
} a[3] = {2,&a[1],'\0',4,&a[2],&a[0],6,'\0',&a[1]} , * ptr = a;
```

A.　ptr—>i1++　　　B.　* ptr—>i2　　　C.　++ptr—>i0　　　D.　* ptr—>i1

10. 若有以下程序段：

```
int a = 1,b = 2,c = 3;
struct dent {
    int n ; int * m ;
} s[3] = {{101,&a},{102,&b},{103,&c}};
struct dent * p = s ;
```

则以下表达式中值为 2 的是(　　　)。

A.　int　　　　　　　　　　　　　　B.　* (p++)—> m

C.　(* p). m　　　　　　　　　　　　D.　* (++p)—> m

11. 若要利用下面的程序段使指针变量 p 指向一个存储整型变量的存储单元,则在【　】中应有的内容是(　　　)。

```
int * p;
p = 【】malloc(sizeof(int));
```

A.　int　　　　　　B.　int *　　　　　C.　(* int)　　　　D.　(int *)

12. 当定义一个共用体变量时,系统分配给它的内存是(　　)。

    A. 各成员所需内存量的总和   B. 结构中第一个成员所需内存量

    C. 成员中占内存量最大的容量   D. 结构中最后一个成员所需内存量

13. 以下对 C 语言中共用体类型数据的叙述正确的是(　　)。

    A. 可以对共用体变量直接赋值

    B. 一个共用体变量中可以同时存放其所有成员

    C. 一个共用体变量中不能同时存放其所有成员

    D. 共用体类型定义中不能出现结构体类型的成员

14. 若有以下程序段:

```
union data {
    int i ; char c; float f;
} a;
int n;
```

则以下语句正确的是(　　)。

    A. a＝5;   B. a＝{2,'a',1.2}   C. printf("%d",a); D. n＝a;

15. 下面对 typedef 的叙述中不正确的是(　　)。

    A. 用 typedef 可以定义多种类型名,但不能用来定义变量

    B. 用 typedef 可以增加新类型

    C. 用 typedef 只是将已存在的类型用一个新的标识符来代表

    D. 使用 typedef 有利于程序的通用和移植

二、填空题

1. C 语言允许定义由不同数据项组合的数据类型,称为＿＿＿＿＿。＿＿＿＿＿和＿＿＿＿＿都是 C 语言的构造类型。

2. 结构体变量成员的引用方式是使用＿＿＿＿运算符,结构体指针变量成员的引用方式是使用＿＿＿＿运算符。

3. 若有定义:

```
struct num {
    int a ; int b ; float f ;
} n = {1,3,5,0} ;
struct num ＊pn = &n ;
```

则表达式 pn－＞b/n. a＊＋＋pn－＞b 的值是＿＿＿＿。表达式(＊pn).a＋pn－＞f 的值是＿＿＿＿。

4. C 语言可以定义枚举类型,其关键字为＿＿＿＿。

5. C 语言允许用＿＿＿＿声明新的类型名来代替已有的类型名。

三、程序阅读题

1. 写出下面程序的运行结果。

```
# include < stdio. h
struct ks {
    int a; int ＊b ;
```

```
    } s[4], *p ;
    void main ( )
    { int n = 1, i ;
        for (i = 0 ; i < 4; i++) {
            s[i].a = n ; s[i].b = &s[i].a ; n = n + 2 ;
        }
        p = &s[0] ; p++;
        printf("%d, %d\n",(++p) -> a,(p++) -> a) ;
    }
```

2. 写出下面程序的运行结果。

```
    #include < stdio. h>
    struct man {
        char name[20] ; int age ;
    } person[ ] = { "liming", 18, "wanghua", 19,"zhangping",20 } ;
    void main ( )
    { int old = 0 ;
        struct man *p = person, *q ;
        for ( ; p <= &person[2]; p++)
            if (old < p -> age) { q = p ; old = p -> age } ;
        printf("$s %d\n",q -> name,q -> age) ;
    }
```

3. 写出下面程序的运行结果。

```
    #include < stdio. h>
    struct w {
        char low ; char high ;
    } ;
    union u {
        struct w byte ; int word ;
    } uu;
    void main ( )
    { uu.word = 0x1234 ;
        printf("%04x\n", , uu.word); printf("%02x\n", , uu.byte.high) ;
        printf("%02x\n", , uu.byte.low); uu.byte.low = 0xff ;
        printf("%04x\n", , uu.word) ;
    }
```

四、编程题

1. 编写一个函数 output()，打印一个学生的成绩数组，该数组中有 5 个学生的数据记录，每个记录包括 num、name、score[3]，用主函数输入这些记录，用 output 函数输出这些记录。

2. 在上题的基础上，编写一个函数 input()，用来输入 5 个学生的数据记录。

3. 有 10 个学生，每个学生的数据包括学号、姓名、3 门课的成绩，从键盘输入 10 个学生数据，要求打印出 3 门课总平均成绩，以及最高分的学生的数据（包括学号、姓名、3 门课的成绩、平均分数）。

第**10**章

文件

前面章节中编写的应用程序，其数据的输入都是使用 scanf()、getchar()等输入函数通过键盘直接输入的，程序的运行结果是使用 printf()、putchar()等输出函数输出在屏幕上。但如果需要再次查看结果，就必须重新运行程序，并重新输入数据。另外，当关闭计算机或退出应用程序时，其相应的数据也将全部丢失，无法重复使用这些数据。为了长期保存数据，方便修改和供其他程序使用，就必须将其以文件的形式存储到外部存储介质(如磁盘)中。

C 语言中的文件是对存储在外部介质上的数据集合的一种抽象，它提供了对文件进行打开、读写操作的相关函数，可以简单、高效和安全地访问文件中的数据。

10.1 文件的基本概念

1. 文件的基本概念

所谓"文件"(file)，就是指一组相关数据的有序集合。这个数据集有一个名称，叫做文件名。前面章节虽然没有提出"文件"的概念，但我们多次使用了文件，如源程序文件(.c)、目标文件(.obj)、可执行文件(.exe)、头文件 (.h)等。

文件通常是存放在外部存储介质(如磁盘等)上，操作系统也以文件为单位进行管理，每个文件都通过唯一的"文件标识"，即文件名来操作，用户通过指定的文件名可以访问需要使用的文件。

2. C 语言"流(stream)"文件概念

在 C 语言中，引入了"流"的概念。它将数据的输入输出看作是数据流的流入和流出，这样不管是磁盘文件或者是物理设备(打印机、显示器、键盘等)，都可看作一种流的源和目的，视它们为同一种东西，而不管其具体的物理结构，对它们的操作就是数据的流入和流出。这种把数据的输入输出操作对象，抽象化为一种流，而不管其具体结构的方法有利于编程，而涉及流的输入输出操作函数可用于各种操作对象，具有通用性。

10.2 文件的类别

从不同的角度可对文件进行不同的分类。

从用户的角度，文件可分为普通文件和设备文件。

普通文件是指驻留在磁盘或其他外部介质上的一个有序数据集，即普通磁盘文件。在 C 语言中，可以是源文件、目标文件、可执行程序，也可以是一组待输入处理的原始数据，或者是一组输出的结果。前者称作程序文件，后者称作数据文件。

设备文件是指与主机相连的各种外部设备，如显示器、打印机、键盘等。在操作系统中，把外部设备也看作是一个文件来进行管理，把它们的输入、输出等同于对磁盘文件的读和写。通常把显示器定义为标准输出文件，一般情况下在屏幕上显示有关信息就是向标准输出文件输出，如前面经常使用的 printf() 和 putchar() 函数就是这类输出。键盘通常被指定为标准的输入文件，从键盘上输入就意味着从标准输入文件上输入数据，scanf() 和 getchar() 函数就属于这类输入。

不同的文件有不同的访问特性。如：键盘只能用于输入数据而不能输出，终端显示器或者打印机只能输出数据而不能输入，磁盘则能随机存取等。

从文件编码角度，文件可分为 ASCII 码文件和二进制码文件，如图 10-1 所示。

图 10-1　文件编码形式

ASCII 文件也称为文本文件，这种文件在磁盘中存放时每个字符占一个字节，用于存放对应的 ASCII 码。内存中的数据在存储时，需要转换为 ASCII 码。

二进制文件则是按二进制的编码方式来存放文件的，不需要进行数据转换。

例如，十进制数 12345 的存储，按 ASCII 码形式存储要占用 5 个字节，而采用二进制形式存储只占用 2 个字节。如图 10-1 所示。

ASCII 码文件可在屏幕上按字符显示，例如源程序文件就是 ASCII 文件，用 DOS 命令 TYPE 可显示文件的内容。由于是按字符显示，因此能读懂文件内容。但占用存储空间大，而且要付出二进制形式转换为 ASCII 码的时间开销。用二进制文件存储则节省存储空间和转换时间，但其内容无法读懂。

因此，对于含有大量数字信息的数字流，可以采用二进制流的方式；对于含有大量字符信息的流，则采用文本流的方式。

10.3　文件指针

在操作文件时，通常关心文件的属性，如文件名、文件状态和文件当前读写位置等信息。ANSI C 为每个被使用的文件在内存中分配一块区域，利用一个结构体类型的变量存储上述信息。该变量的结构体类型由系统取名为 FILE，在头文件 stdio.h 中定义如下：

```
# ifndef _FILE_DEFINED
struct _iobuf
 {
    char * _ptr;              //文件当前读写位置
    int _cnt;                 //缓冲区中剩下的字符数
    char * _base;             //文件缓冲区的起始位置
    int _flag;                //文件状态标志
    int _file;                //文件号
    int _charbuf;             //单字节的缓冲,即缓冲大小仅为1个字节
    int _bufsiz;              //文件缓冲区的大小
    char * _tmpfname;         //临时文件名指针
  };
typedef struct _iobuf FILE;
# define _FILE_DEFINED
# endif
```

在 C 语言中,用一个指针变量指向一个文件,其实是指向存储该文件信息的结构体类型变量,这个指针称为文件指针。通过文件指针就可对它所指的文件进行各种操作。定义说明文件指针一般形式为:

FILE * 指针变量名;

其中,FILE 必须大写,表示由系统定义的一个文件结构。例如:

FILE * fp;

表示 fp 是指向 FILE 结构的指针变量,通过 fp 即可找到存放某个文件信息的结构体变量,然后按结构变量提供的信息找到该文件,实施对文件的操作。

C 语言中通过文件指针变量对文件进行打开、读、写及关闭等操作。因为文件指针类型及对文件进行的操作函数都是原型说明,都存放到 stdio.h 头文件中,因此对文件操作的程序,在程序最前面应写一行文件头包含命令: # include < stdio.h >。

10.4 文件操作概述

在 C 语言中,任何关于文件的操作都要先打开文件,再对文件进行读/写,操作完毕后,要关闭文件。

1. 文件处理的一般过程

文件处理的一般过程是: 定义文件指针→打开文件→读/写文件→关闭文件。

1) 打开文件

所谓打开文件,实际上是建立文件的各种有关信息,并使文件指针指向该文件,以便进行其他操作。

当一个文件被成功打开时,C 编译程序自动建立该文件的 FILE 结构,并返回一个指向 FILE 类别的指针。该文件指针指向被打开的文件,其后该文件的操作只能通过这个指针变量进行。

2）读/写文件

一个文件打开后，可以按照需要对该文件进行读/写操作。读，是指从文件向程序数据区输入数据；写，是指从程序数据区向文件输出数据。

根据操作数据的方式不同，分为单字符、字符串、数据块、格式化读/写方式，分别使用不同的读/写函数。针对文本文件和二进制文件的不同性质，文本文件可按单字符读/写或按字符串读/写；二进制文件可进行数据块的读/写或格式化的读/写。

3）关闭文件

所谓关闭文件，是断开文件指针与文件之间的联系，也就是禁止再对该文件进行操作。

在使用完一个文件后，应该关闭它，以防止它再被误用。关闭一个文件后，不能再通过该文件指针变量对该文件进行操作，除非再次打开，使该文件指针重新指向该文件。

应该养成在程序终止之前关闭所有文件的良好习惯。如果不关闭文件，将会丢失数据。其原因在于向文件写数据时，是先将数据输出到缓冲区，待缓冲区充满后，才一次性输出到磁盘文件。如果当数据未充满缓冲区而程序结束运行，就会丢失缓冲区中的数据。而关闭文件则是在释放文件指针变量前，先把缓冲区中的数据输出到文件，因此可以避免这个问题。

2．文件处理的一般算法

C语言对文件的操作通过一系列库函数来实现的，文件操作必须遵循一定的步骤，一般操作算法是：

```
if  打开文件失败
   {显示失败信息}
 else
   {按算法要求读/写文件内容,关闭文件}
```

10.5　文件的打开与关闭

对磁盘文件的操作必须"先打开，后读写，最后关闭"。任何一个文件在进行读写操作之前要先打开，使用完毕要关闭。

所谓打开文件，实际上是建立文件的各种有关信息，并使文件指针指向该文件，以便进行其他操作。关闭文件则是断开指针与文件之间的联系，禁止再对该文件进行操作。

10.5.1　文件的打开

C语言使用系统提供的函数 fopen() 打开文件，其调用的一般形式为：

文件指针变量名 = fopen(文件名,文件使用方式);

其中，"文件指针变量名"必须是被说明为 FILE 类型的指针变量，"文件名"是指被打开文件的文件名，是字符串常量或字符数组名。"文件使用方式"是指文件的类型和操作要求。文件的使用方式如表 10-1 所示。

表 10-1 文件使用方式

使 用 方 式	说　　明
"r"	以只读方式打开一个文本文件,只允许读数据,若打开的文件不存在,则打开失败
"w"	以只写方式打开或建立一个文本文件,只允许写数据,若打开的文件不存在,则新建一个并打开
"a"	以追加方式打开一个文本文件,并允许在文件末尾写数据,若打开的文件不存在,则新建一个并打开
"r+"	以读写方式打开一个文本文件,允许读和写,若打开的文件不存在,则打开失败
"w+"	以读写方式打开或建立一个文本文件,允许读写,若打开的文件不存在,则新建一个并打开
"a+"	以读写方式打开一个文本文件,允许读,或在文件末尾追加数据,若打开的文件不存在,则新建一个并打开
"rb"	以只读方式打开一个二进制文件,只允许读数据,若打开的文件不存在,则打开失败
"wb"	以只写方式打开或建立一个二进制文件,只允许写数据,若打开的文件不存在,则新建一个并打开
"ab"	以追加方式打开一个二进制文件,并允许在文件末尾写数据,若打开的文件不存在,则新建一个并打开
"rb+"	以读写方式打开一个二进制文件,允许读和写,不删除原内容,若打开的文件不存在,则打开失败
"wb+"	以读写方式打开或建立一个二进制文件,允许读和写,删除原内容,若打开的文件不存在,则新建一个并打开
"ab+"	以读写方式打开一个二进制文件,允许读,或在文件末尾追加数据,若打开的文件不存在,则新建一个并打开

例如:

```
FILE * fp;
fp = fopen("file1.dat", "r");
```

表示以只读的方式(第二个参数"r"表示 read,即只读)打开名为 file1.dat 的文件。如果成功打开,则返回一个指向该文件的文件信息区的起始地址的指针,并赋值给指针变量 fp;如果打开失败,则返回一个空指针 NULL,赋值给 fp。

第一个参数为文件名,可以包含路径和文件名两部分。

说明:

(1)用"r"方式打开的文件,只能用于"读",即可把文件的数据作为输入,读到程序的内存变量中,但不能把程序中产生的数据写到文件中。"r"方式只能打开一个已经存在的文件。

(2)用"w"方式打开的文件,只能用于"写",即不能读入文件中的数据到内存,只能把程序中的数据输出到文件中。如果指定的文件不存在,则新建一个文件;如果文件存在,则把原来的文件删除,再重新建立一个空白的文件。

(3)用"a"方式打开的文件,保留该文件原有的数据,可以在原文件的末尾添加新的数据,若文件不存在,则新建一个并打开。

(4)打开方式带上"b"表示是对二进制文件进行操作。带上"+"表示既可以读,又可以写,而对文件存在与否的不同处理则按照"r"、"w"和a各自的规定进行。

(5)如果在打开文件时发生错误,即打开失败,不论是以何种方式打开文件的,fopen 都返回一个空指针 NULL。

文件打开可能出现的错误如下：

（1）试图以"读"方式（带"r"的方式）打开一个并不存在的文件。

（2）新建一个文件，而磁盘上没有足够的剩余空间或磁盘被写保护。

（3）试图以"写"方式（带"w"或"a"的方式，"r＋"或"rb＋"方式）打开被设置为"只读"属性的文件。

为避免因上述原因的出错，造成对文件读写操作出错，常用以下的方法来打开一个文件，以确保对文件读写操作的正确性：

```
if ((fp = fopen("c:\myfile.dat","w + ")) = = NULL)
  {
   printf("Cannot open the file ! ");
     exit(0);            //退出程序
  }
        …                //此处编写打开文件后,对文件读、写的代码
```

上面的例子，是以"w＋"的方式打开 C 盘根目录中的 myfile.dat 文件，并把返回的指针赋值给变量 fp，若返回的是空指针 NULL（即打开操作失败），则提示文件不能打开并退出应用程序；否则，才对指向文件的指针 fp 进行操作。这样可以确保在对文件进行读/写操作时，文件一定是成功打开的。

10.5.2　文件的关闭

用 fclose()函数关闭文件的形式如下：

• 形式：

```
fclose(文件指针);
```

• 功能：关闭 fp 指向的文件。

• 返回值：正常关闭为 0；出错时，为 EOF（−1）。

例如：

```
fclose(fp);
```

正常完成关闭文件操作时，fclose()函数返回值为 0。若关闭出错，则返回值 EOF（−1）。可用 ferror()函数验证。

10.5.3　文件的读/写

1. 单个字符读/写函数

字符读/写函数是以字符（字节）为单位的读/写函数。每次可从文件读出或向文件写入一个字符。

1）读字符函数 fgetc()

• 形式：

```
字符变量 = fgetc(文件指针);
```

- 功能：从 fp 指向的文件中读取一字节代码,并赋给字符变量。
- 返回值：正常,返回读到的代码值；读到文件尾或出错,返回值为 EOF。

例如：ch = fgetc(fp)

其含义是：从 fp 指向的文件中读取一个字符并送入变量 ch 中。

【例 10.1】　读并显示文本文件 readme.txt 的内容。

```
# include < stdio.h >
main( )
{   FILE * fp;
    char ch, * filename = "readme.txt";
    if((fp = fopen(filename,"r")) == NULL)
    {   printf("error:cannot open file\n");
        exit(0);
    }
    while((ch = fgetc(fp))!= EOF)
        putchar(ch);
    fclose(fp);
}
```

程序分析：

本程序中设置了循环结构,来逐个读并显示字符。

在文件内部有一个位置指针。用来指向文件的当前读/写字节。在文件打开时,该指针总是指向文件的第一个字节。使用 fgetc()函数后,该位置指针将向后移动一个字节。因此可连续多次使用 fgetc()函数,读取多个字符。

说明：

- 在 fgetc()函数调用中,读取的文件必须是以读或读/写方式打开的。
- 读取字符的结果也可以不向字符变量赋值,如"fgetc(fp);",但是读出的字符不能保存。
- 应注意,文件指针和文件内部的位置指针不是一回事。文件指针是指向整个文件的,必须在程序中定义说明。只要不重新赋值,文件指针的值就是不变的。文件内部的位置指针用于指示文件内部的当前读/写位置,每读/写一次,该指针均向后移动,它不需要在程序中定义说明,而是由系统自动设置的。

2) 写字符函数 fputc()

- 形式：

fputc(字符量,文件指针);

- 功能：将一字节代码写入 fp 指向的文件中。
- 返值：正常,返回读到的代码值；读到文件尾或出错,返回值为 EOF。

例如：

fputc('a',fp);

其含义是：把字符 a 写入 fp 所指向的文件中。

【例 10.2】　将一个字符数组的内容写入 file1.dat 文件,然后将该文件的内容显示在屏幕上。

```
# include < stdio. h >
# include < string. h >
main( )
{
    FILE * outfile, * infile;
    char s[ ] = "I love C programming. \n";
    int i;
    char ch;
    if((outfile = fopen("file1.dat','"w")) == NULL)
        {
         printf("Can not open file1.dat .\n");
         exit( );
        }
    for( i = 0; i < = (int)strlen(s);i++)
        putc(s[i],outfile);
    fclose(outfile);
    if(( infile = fopen("file1.dat","r")) == NULL)
        {
         printf("Can not open file1.dat .\n");
         exit( );
        }
    while(!feof(infile))
        {
         ch = getc(infile);
         putchar(ch);
        }
    fclose(infile);
}
```

程序分析：

本程序先设置了一个循环结构，用 fputc( )函数将字符数组 s 中的字符逐个写入 file1. dat 文件中。再设置第二个循环结构，用 fgetc( )函数从 file1. dat 文件逐个读字符并输出。

程序运行结果：

I love C programming.

说明：

（1）每写入一个字符，文件内部位置指针向后移动一个字节。

（2）被写入的文件可以用写、读/写、追加方式打开，用写或读/写方式打开一个已存在的文件时将清除原有的文件内容，写入字符从文件首开始。如需保留原有文件内容，希望写入的字符从文件末开始存放，必须以追加方式打开文件。被写入的文件若不存在，则创建该文件。

3）文件结束标志测定函数 feof( )

• 形式：

feof(文件指针)

- 功能：判断文件是否结束。
- 返回值：文件结束，返回真(非 0)；文件未结束，返回 0。

例如，判断二进制文件是否结束。

```
while(!feof(fp))
  { c = fgetc(fp);
        …
  }
```

对于文本文件，因为系统设定了用 EOF 作为文件结束标志，所以可不用 feof 函数，而用以下方式判断文件结束：

```
while((ch = fgetc(fp) != EOF)
  putchar (ch)
```

2. 字符串读/写函数

字符串读、写函数 fgets()/fputs()是以字符串(或文件的行)为单位的读/写函数。每次可从文件读出或向文件写入一串字符。

- 形式：

```
fgets(字符数组名,n,文件指针);
fputs(字符串,文件指针);
```

- 功能：从 fp 指向的文件中读、写一个字符串。
- 返回值：

fgets 正常时返回读取字符串的首地址；出错或至文件尾，返回 NULL。

fputs 正常时返回写入的最后一个字符；出错返回 EOF。

例如：

```
fgets(str,n,fp);
```

其含义是：从 fp 所指的文件中读出 n－1 个字符送入字符数组 str 中。

```
fputs("hi",fp);
```

其含义是：把字符串"hi"写入 fp 所指的文件中。

【例 10.3】　从键盘读入字符串存入文件中,再从文件读回并显示在屏幕上。

```
# include < stdio. h >
main( )
{   FILE  * fp;
    char string[81];
    if((fp = fopen("file. txt","w")) == NULL)
    {   printf("cann't open file");exit(0); }
    while(strlen(gets(string))> 0)
    {   fputs(string,fp);
          fputs("\n",fp);
    }
    fclose(fp);
```

```
if((fp = fopen("file.txt","r")) == NULL)
{   printf("cann't open file");exit(0); }
while(fgets(string,81,fp)!= NULL)
    fputs(string,stdout);
fclose(fp);
}
```

说明：

（1）fgets()函数读取字符不会超过 n−1 个，因为字符串尾部自动追加'\0'字符；

（2）fputs()在将字符串写入文件时，自动舍弃'\0'字符；

（3）fgets()函数读取操作遇到以下情况结束：已经读取了 n−1 个字符；当前读取字符为回车符；已读到文件末尾。

3. 数据块读/写函数

数据块读、写函数 fread()/fwrite()是以数据块为单位的读/写函数。每次可将指定字节的数据块从文件读出或输出到磁盘文件中。

• 形式：

```
fread(buffer,size,count,fp);
fwrite(buffer,size,count,fp);
```

其中 buffer 是一个指针，在 fread()函数中，它表示存放输入数据的首地址。在 fwrite()函数中，它表示存放输出数据的首地址。

size：表示数据块的字节数。

count：表示要读/写的数据块块数。

fp：表示文件指针。

• 功能：从指定文件读/向指定文件写特定字节的数据块。

• 返回值：成功，返回 count 的值；否则，返回−1。

例如，

```
fread(fa,4,5,fp);
```

其含义是：从 fp 所指的文件中，每次读 4 个字节（一个实数）送入实数组 fa 中，连续读 5 次，即读 5 个实数到 fa 中。

```
fwite(f,4,3,fp);
```

其含义是：从实型数组 f 向 fp 所指的文件写入 3 个数据，每个数据占 4 个字节。

【例 10.4】 从键盘输入 3 个学生数据，把它们转存到文件 stu_dat 文件中去，然后读出显示在屏幕上。

```
#include <stdio.h>
#define SIZE 3
struct student_type
{   char name[10];
    int num;
    int age;
```

```
        char addr[15];
}stud[SIZE];

void save( )
{   FILE *fp;
    int i;
    if((fp = fopen("stu_dat","wb")) == NULL)                /* 以二进制写方式打开文件 */
    {    printf("cannot open file\n");
     return;
    }
    for(i = 0;i < SIZE;i++)                                  /* 写学生信息 */
        if(fwrite(&stud[i],sizeof(struct student_type),1,fp)!= 1)
        printf("file write error\n");
    fclose(fp);
}

void display( )
{   FILE *fp;
    int i;
    if((fp = fopen("stu_dat","rb")) == NULL)                /* 以二进制读方式打开文件 */
    { printf("cannot open file\n");
      return;
    }
    for(i = 0;i < SIZE;i++)
    { fread(&stud[i],sizeof(struct student_type),1,fp);
     printf("% - 10s % 4d % 4d % - 15s\n",stud[i].name,stud[i].num,stud[i].age,stud[i].
    addr);
    }
    fclose(fp);
}

void main( )
{
    int i;
    for(i = 0;i < SIZE;i++)                                  /* 从键盘读入学生信息(结构) */
        scanf("% s% d% d% s",stud[i].name,&stud[i].num, &stud[i].age,stud[i].addr);
    save();
    display();
}
```

程序分析：

本程序定义了一个结构体 student_type 和 1 个结构数组 stud[SIZE]。在 main( )函数中，输入学生数据，然后调用 save( )函数将数据写入到 stu_dat 文件中，用 display( )函数读出学生数据，在屏幕上显示。

fwrite( )函数的作用是将一个数据块信息送到 stu_dat 文件，数据块长度为 student_type 结构体成员字节之和。fread( )函数的作用是将一个数据块(一个学生信息)从 stu_dat 文件中读出。

4. 格式化读/写函数

fscanf( )和 fprintf( )函数与前面使用的 scanf( )和 printf( )函数的功能相似，都是格式化读/

写函数，但 fscanf()函数和 fprintf()函数的读/写对象不是键盘和显示器，而是磁盘文件。

- 形式：

fscanf(文件指针,格式字符串,输入表列)；
　　fprintf(文件指针,格式字符串,输出表列)；

- 功能：按格式对文件进行 I/O 操作。
- 返回值：操作成功，返回 I/O 的个数；出错或至文件尾，返回 EOF。

例如，

fprintf(fp," %d, %6.2f",i,t)；

其含义是：将 i 和 t 的值，按%d,%6.2f 格式输出到 fp 指向的文件。

fscanf(fp," %d, %f",&i,&t)；

其含义是：若文件中有字符 3、4.5，则将 3 送入变量 i，4.5 送入变量 t。

【例 10.5】 从键盘按格式输入数据存到磁盘文件中。

```c
# include < stdio. h>
void main( )
{   char s[80],c[80];
    int a,b;
    FILE * fp;
    if((fp = fopen("test","w")) == NULL)
        { puts("can't open file");   exit( ) ; }
    fscanf(stdin," % s % d",s,&a);          /* read from keaboard * /
    fprintf(fp," % s  % d",s,a);            /* write to file * /
    fclose(fp);
    if((fp = fopen("test","r")) == NULL)
        { puts("can't open file"); exit( ); }
    fscanf(fp," % s % d",c,&b);             /* read from file * /
    fprintf(stdout," % s  % d",c,b);        /* print to screen * /
    fclose(fp);
}
```

说明：

(1) 格式化读/写均采用 ASCII 码方式，简单直观，容易理解。

(2) 由于采用 ASCII 码方式，在 I/O 操作时，要进行 ASCII 码与二进制的转换，花费时间，影响速度。因此，在文件 I/O 操作频繁或文件过大时，以及对二进制文件不宜于采用格式化读/写，而应采用数据块读/写函数。

10.6　文件的定位读/写

在结构体类型 FILE 中有一个位置指针，指向当前读/写位置。前面介绍的对文件的读/写方式都是顺序读/写，即读/写文件只能从头开始，顺序读/写各个数据。每读/写完一个字符后，该位置指针自动指向下一位置。

但在实际问题中，常要求只读/写文件中某一指定的部分。为了解决这个问题，可将文件位置指针移动到需要读/写的位置,再进行读/写,这种读/写称为随机读/写。

实现随机读/写的关键按要求移动位置指针,称为文件的定位。移动文件内部位置指针的函数有两个：rewind()函数和 fseek()函数。

1. rewind()函数

- 形式：

rewind(文件指针);

- 功能：重置文件位置指针到文件开头。
- 返回值：无。

例如,

rewind(fp);

其含义是：不管当前 fp 在何处,强行让该指针指向文件的开头。

2. fseek()函数

- 形式：

fseek(文件指针,位移量,起始点);

- 功能：改变文件位置指针的位置。

文件指针：指向被移动的文件。

位移量：表示移动的字节数,要求位移量是 long 型数据,以便在文件长度大于 64KB 时不会出错。当用常量表示位移量时,要求加扩展名 L。

起始点：表示从何处开始计算位移量,规定的起始点有 3 种：文件首、当前位置和文件末尾。其表示方法如表 10-2 所示。

表 10-2　起始点标识

起　始　点	表　示　符　号	数　字　表　示
文件首	SEEK_SET	0
当前位置	SEEK_CUR	1
文件末尾	SEEK_END	2

- 返回值：成功,返回 0；失败,返回非 0 值。

例如,

```
fseek(fp,100L,0);        /* 将位置指针移到离文件头 100B 处 */
fseek(fp,-50L,2);        /* 将位置指针从文件尾处向后退 50B 处 */
fseek(fp,50L,1);         /* 将位置指针移到离当前位置 50B 处 */
```

说明：

fseek()函数一般用于二进制文件。在文本文件中由于要进行转换,故往往计算的位置会发生混乱而不能达到预期目的。

3. ftell( )函数

- 形式：

ftell(文件指针);

- 功能：返回位置指针当前位置（用相对文件开头的位移量表示）。
- 返回值：成功，返回当前位置指针位置；失败，返回－1L。

【例 10.6】 求文件长度。

```
# include"stdio.h"
void main( )
    { FILE * fp;
      char filename[80];
      long length;
      gets(filename);
      fp = fopen(filename,"rb");
      if(fp == NULL)
          printf("file not found!\n");
      else
      { fseek(fp,0L,SEEK_END);
        length = ftell(fp);
        printf("Length of File is % 1d bytes\n",length);
        fclose(fp);
      }
    }
```

程序分析：

本程序中用 fseek( )函数移动位置指针到文件末尾，用 ftell( )函数得到相对文件开头的位移量，从而求出文件长度。

10.7 文件应用综合举例

【例 10.7】 磁盘文件上有 3 个学生数据，要求读入第 1、3 个学生的数据并显示。

```
# include < stdio.h >
struct student_type
{ int num;
  char name[10];
  int age;
  char addr[15];
}stud[3];
void main( )
{   int i;
    FILE * fp;
    if((fp = fopen("studat","rb")) == NULL)
        { printf("can't open file\n");exit(0); }
    for(i = 0;i < 3;i += 2)
```

```
    {   fseek(fp,i * sizeof(struct student_type),0);
        fread(&stud[i],sizeof(struct student_type),1,fp);
        printf("% s % d % d % s\n",
            stud[i].name,stud[i].num,stud[i].age,stud[i].addr);
    }
    fclose(fp);
}
```

【例 10.8】 设计一个对指定文件进行加密和解密的程序,密码和文件名由用户输入。

加密方法:以二进制打开文件,将密码中每个字符的 ASCII 码值与文件的每个字节进行异或运算,然后写回原文件的原位置即可。这种加密方法是可逆的,即对明文进行加密到密文,用相同的密码对密文进行解密就得到明文。此方法适合各种类型的文件加密和解密。

下面用两种方法实现对文件加密和解密。

方法一,程序运行后,用户在提示下输入文件名和密码。

分析:由于涉及文件的读和写,采用从原文件中逐个字节读出,加密后输出到一个新建的临时文件,最后,删除原文件,把临时文件改名为原文件名,完成操作。程序代码如下:

```
# include < stdio. h>
# include < stdlib. h>
# include < string. h>
char encrypt(char ch, char c)              //字符加密函数
  {
    return (ch ^ c);                       //返回两字符 ASCII 码按位做异或运算的结果
  }
void main( )
 {
    FILE * fp, * fp1;
    char fn[40], * p = fn, ps[10], * s = ps;
    char ch;
    char * tm = "temp.tmp";                //临时文件名
    printf("Input the path and filename:");
    gets(p);                               //输入文件名
    if ((fp = fopen(p, "rb")) == NULL || (fp1 = fopen(tm, "wb")) == NULL)
       {
          printf("Cannot open the file,press any key to exit!");
          exit(0);                         //退出
       }
       printf("Input the password:");
    gets(s);                               //输入密码
    ch = fgetc(fp);
       while (!feof(fp))                   //原文件没有结束时
       {
          s = ps;                          //从密码的第一个字符开始处理
          while ( * s != '\0')
          {
            ch = encrypt(ch, * s ++);      //调用函数加密,让 s 指向下一个密码字符
          }
          fputc(ch, fp1);                  //把加密后的字节输出到临时文件中
          ch = fgetc(fp);                  //读入一个字节
```

```
        }
    fclose(fp);
    fclose(fp1);
    remove(p);                              //删除原文件
    rename(tm,p);                           //把临时文件改名为原文件名
    }
```

方法二，将要加密的文件和密码，通过命令行参数传送给程序，并且加密解密过程对文件的读写采用随机读写，不建立临时文件，程序如下：

```
# include < stdio.h >
# include < string.h >
# include < stdlib.h >
char encrypt(char f, char c)              //字符加密函数
{
    return f ^ c;                          //返回两字符 ASCII 码按位做异或运算的结果
}
void main(int argc, char * argv[ ])       //main( )函数带两个参数
 {
    FILE * fp;
    char * s, ch;
    if (argc != 3)                         //如果输入的命令行参数数目不正确
    {
        printf("Parameter Error!press any key to exit!");
        exit(0);                           //退出
    }
    if ((fp = fopen(argv[1], "rb + ")) == NULL)
    {
        printf("Parameter Error!press any key to exit!");
        exit(0);
    }
    ch = fgetc(fp);
    while (!feof(fp))
    {
        s = argv[2];                       //从密码的第一个开始处理
        while ( * s != '0')
        {
         ch = encrypt(ch, * s++);          //调用函数加密,让 s 指向下一个密码字符
        }
        fseek(fp, - 1L, SEEK_CUR);         //将位置指针从当前位置向前移 1 个字节
        putc(ch, fp);                      //把加密后的字节输出到文件原来的位置
        fseek(fp, 1L, SEEK_CUR);           //将位置指针向后移 1 个字节
        ch = fgetc(fp);                    //读入一个字节
    }
    fclose(fp);
 }
```

设程序经过编译连接生成可执行文件 encfile.exe，并存放在 D 盘目录下。加密时，命令格式为：

```
encfile   文件名   密码
```

例如，在 DOS 命令提示符下输入"D:\>encfile d:\myfile.dat 123456"，就是对 D 盘根目录下的文件 myfile.dat 以密码 123456 进行加密，若再次执行相同的命令，则是对 myfile.dat 进行解密。

在上面的例子中，命令行变量 argc 的值为 3，argv[0]、argv[1]和 argv[2]分别指向 encfile、d:\myfile.dat 和 123456。

习题 10

一、选择题

1. 关于文件的打开方式，下列说法正确的是（　　）。
   A. 以"r+"方式打开的文件只能用于读
   B. 不能试图以"w"方式打开一个不存在的文件
   C. 若以"a"方式打开一个不存在的文件，则会新建一个文件
   D. 以"w"或"a"的方式打开文件时，可以对该文件进行写操作

2. 要在 C 盘 MyDir 目录下新建一个 MyFile.txt 文件用于写，正确的 C 语句是（　　）。
   A. FILE * fp＝fopen("C:\MyDir\Myfile.txt","w");
   B. FILE * fp；　fp＝fopen("C:\\MyDir\\MyFile.txt","w");
   C. FILE * fp；　fp＝fopen("C:\\MyDir\\MyFile.txt","r");
   D. FILE * fp＝fopen("C:\\MyDir\\MyFile.txt","r");

3. 在 C 语言中，下列说法不正确的是（　　）。
   A. 顺序读写中，读多少个字节，文件读写位置指针相应也向后移动多少个字节
   B. 要实现随机读写，必须借助文件定位函数，把文件读写位置指针定位到指定的位置，再进行读写
   C. fputc()函数可以从指定的文件读入一个字符，fgetc()函数可以把一个字符写到指定的文件中
   D. 格式化写函数 fprintf()中格式化的规定与 printf()函数相同，所不同的只是 fprintf()函数是向文件中输出，而 printf()函数是向屏幕输出

4. 下列可以将 fp 所指文件中的内容全部读出的是（　　）。
   A. ch = fgetc(fp);
      while(ch == EOF)　ch = fgetc(fp);
   B. while(!feof(fp))
      ch = fgetc(fp);
   C. while(ch! = EOF)　ch = fgetc(fp);
   D. while(feof(fp))ch = fgetc(fp);

5. 设有"char st[3][20]＝{"China","Korea","England"};"，下列语句中，运行的结果和其他 3 项不同的是（　　）。

```
while( * p! = '\n') fputc( * p++, fp);
```

   A. fprintf(fp,"%s", st[2]);
   B. fputs("England", fp);
   C. p＝st[2];
   D. fwrite (st[2], 1, 7, fp);

6. 下面程序运行后的结果是（　　）。

```
#include<stdio.h>
```

```
void main( )
{
FILE * fp;
int i,m = 9,n = 9;
fp = fopen("d:\\test.txt", "w");
for(i = 1; i < 5; i++)
        fprintf(fp," % d",i);
fclose(fp);
fp = fopen("d:\\test.txt","r");
fscanf(fp," % d % d",&m, &n);
fclose(fp);
printf("m = % d,n = % d\n",m,n);
}
```

    A. m=1,n=2　　　　　B. m=9,n=9　　　　　C. m=1234,n=9　　　D. m=1,n=234

7. 若 fp 是指向某文件的指针,且已读到此文件末尾,则库函数 feof(fp)的返回值是(　　)。

    A. EOF　　　　　　　B. 0　　　　　　　　　C. 非零值　　　　　　　D. NULL

二、程序填空题

1. 下面程序把从终端读入的 10 个整数以二进制方式写到一个名为 bi. dat 的新文件中,请填空。

```
# include < stdio. h>
FILE * fp;
void main( )
{
 int i,j;
 if((fp = fopen(_____)) = NULL) exit(0);
 for(i = 0;i < 10;i++)
  {
    scanf(" % d", &j);
    fwrite(&j, sizeof(int), 1, _____);
    }
 fclose(fp);
}
```

2. 下面的程序,用于在 C 盘 MyDir 目录中新建文件 emploee. dat,输入 10 个职工的数据,包括工号、姓名、年龄和电话号码,再读出文件中年龄大于或等于 50 的职工数据,把他们的姓名和电话号码显示在屏幕上。请填空。

```
# include < stdio. h>
struct emploee
{   int num;
    char name[10];
    int age;
    long phone;
}emp;
void main( )
{ _____
   int i;
   fp = fopen(_____,"wb");
```

```
for(i = 1; i <= 10; i++)
{
  scanf("%d%s%d%ld", &emp.num, emp.name, &emp.age, &emp.phone);
  fwrite(_____, sizeof(struct emploee), 1, fp);
}
fclose(fp);
_____
while(!feof(fp))
{
  fread(&emp, sizeof(struct emploee), l, fp);
  if(emp.age >= 50) printf("Name:%s,Phone:%ld\n", emp.name, emp.phone);
}
_____
}
```

三、编程题

1. 通过文本编辑器(如记事本)在 d 盘根目录下建立一个文件,并写入一串大小写英文字母,调用相关函数,读取文件内容,并显示在终端屏幕上。

2. 将上一题文本文件中的小写字母转换为大写字母,再通过调用函数,读取修改后的文件内容,并显示在终端屏幕上。

常用字符与ACSII码对照表

十进制	十六进制	控制字符	十进制	十六进制	字符	十进制	十六进制	字符	十进制	十六进制	字符	十进制	十六进制	字符	十进制	十六进制	字符	十进制	十六进制	字符	十进制	十六进制	字符
0	0	空	32	20	空格	64	40	@	96	60	`	128	80	Ç	160	a0	á	192	c0	└	224	e0	α
1	1	头标开始	33	21	!	65	41	A	97	61	a	129	81	ü	161	a1	í	193	c1	┴	225	e1	ß
2	2	正文开始	34	22	"	66	42	B	98	62	b	130	82	é	162	a2	ó	194	c2	┬	226	e2	Γ
3	3	正文结束	35	23	#	67	43	C	99	63	c	131	83	â	163	a3	ú	195	c3	├	227	e3	π
4	4	传输结束	36	24	$	68	44	D	100	64	d	132	84	ä	164	a4	ñ	196	c4	─	228	e4	Σ
5	5	查询	37	25	%	69	45	E	101	65	e	133	85	à	165	a5	Ñ	197	c5	┼	229	e5	σ
6	6	确认	38	26	&	70	46	F	102	66	f	134	86	å	166	a6	ª	198	c6	╞	230	e6	µ
7	7	响铃	39	27	'	71	47	G	103	67	g	135	87	ç	167	a7	º	199	c7	╟	231	e7	τ
8	8	backspace	40	28	(	72	48	H	104	68	h	136	88	ê	168	a8	¿	200	c8	╚	232	e8	Φ
9	9	水平制表符	41	29	)	73	49	I	105	69	i	137	89	ë	169	a9	⌐	201	c9	╔	233	e9	Θ
10	a	换行/新行	42	2a	*	74	4a	J	106	6a	j	138	8a	è	170	aa	¬	202	ca	╩	234	ea	Ω
11	b	竖直制表符	43	2b	+	75	4b	K	107	6b	k	139	8b	ï	171	ab	½	203	cb	╦	235	eb	δ
12	c	换页/新页	44	2c	,	76	4c	L	108	6c	l	140	8c	î	172	ac	¼	204	cc	╠	236	ec	∞
13	d	回车	45	2d	-	77	4d	M	109	6d	m	141	8d	ì	173	ad	¡	205	cd	═	237	ed	φ
14	e	移出	46	2e	.	78	4e	N	110	6e	n	142	8e	Ä	174	ae	«	206	ce	╬	238	ee	ε
15	f	移入	47	2f	/	79	4f	O	111	6f	o	143	8f	Å	175	af	»	207	cf	╧	239	ef	∩
16	10	数据链路转意	48	30	0	80	50	P	112	70	p	144	90	É	176	b0	░	208	d0	╨	240	f0	≡
17	11	设备控制1	49	31	1	81	51	Q	113	71	q	145	91	æ	177	b1	▒	209	d1	╤	241	f1	±
18	12	设备控制2	50	32	2	82	52	R	114	72	r	146	92	Æ	178	b2	▓	210	d2	╥	242	f2	≥
19	13	设备控制3	51	33	3	83	53	S	115	73	s	147	93	ô	179	b3	│	211	d3	╙	243	f3	≤
20	14	设备控制4	52	34	4	84	54	T	116	74	t	148	94	ö	180	b4	┤	212	d4	╘	244	f4	⌠
21	15	反确认	53	35	5	85	55	U	117	75	u	149	95	ò	181	b5	╡	213	d5	╒	245	f5	⌡
22	16	同步空闲	54	36	6	86	56	V	118	76	v	150	96	û	182	b6	╢	214	d6	╓	246	f6	÷
23	17	传输块结束	55	37	7	87	57	W	119	77	w	151	97	ù	183	b7	╖	215	d7	╫	247	f7	≈
24	18	取消	56	38	8	88	58	X	120	78	x	152	98	ÿ	184	b8	╕	216	d8	╪	248	f8	°
25	19	媒体结束	57	39	9	89	59	Y	121	79	y	153	99	Ö	185	b9	╣	217	d9	┘	249	f9	∙
26	1a	替换	58	3a	:	90	5a	Z	122	7a	z	154	9a	Ü	186	ba	║	218	da	┌	250	fa	·
27	1b	转意	59	3b	;	91	5b	[	123	7b	{	155	9b	¢	187	bb	╗	219	db	█	251	fb	√
28	1c	文件分隔符	60	3c	<	92	5c	\	124	7c	|	156	9c	£	188	bc	╝	220	dc	▄	252	fc	ⁿ
29	1d	组分隔符	61	3d	=	93	5d	]	125	7d	}	157	9d	¥	189	bd	╜	221	dd	▌	253	fd	²
30	1e	记录分隔符	62	3e	>	94	5e	^	126	7e	~	158	9e	Pts	190	be	╛	222	de	▐	254	fe	■
31	1f	单元分隔符	63	3f	?	95	5f	_	127	7f	△	159	9f	ƒ	191	bf	┐	223	df	▀	255	ff	

C语言关键字

关 键 字	用 途	说 明
char		字符型,数据占一个字节
short		短整型
int		整型
long		长整型
float	数	单精度浮点型
double		双精度浮点型
void	据	空类型,用它定义的对象不具有任何值
unsigned		无符号类型,最高位不作符号位
signed	类	有符号类型,最高位作符号位
struct		用于定义结构体类型的关键字
union	型	用于定义共用体类型的关键字
enum		定义枚举类型的关键字
const		表明这个量在程序执行过程中不变
volatile		表明这个量在程序执行过程中可被隐含地改变
FILE		文件类型
typedef		用于定义同义数据类型
static	存	静态变量
auto	储	自动变量
extern	类	外部变量声明,外部函数声明
register	别	寄存器变量
if		语句的条件部分
else		指明条件不成立时执行的部分
for		用于构成 for 循环结构
while	流	用于构成 while 循环结构
do		用于构成 do-while 循环结构
switch	程	用于构成多分支选择
case		用于表示多分支中的一个分支
default	控	在多分支中表示其余情况
break		退出直接包含它的循环或 switch 语句
continue	制	跳到一下轮循环
return		返回到调用函数
goto		转移到标号指定的地方
sizeof	运算符	计算数据类型或变量在内存中所占的字节数

C 常用库函数

1. 数学函数

使用数学函数时应包含头文件：math.h

函 数 名	格 式	功 能	说 明
acos	double acos(double x)	求 $\cos^{-1}(x)$ 的值	$x \in [-1,1]$
asin	double asin(double x)	求 $\sin^{-1}(x)$ 的值	$x \in [-1,1]$
atan	double atan(double x)	求 $\tan^{-1}(x)$ 的值	
cos	double cos(double x)	求 $\cos(x)$ 的值	
cosh	double cosh(double x)	求双曲余弦 $\cosh(x)$ 的值	x 是弧度
exp	double exp(double x)	求 e^x 的值	
fabs	double fabs(double x)	求 x 的绝对值	
floor	double floor(double x)	求不大于 x 的最大整数	
fmod	double fmod(double x,double y)	求 x/y 整数商之后的余数	
frexp	double frexp(double val, int * p)	把双精度数 val 分解为小数 x 和 2 的 n 次方，即 $val = x * 2^n$，n 存放在 p 指向的单元中	返回值是小数 x
log	double log(double x)	求 $\log_e x$ 即 $\ln(x)$	
log10	double log10(double x)	求 $\log_{10} x$	
pow	double pow(double x, double y)	求 x^y	
sin	double sin(double x)	求 $\sin(x)$ 的值	x 是弧度
sinh	double sinh(double x)	求双曲正弦 $\sinh(x)$ 的值	
sqrt	double sqrt(double x)	求 $\sqrt{x}$	$x \geqslant 0$
tan	double tan(double x)	求 $\tan(x)$ 的值	x 是弧度
tanh	double tanh(double x)	求双曲正切 $\tanh(x)$ 的值	

2. 字符串函数

使用字符串函数时应包含头文件：string.h

函 数 名	格 式	功 能	说 明
strcat	char * strcat(char * s1, char * s2)	把字符串 s2 接到字符串 s1 后面,s1 后面的符号'\0'被删除	返回 s1

函 数 名	格 式	功 能	说 明
strchr	char * strchr (char * s, char ch)	找出 s 指向的字符串中第 1 次出现 ch 的位置	返回指向该位置的指针，若找不到，则返回空指针
strcmp	int strcmp (char * s1, char * s2)	比较字符串 s1 与 s2 的大小	若 s1＜s2 返回负数 若 s1＝＝s2 返回 0 若 s1＞s2 返回正数
strcpy	char * strcpy(char * s1, char * s2)	把 s2 指向的字符串复制到 s1 字符数组中	返回 s1
strlen	unsigned int strlen (char * s)	求字符串 s 的长度	返回字符串长度
strstr	char * strstr(char * s1, char * s2)	找出字符串 s2 在 s1 中第 1 次出现的位置	返回该位置的指针。如果找不到，则返回空指针

3. 输入输出函数

使用输入输出函数时应包含头文件：stdio. h 和 conio. h

函 数 名	格 式	功 能	说 明
clearer	voidclearer(FILE * fp)	清除文件出错标志和文件结束标志删除	调用该函数后，ferror 及 eof 函数都将返回 0
close	int close(int fp)	关闭文件	关闭成功返回 0，不成功返回 −1
creat	int creat(char * filename, int mode)	以 mode 指定的方式建立文件	成功返回正数，否则返回−1
feof	int feof(int fp)	检测文件结束	文件结束返回 1，文件未结束返回 0
fclose	int fclose(FILE * fp)	关闭文件	关闭成功返回 0，不成功返回 −1
ferror	int ferror(FILE * fp)	检测 fp 指向的文件读写错误	返回 0 表示读写文件不出错，返回非 0 表示读写文件出错
fgetc	int fgetc(FILE * fp)	从 fp 指定的文件中取得下一个字符	成功返回 0，出错或遇文件结束返回 EOF
fgets	int fgets(char * buf , int n,FILE * fp)	从 fp 指定的文件中读取 n−1 个字符(遇换行符中止)存入起始地址为 buf 的空间，并补充字符串结束符	成功返回地址 buf，出错或遇文件结束返回空
fopen	FILE * fopen (char * filename,char * mode)	以 mode 指定的方式打开文件	成功返回一个新的文件指针，否则返回 0
fprintf	int fprintf (FILE * fp, char * format , args,…)	把 args 的值以 format 指定的格式输出到 fp 指向的文件	返回实际输出的字符数

续表

函 数 名	格 式	功 能	说 明
fputc	int fputc（char ch，FILE * fp）	把字符 ch 输出到 fp 指向的文件	成功返回该字符，否则返回 EOF
fputs	int fputs（char * s，FILE * fp）	把 s 指向的字符串输出到 fp 指向的文件，不加换行符，不拷贝空字符	成功返回 0，否则返回 EOF
fread	int fread（char * buf，unsigned size，unsigned n，FILE * fp）	从 fp 所指向的文件中读取长度为 size 的 n 个数据项，存到 buf 所指向的空间	成功返回所读的数据项个数（不是字节数），如出错返回 0
fscanf	int fscanf（FILE * fp，char * format，args，…）	从 fp 指向的文件中按 format 指定的格式把输入数据送到 args 指向的空间中	返回实际输入的数据个数
fseek	int fseek（FILE * fp，longoffset，int base）	把 fp 指向的文件的位置指针移到以 base 为基准，以 offset 为位移量的位置	成功返回 0，否则返回非 0
ftell	long ftell（FILE * fp）	返回 fp 指向的文件的读写位置	返回值为当前的读写位置距离文件起始位置的字节数
fwrite	int fwrite（char * buf，unsigned size，unsigned n，FILE * fp）	把 buf 指向的空间中的 n * size 个字节输出到 fp 所指向的文件	返回实际输出的数据项个数
getc	int getc（FILE * fp）	从 fp 指向的文件中读一个字符	返回所读的字符，若文件结束或出错则返回 EOF
getchar	int getchar（）	从标准输入流中读一个字符	返回所读字符，遇文件结束符 ^z 或出错返回 EOF
gets	char * gets（char * s）	从标准输入流中读一个字符串，放入 s 指向的字符数组中。	成功返回地址 s，失败返回 NULL
getw	int getw（FILE * fp）	从 fp 指向的文件中读一个整数（即一个字）	返回读取的整数，出错返回 EOF
open	int open（char * filename，int mode）	以 mode 指出的方式打开已存在的文件	返回文件号，出错返回 -1
printf	int printf（char * format，args，…）	把输出列表 args 的值按 format 中的格式输出	返回输出的字符个数，出错返回负数
putc	int putc（int ch，FILE * fp）	把一个字符输出到 fp 指向的文件中	返回输出的字符 ch，出错返回 EOF
putchar	int putchar（char ch）	把字符 ch 输出到标准输出设备	返回输出的字符 ch，出错返回 EOF
puts	int puts（char * s）	把 s 指向的字符串输出到标准输出设备，并加上换行符	返回字符串结束符符号错误，出错返回 EOF

续表

函　数　名	格　　式	功　　能	说　　明
putw	int putw（int w，FILE ＊ fp）	把一个整数（即一个字）以二进制方式输出到 fp 指向的文件中	返回输入的整数，出错返回 EOF
read	int read（int handle，char ＊ buf，unsigned n）	从 Handle 标识的文件中读 n 个字节到由 buf 指向的存储空间中	返回实际读的字节数。遇文件结束返回 0，出错返回 EOF
rename	int rename （ char ＊ oldname， char ＊ newname）	把由 oldname 指向的文件名，改为由 newname 指向的文件名	成功返回 0，出错返回－1
rewind	void rewind（FILE ＊ fp）	把 fp 指向的文件的位置指针置于文件开始位置（0）。清除文件出错标志和文件结束标志	无返回值
scanf	int scanf（char ＊ format，args，…）	从标准输入缓冲区中按 format 中的格式输入数据到 args 所指向的单元中	返回输入的数据个数，遇文件结束符返回 EOF，出错返回 0
write	int write（int handle，char ＊ buf，int n）	从 buf 指向的存储空间输出 n 个字节到 Handle 标识的文件中	返回实际输出的字节数，出错返回－1

4．动态存储分配函数

使用动态存储分配函数时应包含头文件：stdlib.h

函　数　名	格　　式	功　　能	说　　明
calloc	void ＊ calloc （ unsigned n，unsigned size ）	分配 n 个数据项的内存连续空间，每个数据项的大小为 size 字节	成功返回分配内存单元的起始地址，不成功返回 0
free	void free（void ＊ p）	释放 p 指向的内存区	
malloc	void ＊ malloc（unsigned n）	分配 n 个字节的存储区	成功返回分配内存单元的起始地址，不成功返回 0
realloc	void ＊ realloc （ void ＊ p，unsigned n）	把 p 指向的已分配的内存区的大小改为 n 字节	返回新的内存区地址

5．其他函数

使用其他函数时应包含头文件：stdlib.h

函　数　名	格　　式	功　　能	说　　明
abs	int abs（int num）	求整数 num 的绝对值	返回 num 的绝对值
atof	double atof（char ＊ s）	把 s 指向的字符串转换成一个 double 数	返回转换成的 double 数

续表

函 数 名	格 式	功 能	说 明
atoi	int atoi(char * s)	把 s 指向的字符串转换成一个 int 数	返回转换成的 int 数
atol	int atol(char * s)	把 s 指向的字符串转换成一个 long 数	返回转换成的 long 数
exit	void exit(int status)	使程序立即正常终止，status 传给调用程序	
rand	int rand()	返回一个 0～RAND_MAX 的随机整数，RAND_MAX 是在头文件 stdlib. h 中定义的	

运算符与优先级

优先级	类型	运 算 符	描 述	结合方向	例 子
1		() [ ] . —>	小括号 下标 通过变量访问成员 通过指针访问成员	自左至右	(x + y) * d a[i] stud. name p—>name
2	单目	! ~ ++ —— — + (类型) * & sizeof	逻辑非 按位取反 自增,用于变量左侧 自减,用于变量左侧 负 正 强制类型转换 指向 取地址 求数据类型长度	自右至左	! p ~x ++i ——i —x +x (double)(x + y) x= * p; x= * ++p p=&x len= sizeof(int)
3	双目	* / %	乘 除 求余数	自左至右	x * y x/y x%y
4	双目	+ —	加 减	自左至右	x+y x—y
5	双目	<< >>	位左移 位右移	自左至右	x<<2 x>>2
6	双目	> >= < <=	大于 大于等于 小于 小于等于	自左至右	f(x>y) max=x;
7	双目	== !=	等于 不等	自左至右	if(x== y) i++; if(x != y) i——;
8	双目	&	按位与	自左至右	z= x & y;
9	双目	^	按位异或	自左至右	z=x^y;
10	双目	|	按位或	自左至右	z = x | y;
11	双目	&&	逻辑与	自左至右	if(x >= 'a' && x <= 'z')
12	双目	||	逻辑或	自左至右	if(x > 10) || x < —5)

续表

优先级	类型	运　算　符	描　述	结合方向	例　子
13	三目	?:	条件运算	自右至左	max = (x > y) ? x : y;
14	双目	= * = /= %= += -= << = >>= &. = | = ^=	赋值	自右至左	x = 2 + 3; s += i;
15	单目	++ --	自增,位于变量右侧 自减,位于变量右侧	自左至右	i++ - 5; 　 x = *p++; i-- + 3; 　 x = *p--;
16	顺序	,	逗号	自左至右	for(i=0,s=0; i<n; s+=i,i++)

说明:

① C语言的运算符共有 16 个优先级,同级的运算符,按结合的次序运算。

② 优先级最高的是小括号( )、数组下标[ ]、通过变量访问结构成员运算符". "以及通过指针访问结构成员运算符"->"。

③ 优先级最低的是逗号运算符。

④ ++(--)在变量右侧时,优先级是很低的,仅比逗号运算符高,称为先用后加。如 z=x+y++,先把 y 原来的值与 x 相加,给 z 赋值,然后 y 再自加 1。

附录 E

俄罗斯方块游戏

E.1 前言

俄罗斯方块游戏是一款风靡全球的掌上游戏机和 PC 游戏,它是由俄罗斯人阿列克谢·帕基特诺夫设计的。俄罗斯方块游戏的基本规则是移动、旋转和自动输出的各种方块,使之排列成一行或多行,当一行形成时就清除该行并得分。俄罗斯方块上手简单,但是要熟练地掌握其中的操作与技巧,难度却不低。由于俄罗斯方块游戏具有数学性、动态性与知名度,因此也经常拿来作为游戏程序设计的练习案例。

用 C 语言来编写俄罗斯方块这个游戏具备以下优点:C 语言具有各种各样的数据类型,并引入了指针概念,使得程序效率更高;C 语言还包含很广泛的运算符;另外 C 语言的计算能力、逻辑判断能力也比较强大。本案例涉及结构体、数组、时钟中断及绘图等方面的知识,通过本案例的实践,可以帮助读者对 C 语言有一个更深刻的了解。掌握俄罗斯方块游戏开发的基本原理,可为将来开发出高质量的其他软件系统打下坚实的基础。

E.2 基于 C 语言基础的易语言

易语言是基于 C 语言基础的编程语言,以"易"著称。早期版本的名字为 E 语言。易语言最早的版本的发布可追溯至 2000 年 9 月 11 日。

由于俄罗斯方块游戏需要大量的图形设计,这样就需要图形库,而基于 C 的易语言在这方面具备强大的支持,所以本案例也可以采用易语言来设计。图形设计都需要相应的支持库,在 E 类语言中叫类库,而 C 语言就需要 graphics.h,因此如果选择安装 MS VS6.0 完整版,则选中 Graphicis;或者采用 EasyX(EasyX 是针对 C++的图形库,可以帮助 C++语言快速上手图形和游戏编程),其安装如图 E-1 所示,EasyX 官网:http://www.easyx.cn/。还可以下载(图形库)文件,放入 VC 或 Dev C++以及其他编译器的 include 目录或 lib 目录中。

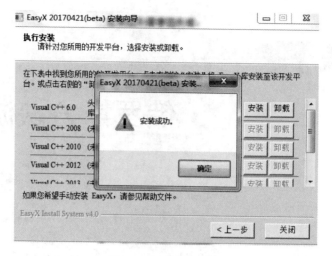

图 E-1　易编译器安装

E.3　功能模块设计

本游戏案例主要实现如图 E-2 所示的 5 个功能。

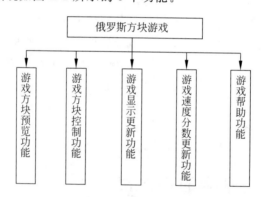

图 E-2　俄罗斯方块游戏功能描述图

（1）游戏方块预览功能：在游戏过程中，当在游戏底板中出现一个游戏方块时，必须在游戏方块预览区域中出现下一个游戏方块，这样有利于游戏玩家控制游戏的策略。由于在此游戏中存在 19 种不同的游戏方块，所以在游戏方块预览区域中需要显示随机生成的游戏方块。

（2）游戏方块控制功能：通过各种条件的判断，实现对游戏方块的左移、右移、快速下移、自由下落、旋转功能，以及当行满时清除行的功能。

（3）游戏显示更新功能：当游戏方块左右移动、下落、旋转时，要清除先前的游戏方块，用新坐标重绘游戏方块。当清除满时，要重绘游戏底板的当前状态。

（4）游戏速度分数更新功能：在游戏玩家进行游戏的过程中，需要按照一定的游戏规则给玩家计算游戏分数。比如清除一行加 10 分。当游戏分数达到一定数量之后，需要给游戏者进行等级的上升，每上升一个等级，游戏方块的下落速度将加快，游戏的难度将增加。

（5）游戏帮助功能：玩家进入游戏后，将有对本游戏如何操作的帮助信息。

该俄罗斯方块游戏中 static const uint16_t gs_uTetrisTable[7][4]产生(4 状态)7 种形状。方块由如下数组产生：

```
static const uint16_t gs_uTetrisTable[7][4] = {
        { 0x00F0U, 0x2222, 0x00F0U, 0x2222U },   //I 形
        { 0x0072U, 0x0262U, 0x0270U, 0x0232U },  //T 形
        { 0x0223U, 0x0074U, 0x0622U, 0x0170U },  //L 形
        { 0x0226U, 0x0470U, 0x0322U, 0x0071U },  //J 形
        { 0x0063U, 0x0264U, 0x0063U, 0x0264U },  //Z 形
        { 0x006CU, 0x0462U, 0x006CU, 0x0462U },  //S 形
        { 0x0660U, 0x0660U, 0x0660U, 0x0660U } } //O 形
```

以 L 形方块为例，其产生规则如下：

{ 0x0223U, 0x0074U, 0x0622U, 0x0170U }, //L 形

将十六进制数 0x0223U、0x0074U、0x0622U、0x0170U 分别转换为二进制，得到
1000100011|000000

1110100|000000000
（不足 16 位用 0 补齐）

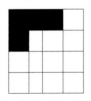

将这 16 位二进制数放到 4×4 矩阵的对应位置可得到上面的图形。

另外两种状态同理。

相当于 4×4 中的二进制中的 1 代表一个有颜色的像素，每个像素又被放大为小格子，这样就显示出来了各种不同的图形了，其他 6 种形状同理。

该俄罗斯方块游戏执行的主流程如图 E-3 所示，通过按键改变方块形状、位置、检测碰撞、消除。

游戏方块控制功能模块设计是此游戏开发的重点和难点部分。下面分别介绍左移、右移、下移、旋转及满行判断的实现。

方块左移的实现过程如下：

（1）首先判断在当前的游戏窗体中能否左移。这一判断必须满足如下两个条件：游戏方块整体左移一位后，游戏方块不能超越游戏窗体的左边线，否则越界；并且在游戏方块有值（值为 1）的位置，游戏窗体底板必须是没有被占用的（占用时，值为 1）。若满足这两个条件，则执行下面的左移动作；否则不执行左移动作。

（2）清除左移前的游戏方块。

（3）在左移一位的位置，重新显示此游戏方块。

方块右移的实现过程如下：

（1）判断在当前游戏窗体中能否右移。这一判断必须满足如下两个条件：游戏方块整

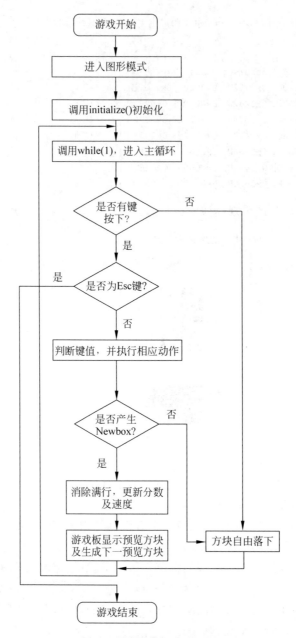

图 E-3 游戏执行主流程图

体右移一位后，游戏方块不能超越游戏窗体的右边线，否则越界；并且在游戏方块有值（值为1）的位置，游戏窗体底板必须是没有被占用的（占用时，值为1）。若满足这两个条件，则执行下面的右移动作，否则不执行右移动作。

（2）清除右移前的游戏方块。

（3）在右移一位的位置，重新显示此游戏方块。

方块旋转的实现过程如下：

（1）判断在当前游戏窗体中能否旋转。这一判断必须满足如下条件：游戏方块整体旋转后，游戏方块不能超越游戏窗体的左边线、右边线和底边线，否则越界；并且在游戏方块有值(值为1)的位置,游戏窗体底板必须是没有被占用的(占用时,值为1)。若满足这些条件,则执行下面的旋转动作,否则不执行旋转动作。

（2）清除旋转前的游戏方块。

（3）在游戏方块显示区域(4×4)不变的位置,利用保存当前游戏方块的数据结构中的next值作为旋转后形成的新游戏方块的编号,并重新显示这个编号的游戏方块。

当生成新的游戏方块前,执行行满的检查,判断行满的过程为：依次从下到上扫描游戏窗体底板中的各行,若某行中1的个数等于游戏窗体底板水平方向上的小方块的个数,则表示此行是满的。找到满行后,立即将游戏窗体底板中的数据往下顺移一行,直到游戏窗体底板逐行扫描完毕。

E.4　案例程序设计及参考源代码

1. 游戏范围/边框设计（效果如图 E-4 所示）

```
SetConsoleTextAttribute(g_hConsoleOutput, 0xF);
    gotoxyWithFullwidth(26, 1);
    printf(" ┌────┬────┐ ");
    gotoxyWithFullwidth(26, 2);
    printf(" │ %8s │ %8s │ ", "", "");
    gotoxyWithFullwidth(26, 3);
    printf(" │ %8s │ %8s │ ", "", "");
    gotoxyWithFullwidth(26, 4);
    printf(" │ %8s │ %8s │ ", "", "");
    gotoxyWithFullwidth(26, 5);
    printf(" │ %8s │ %8s │ ", "", "");
    gotoxyWithFullwidth(26, 6);
    printf(" └────┴────┘ ");
```

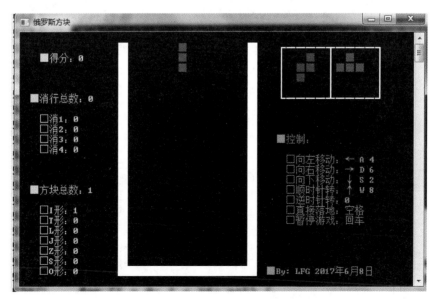

E-4　游戏边框设计效果图

2．下一个方块及下下一个方块预测设计（效果如图 E-5 所示）

```
//下一个,用相应颜色显示
    tetris = gs_uTetrisTable[manager->type[1]][manager->orientation[1]];
    SetConsoleTextAttribute(g_hConsoleOutput, manager->type[1] | 8);
    for (i = 0; i < 16; ++i) {
        gotoxyWithFullwidth((i & 3) + 27, (i >> 2) + 2);
        ((tetris >> i) & 1) ? printf("■") : printf("%2s", "");
    }
//下下一个,不显示彩色
    tetris = gs_uTetrisTable[manager->type[2]][manager->orientation[2]];
    SetConsoleTextAttribute(g_hConsoleOutput, 8);
    for (i = 0; i < 16; ++i) {
        gotoxyWithFullwidth((i & 3) + 32, (i >> 2) + 2);
        ((tetris >> i) & 1) ? printf("■") : printf("%2s", "");
    }
```

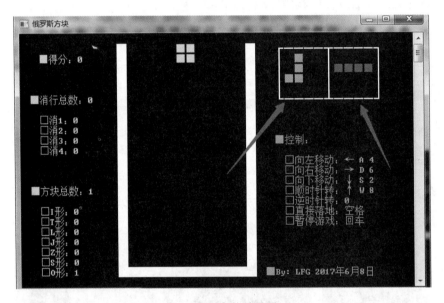

E-5　预测方块效果图

3．游戏状态及提示设计及效果（如图 E-6 所示）

```
SetConsoleTextAttribute(g_hConsoleOutput, 0xB);
gotoxyWithFullwidth(26, 10);
printf("■控制:");
gotoxyWithFullwidth(27, 12);
printf("□向左移动:← A 4");
gotoxyWithFullwidth(27, 13);
printf("□向右移动:→ D 6");
gotoxyWithFullwidth(27, 14);
printf("□向下移动:↓ S 2");
gotoxyWithFullwidth(27, 15);
```

```
printf("□顺时针转:↑ W 8");
gotoxyWithFullwidth(27, 16);
printf("□逆时针转:0");
gotoxyWithFullwidth(27, 17);
printf("□直接落地:空格");
gotoxyWithFullwidth(27, 18);
printf("□暂停游戏:回车");
gotoxyWithFullwidth(25, 23);
printf("■By: LFG 2018 年 6 月 8 日");
```

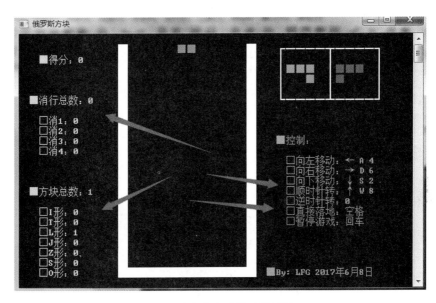

E-6 游戏状态及提示效果图

4．函数功能描述

```
void initGame(TetrisManager * manager, TetrisControl * control);          //初始化游戏
void restartGame(TetrisManager * manager, TetrisControl * control);       //重新开始游戏
void giveTetris(TetrisManager * manager);                                 //输出一个方块
bool checkCollision(const TetrisManager * manager);                       //碰撞检测
void insertTetris(TetrisManager * manager);                               //插入方块
void removeTetris(TetrisManager * manager);                               //移除方块
void horzMoveTetris(TetrisManager * manager, TetrisControl * control);    //水平移动方块
void moveDownTetris(TetrisManager * manager, TetrisControl * control);    //向下移动方块
void rotateTetris(TetrisManager * manager, TetrisControl * control);      //旋转方块
void dropDownTetris(TetrisManager * manager, TetrisControl * control);    //方块直接落地
bool checkErasing(TetrisManager * manager, TetrisControl * control);      //消行检测
void keydownControl(TetrisManager * manager, TetrisControl * control, int key);
                                                                          //键按下
void setPoolColor(const TetrisManager * manager, TetrisControl * control);
                                                                          //设置颜色
void gotoxyWithFullwidth(short x, short y);                               //以全角定位
void printPoolBorder();                                                   //显示游戏池边界
void printTetrisPool(const TetrisManager * manager, const TetrisControl * control);
```

```
                                                     //显示游戏池
void printCurrentTetris(const TetrisManager * manager, const TetrisControl * control);
                                                     //显示当前方块
void printNextTetris(const TetrisManager * manager);  //显示下一个和下下
                                                     //  一个方块
void printScore(const TetrisManager * manager);      //显示得分信息
void runGame(TetrisManager * manager, TetrisControl * control);  //运行游戏
void printPrompting();                               //显示提示信息
bool ifPlayAgain();                                  //再来一次
```

5. 程序实现参考代码

```
预处理
# include < stdio. h >
# include < string. h >
# include < stdlib. h >
# include < time. h >
# include < conio. h >
# include < windows. h >
# ifdef _MSC_VER                    //M$ 的编译器要给予特殊照顾
# if _MSC_VER < = 1200              //VC6 及以下版本
//# error 检查编译器//# else        //VC6 以上版本
# if _MSC_VER > = 1600             //据说 VC10 及以上版本有 stdint. h 了
# include < stdint. h >
# else                              //VC10 以下版本,自己定义 int8_t 和 uint16_t
typedef signed char int8_t;
typedef unsigned short uint16_t;
# endif
# ifndef __cplusplus                //据说 VC 都没有 stdbool. h,不用 C++编译,自己定义 bool
typedef int bool;
# define true 1
# define false 0
# endif
# endif
# else
# include < stdint. h >
# ifndef __cplusplus                //不用 C++编译,需要 stdbool. h 里的 bool
# include < stdbool. h >
# endif
# endif
//方块/图形定义
//7 种方块的 4 旋转状态(4 位为一行)
static const uint16_t gs_uTetrisTable[7][4] = {
        { 0x00F0U, 0x2222U, 0x00F0U, 0x2222U },     //I 形
        { 0x0072U, 0x0262U, 0x0270U, 0x0232U },     //T 形
        { 0x0223U, 0x0074U, 0x0622U, 0x0170U },     //L 形
        { 0x0226U, 0x0470U, 0x0322U, 0x0071U },     //J 形
        { 0x0063U, 0x0264U, 0x0063U, 0x0264U },     //Z 形
        { 0x006CU, 0x0462U, 0x006CU, 0x0462U },     //S 形
        { 0x0660U, 0x0660U, 0x0660U, 0x0660U }      //O 形
};
```

```c
//初始状态的游戏池
//每个元素表示游戏池的一行,下标大的是游戏池底部
//当某个元素为 0xFFFFU 时,说明该行已被填满
//顶部 4 行用于给方块,不显示出来
//再除去底部 2 行,显示出来的游戏池高度为 22 行
static const uint16_t gs_uInitialTetrisPool[28] =
  { 0xC003U, 0xC003U, 0xC003U,
      0xC003U, 0xC003U, 0xC003U, 0xC003U, 0xC003U, 0xC003U, 0xC003U, 0xC003U,
      0xC003U, 0xC003U, 0xC003U, 0xC003U, 0xC003U, 0xC003U, 0xC003U, 0xC003U,
      0xC003U, 0xC003U, 0xC003U, 0xC003U, 0xC003U, 0xC003U, 0xC003U, 0xFFFFU,
          0xFFFFU };
#define COL_BEGIN 2
#define COL_END 14
#define ROW_BEGIN 4
#define ROW_END 26
typedef struct TetrisManager                //这个结构体存储游戏相关数据
{
    uint16_t pool[28];                      //游戏池
    int8_t x;                               //当前方块 x 坐标,此处坐标为方块左上角坐标
    int8_t y;                               //当前方块 y 坐标
    int8_t type[3];                         //当前、下一个和下下一个方块类型
    int8_t orientation[3];                  //当前、下一个和下下一个方块旋转状态
    unsigned score;                         //得分
    unsigned erasedCount[4];                //消行数
    unsigned erasedTotal;                   //消行总数
    unsigned tetrisCount[7];                //各方块数
    unsigned tetrisTotal;                   //方块总数
    bool dead;
} TetrisManager;
//这个结构体存储控制相关数据
typedef struct TetrisControl //
{
    bool pause;                             //暂停
    bool clockwise;                         //旋转方向:顺时针为 true
    int8_t direction;                       //移动方向:0 向左移动 1 向右移动
    //游戏池内每格的颜色
    //由于此版本是彩色的,仅用游戏池数据无法存储颜色信息
    //当然,如果只实现单色版的,就没必要用这个数组了
    int8_t color[28][16];
} TetrisControl;
 HANDLE g_hConsoleOutput;                   //控制台输出句柄
 //函数声明
void initGame(TetrisManager * manager, TetrisControl * control);
                                            //初始化游戏
void restartGame(TetrisManager * manager, TetrisControl * control);
                                            //重新开始游戏
void giveTetris(TetrisManager * manager);   //输出一个方块
bool checkCollision(const TetrisManager * manager);
                                            //碰撞检测
void insertTetris(TetrisManager * manager); //插入方块
void removeTetris(TetrisManager * manager); //移除方块
```

```c
void horzMoveTetris(TetrisManager * manager, TetrisControl * control);
                                           //水平移动方块
void moveDownTetris(TetrisManager * manager, TetrisControl * control);
                                           //向下移动方块
void rotateTetris(TetrisManager * manager, TetrisControl * control);
                                           //旋转方块
void dropDownTetris(TetrisManager * manager, TetrisControl * control);
                                           //方块直接落地
bool checkErasing(TetrisManager * manager, TetrisControl * control);
                                           //消行检测
void keydownControl(TetrisManager * manager, TetrisControl * control, int key);
                                           //键按下
void setPoolColor(const TetrisManager * manager, TetrisControl * control);
                                           //设置颜色
void gotoxyWithFullwidth(short x, short y);      //以全角定位
void printPoolBorder();                          //显示游戏池边界
void printTetrisPool(const TetrisManager * manager, const TetrisControl * control);
                                           //显示游戏池
void printCurrentTetris(const TetrisManager * manager,
        const TetrisControl * control);      //显示当前方块
void printNextTetris(const TetrisManager * manager);
                                           //显示下一个和下下一个方块
void printScore(const TetrisManager * manager);//显示得分信息
void runGame(TetrisManager * manager, TetrisControl * control);
                                           //运行游戏
void printPrompting();                           //显示提示信息
bool ifPlayAgain();                              //再来一次
//主函数
int main() {
    TetrisManager tetrisManager;
    TetrisControl tetrisControl;
    initGame(&tetrisManager, &tetrisControl);    //初始化游戏
  do {
      printPrompting();                          //显示提示信息
      printPoolBorder();                         //显示游戏池边界
      runGame(&tetrisManager, &tetrisControl);   //运行游戏
      if (ifPlayAgain())                         //再来一次
      {
        SetConsoleTextAttribute(g_hConsoleOutput, 0x7);
        system("cls");                           //清屏
        restartGame(&tetrisManager, &tetrisControl);
                                           //重新开始游戏
      } else {
        break;
      }
} while (1);
 gotoxyWithFullwidth(0, 0);
    CloseHandle(g_hConsoleOutput);
    return 0;
}
    //初始化游戏
```

```
void initGame(TetrisManager * manager, TetrisControl * control) {
    CONSOLE_CURSOR_INFO cursorInfo = { 1, FALSE };
                                            //光标信息
g_hConsoleOutput = GetStdHandle(STD_OUTPUT_HANDLE);
                                            //获取控制台输出句柄
    SetConsoleCursorInfo(g_hConsoleOutput, &cursorInfo);
                                            //设置光标隐藏
    SetConsoleTitleA("俄罗斯方块");
    restartGame(manager, control);
}
 //重新开始游戏
void restartGame(TetrisManager * manager, TetrisControl * control) {
    memset(manager, 0, sizeof(TetrisManager)); //全部置 0
    //初始化游戏池
    memcpy(manager->pool, gs_uInitialTetrisPool, sizeof(uint16_t[28]));
    srand((unsigned) time(NULL ));              //设置随机种子
    manager->type[1] = rand() % 7;            //下一个
    manager->orientation[1] = rand() & 3;
    manager->type[2] = rand() % 7;            //下下一个
    manager->orientation[2] = rand() & 3;
    memset(control, 0, sizeof(TetrisControl)); //全部置 0
    giveTetris(manager);                       //给下一个方块
  setPoolColor(manager, control);              //设置颜色
}
 //输出一个方块
void giveTetris(TetrisManager * manager) {
    uint16_t tetris;
    manager->type[0] = manager->type[1];     //下一个方块置为当前
    manager->orientation[0] = manager->orientation[1];
    manager->type[1] = manager->type[2];     //下下一个置方块为下一个
    manager->orientation[1] = manager->orientation[2];
    manager->type[2] = rand() % 7;            //随机生成下下一个方块
    manager->orientation[2] = rand() & 3;
    tetris = gs_uTetrisTable[manager->type[0]][manager->orientation[0]];
                                              //当前方块
    //设置当前方块 y 坐标,保证刚给出时只显示方块最下面一行
    //这种实现使得玩家可以很快的速度将方块落在不显示出来的顶部 4 行内
    if (tetris & 0xF000) {
      manager->y = 0;
    } else {
      manager->y = (tetris & 0xFF00) ? 1 : 2;
    }
    manager->x = 6;                           //设置当前方块 x 坐标
    if (checkCollision(manager))              //检测到碰撞
        {
      manager->dead = true;                   //标记游戏结束
    } else                                    //未检测到碰撞
    {
      insertTetris(manager);                  //将当前方块加入游戏池
    }
```

```
    ++manager -> tetrisTotal;                          //方块总数
    ++manager -> tetrisCount[manager -> type[0]];
                                                       //相应方块数
    printNextTetris(manager);                          //显示下一个方块
    printScore(manager);                               //显示得分信息
}
//碰撞检测
bool checkCollision(const TetrisManager * manager) {
    //当前方块
    uint16_t tetris = gs_uTetrisTable[manager -> type[0]][manager -> orientation[0]];
    uint16_t dest = 0;
    //获取当前方块在游戏池中的区域：
    //游戏池坐标 x y 处小方格信息，按低到高存放在 16 位无符号数中
    dest |= (((manager -> pool[manager -> y + 0] >> manager -> x) << 0x0) & 0x000F);
    dest |= (((manager -> pool[manager -> y + 1] >> manager -> x) << 0x4) & 0x00F0);
    dest |= (((manager -> pool[manager -> y + 2] >> manager -> x) << 0x8) & 0x0F00);
    dest |= (((manager -> pool[manager -> y + 3] >> manager -> x) << 0xC) & 0xF000);
    //若当前方块与目标区域存在重叠(碰撞)，则位与的结果不为 0
    return ((dest & tetris) != 0);
}
// 插入方块
void insertTetris(TetrisManager * manager) {
    //当前方块
    uint16_t tetris = gs_uTetrisTable[manager -> type[0]][manager -> orientation[0]];
    //当前方块每 4 位取出，位或到游戏池相应位置，即完成插入方块
    manager -> pool[manager -> y + 0] |= (((tetris >> 0x0) & 0x000F) << manager -> x);
    manager -> pool[manager -> y + 1] |= (((tetris >> 0x4) & 0x000F) << manager -> x);
    manager -> pool[manager -> y + 2] |= (((tetris >> 0x8) & 0x000F) << manager -> x);
    manager -> pool[manager -> y + 3] |= (((tetris >> 0xC) & 0x000F) << manager -> x);
}
 //移除方块
void removeTetris(TetrisManager * manager) {
    //当前方块
    uint16_t tetris = gs_uTetrisTable[manager -> type[0]][manager -> orientation[0]];
    //当前方块每 4 位取出，按位取反后位与到游戏池相应位置，即完成移除方块
    manager -> pool[manager -> y + 0] &=
            ~(((tetris >> 0x0) & 0x000F) << manager -> x);
    manager -> pool[manager -> y + 1] &=
            ~(((tetris >> 0x4) & 0x000F) << manager -> x);
    manager -> pool[manager -> y + 2] &=
            ~(((tetris >> 0x8) & 0x000F) << manager -> x);
    manager -> pool[manager -> y + 3] &=
            ~(((tetris >> 0xC) & 0x000F) << manager -> x);
}
 // 设置颜色
void setPoolColor(const TetrisManager * manager, TetrisControl * control) {
    //由于显示游戏池时，先要在游戏池里判断某一方格有方块才显示相应方格的颜色
    //这里只作设置即可，没必要清除
    //当移动方块或给一个方块时调用
    int8_t i, x, y;
    //当前方块
```

```c
    uint16_t tetris = gs_uTetrisTable[manager->type[0]][manager->orientation[0]];
    for (i = 0; i < 16; ++i) {
        y = (i >> 2) + manager->y;                //待设置的列
        if (y > ROW_END)                          //超过底部限制
        {
            break;
        }
        x = (i & 3) + manager->x;                 //待设置的行
        if ((tetris >> i) & 1)                    //检测的到小方格属于当前方块区域
            {
            control->color[y][x] = (manager->type[0] | 8);
                                                  //设置颜色
        }
    }
}


//旋转方块
void rotateTetris(TetrisManager * manager, TetrisControl * control) {
    int8_t ori = manager->orientation[0];     //记录原旋转状态
    removeTetris(manager);                     //移走当前方块
    //顺/逆时针旋转
    manager->orientation[0] =
            (control->clockwise) ? ((ori + 1) & 3) : ((ori + 3) & 3);
    if (checkCollision(manager))              //检测到碰撞
            {
        manager->orientation[0] = ori;        //恢复为原旋转状态
        insertTetris(manager);                //放入当前方块.由于状态没改变,所以不需要
                                              //设置颜色
    } else {
        insertTetris(manager);                //放入当前方块
        setPoolColor(manager, control);       //设置颜色
        printCurrentTetris(manager, control); //显示当前方块
    }
}
//水平移动方块
void horzMoveTetris(TetrisManager * manager, TetrisControl * control) {
    int x = manager->x;                       //记录原列位置
    removeTetris(manager);                     //移走当前方块
    control->direction == 0 ? (--manager->x) : (++manager->x);
                                              //左/右移动
    if (checkCollision(manager))              //检测到碰撞
            {
        manager->x = x;                       //恢复为原列位置
        insertTetris(manager);                //放入当前方块.由于位置没改变,所以不需要
                                              //设置颜色
    } else {
        insertTetris(manager);                //放入当前方块
        setPoolColor(manager, control);       //设置颜色
        printCurrentTetris(manager, control); //显示当前方块
    }
}
```

```c
//向下移动方块
void moveDownTetris(TetrisManager * manager, TetrisControl * control) {
    int8_t y = manager -> y;                    //记录原行位置
    removeTetris(manager);                      //移走当前方块
    ++manager -> y;                             //向下移动
    if (checkCollision(manager))                //检测到碰撞
        {
        manager -> y = y;                       //恢复为原行位置
        insertTetris(manager);                  //放入当前方块.由于位置没改变,所以不需要
                                                //设置颜色
        if (checkErasing(manager, control))     //检测到消行
            {
            printTetrisPool(manager, control);  //显示游戏池
        }
    } else {
        insertTetris(manager);                  //放入当前方块
        setPoolColor(manager, control);         //设置颜色
        printCurrentTetris(manager, control);   //显示当前方块
    }
}
//方块直接落地
void dropDownTetris(TetrisManager * manager, TetrisControl * control) {
    removeTetris(manager);                      //移走当前方块
    for (; manager -> y < ROW_END; ++manager -> y)
                                                //从上往下
        {
        if (checkCollision(manager))            //检测到碰撞
            {
            break;
        }
    }
    -- manager -> y;                            //上移一格当然没有碰撞
    insertTetris(manager);                      //放入当前方块
    setPoolColor(manager, control);             //设置颜色
    checkErasing(manager, control);             //检测消行
    printTetrisPool(manager, control);          //显示游戏池
}
//消行检测
bool checkErasing(TetrisManager * manager, TetrisControl * control) {
    static const unsigned scores[5] = { 0, 10, 30, 90, 150 };
                                                //消行得分
    int8_t count = 0;
    int8_t k = 0, y = manager -> y + 3;         //从下往上检测
    do {
        if (y < ROW_END && manager -> pool[y] == 0xFFFFU)
                                                //有效区域内且一行已填满
            {
            ++count;
            //消除一行方块
            memmove(manager -> pool + 1, manager -> pool, sizeof(uint16_t) * y);
            //颜色数组的元素随之移动
```

```
                memmove(control->color[1], control->color[0],
                    sizeof(int8_t[16]) * y);
        } else {
            --y;
            ++k;
        }
    } while (y >= manager->y && k < 4);
    manager->erasedTotal += count;              //消行总数
    manager->score += scores[count];            //得分
    if (count > 0) {
        ++manager->erasedCount[count - 1];      //消行
    }
    giveTetris(manager);                         //给下一个方块
    setPoolColor(manager, control);              //设置颜色
    return (count > 0);
}
//键按下
void keydownControl(TetrisManager * manager, TetrisControl * control, int key) {
    if (key == 13)                               //暂停/解除暂停
        {
        control->pause = !control->pause;
    }
    if (control->pause)                          //暂停状态,不做处理
    {
        return;
    }
    switch (key) {
    case 'w':
    case 'W':
    case '8':
    case 72:                                      //上
        control->clockwise = true;                //顺时针旋转
        rotateTetris(manager, control);           //旋转方块
        break;
    case 'a':
    case 'A':
    case '4':
    case 75:                                      //左
        control->direction = 0;                   //向左移动
        horzMoveTetris(manager, control);         //水平移动方块
        break;
    case 'd':
    case 'D':
    case '6':
    case 77:                                      //右
        control->direction = 1;                   //向右移动
        horzMoveTetris(manager, control);         //水平移动方块
        break;
    case 's':
    case 'S':
    case '2':
```

```
        case 80:                                  //下
            moveDownTetris(manager, control);     //向下移动方块
            break;
        case ' ':                                 //直接落地
            dropDownTetris(manager, control);
            break;
        case 'O':                                 //反转
            control -> clockwise = false;         //逆时针旋转
            rotateTetris(manager, control);       //旋转方块
            break;
        default:
            break;
    }
}
//以全角定位
void gotoxyWithFullwidth(short x, short y) {
    static COORD cd;
    cd.X = (short) (x << 1);
    cd.Y = y;
    SetConsoleCursorPosition(g_hConsoleOutput, cd);
}
//显示游戏池边界
void printPoolBorder() {
    int8_t y;
    SetConsoleTextAttribute(g_hConsoleOutput, 0xF0);
    for (y = ROW_BEGIN; y < ROW_END; ++y)        //不显示顶部4行和底部2行
        {
        gotoxyWithFullwidth(10, y - 3);
        printf("%2s", "");
        gotoxyWithFullwidth(23, y - 3);
        printf("%2s", "");
    }
    gotoxyWithFullwidth(10, y - 3);              //底部边界
    printf("%28s", "");
}
//定位到游戏池中的方格
#define gotoxyInPool(x, y) gotoxyWithFullwidth(x + 9, y - 3)
//显示游戏池
void printTetrisPool(const TetrisManager * manager, const TetrisControl * control) {
    int8_t x, y;
    for (y = ROW_BEGIN; y < ROW_END; ++y)        //不显示顶部4行和底部2行
        {
        gotoxyInPool(2, y);
        //定点到游戏池中的方格
        for (x = COL_BEGIN; x < COL_END; ++x)    //不显示左右边界
            {
            if ((manager -> pool[y] >> x) & 1)   //游戏池该方格有方块
                {
                //用相应颜色,显示一个实心方块
                SetConsoleTextAttribute(g_hConsoleOutput, control -> color[y][x]);
                printf("■");
```

```
        } else                           //没有方块,显示空白
        {
            SetConsoleTextAttribute(g_hConsoleOutput, 0);
            printf("%2s", "");
        }
      }
    }
}
//显示当前方块
void printCurrentTetris(const TetrisManager * manager,
    const TetrisControl * control) {
    int8_t x, y;
    //显示当前方块是在移动后调用的,为擦去移动前的方块,需要扩展显示区域
    //由于不可能向上移动,故不需要向下扩展
    y = (manager -> y > ROW_BEGIN) ? (manager -> y - 1) : ROW_BEGIN;
                                        //向上扩展一格
    for (; y < ROW_END && y < manager -> y + 4; ++y) {
    x = (manager -> x > COL_BEGIN) ? (manager -> x - 1) : COL_BEGIN;
                                        //向左扩展一格
        for (; x < COL_END && x < manager -> x + 5; ++x)
            {
        gotoxyInPool(x, y);
        //定点到游戏池中的方格
        if ((manager -> pool[y] >> x) & 1)     //游戏池该方格有方块
            {
        //用相应颜色,显示一个实心方块
            SetConsoleTextAttribute(g_hConsoleOutput, control -> color[y][x]);
            printf("■");
        } else                           //没有方块,显示空白
        {
            SetConsoleTextAttribute(g_hConsoleOutput, 0);
            printf("%2s", "");
        }
      }
    }
}
 //显示下一个和下下一个方块
void printNextTetris(const TetrisManager * manager) {
    int8_t i;
    uint16_t tetris;
    //边框
    SetConsoleTextAttribute(g_hConsoleOutput, 0xF);
    gotoxyWithFullwidth(26, 1);
    printf("┌───┬───┐");
    gotoxyWithFullwidth(26, 2);
    printf("│%8s│%8s│", "", "");
    gotoxyWithFullwidth(26, 3);
    printf("│%8s│%8s│", "", "");
    gotoxyWithFullwidth(26, 4);
    printf("│%8s│%8s│", "", "");
```

```
        gotoxyWithFullwidth(26, 5);
        printf(" | %8s | %8s | ", "", "");
        gotoxyWithFullwidth(26, 6);
        printf(" └──────┴──────┘ ");
        //下一个,用相应颜色显示
        tetris = gs_uTetrisTable[manager -> type[1]][manager -> orientation[1]];
        SetConsoleTextAttribute(g_hConsoleOutput, manager -> type[1] | 8);
        for (i = 0; i < 16; ++i) {
            gotoxyWithFullwidth((i & 3) + 27, (i >> 2) + 2);
            ((tetris >> i) & 1) ? printf("■") : printf("%2s", "");
        }
        //下下一个,不显示彩色
        tetris = gs_uTetrisTable[manager -> type[2]][manager -> orientation[2]];
        SetConsoleTextAttribute(g_hConsoleOutput, 8);
        for (i = 0; i < 16; ++i) {
            gotoxyWithFullwidth((i & 3) + 32, (i >> 2) + 2);
            ((tetris >> i) & 1) ? printf("■") : printf("%2s", "");
        }
    }
    //显示得分信息
    void printScore(const TetrisManager * manager) {
        static const char * tetrisName = "ITLJZSO";
        int8_t i;
        SetConsoleTextAttribute(g_hConsoleOutput, 0xE);
        gotoxyWithFullwidth(2, 2);
        printf("■得分: %u", manager -> score);
        gotoxyWithFullwidth(1, 6);
        printf("■消行总数: %u", manager -> erasedTotal);
        for (i = 0; i < 4; ++i) {
            gotoxyWithFullwidth(2, 8 + i);
            printf("□消%d: %u", i + 1, manager -> erasedCount[i]);
        }
        gotoxyWithFullwidth(1, 15);
        printf("■方块总数: %u", manager -> tetrisTotal);
        for (i = 0; i < 7; ++i) {
            gotoxyWithFullwidth(2, 17 + i);
            printf("□%c形: %u", tetrisName[i], manager -> tetrisCount[i]);
        }
    }
    //显示提示信息
    void printPrompting() {
        SetConsoleTextAttribute(g_hConsoleOutput, 0xB);
        gotoxyWithFullwidth(26, 10);
        printf("■控制:");
        gotoxyWithFullwidth(27, 12);
        printf("□向左移动:← A 4");
        gotoxyWithFullwidth(27, 13);
        printf("□向右移动:→ D 6");
        gotoxyWithFullwidth(27, 14);
        printf("□向下移动:↓ S 2");
        gotoxyWithFullwidth(27, 15);
```

```
        printf("□顺时针转:↑ W 8");
        gotoxyWithFullwidth(27, 16);
        printf("□逆时针转:0");
        gotoxyWithFullwidth(27, 17);
        printf("□直接落地:空格");
        gotoxyWithFullwidth(27, 18);
        printf("□暂停游戏:回车");
        gotoxyWithFullwidth(25, 23);
        printf("■By: LFG 2017 年 6 月 8 日");
}
//运行游戏
void runGame(TetrisManager * manager, TetrisControl * control) {
    clock_t clockLast, clockNow;
    clockLast = clock();                        //计时
    printTetrisPool(manager, control);          //显示游戏池
    while (!manager->dead)
    {
        while (_kbhit())                        //有键按下
        {
          keydownControl(manager, control, _getch());
                                                //处理按键
        }
        if (!control->pause)                    //未暂停
        {
          clockNow = clock();                   //计时
          //两次记时的间隔超过 0.45 秒
          if (clockNow - clockLast > 0.45F * CLOCKS_PER_SEC ) {
          clockLast = clockNow;
          keydownControl(manager, control, 80);//方块往下移
          }
        }
    }
}
//再来一次
bool ifPlayAgain() {
    int ch;
    SetConsoleTextAttribute(g_hConsoleOutput, 0xF0);
    gotoxyWithFullwidth(15, 10);
    printf("游戏结束");
    gotoxyWithFullwidth(13, 11);
    printf("按 Y 重玩,按 N 退出");
    do {
      ch = _getch();
      if (ch == 'Y' || ch == 'y') {
          return true;
      } else if (ch == 'N' || ch == 'n') {
          return false;
      }
    } while (1);
}
```

E.5　程序运行结果

1. 游戏初始状态

当用户刚进入游戏时，如图 E-7 所示。此时，分数初始化为 0，等级默认为 1。游戏当前设置为成绩每增加 30 分等级就升一级，升级后游戏方块在原来基础上下落速度有所加快，这主要是改变了定时器的时间间隔的缘故。用户可使用键盘左移键、右移键、上移键和下移键，分别进行左移、右移、旋转和下落操作。用户可按 Esc 键退出游戏。

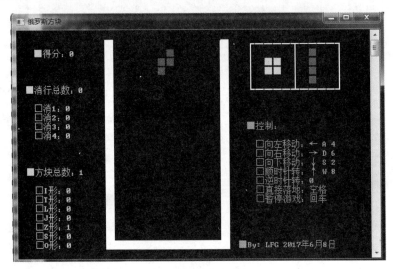

图 E-7　游戏初始状态

2. 游戏运行状态

图 E-8 和图 E-9 是程序运行状态及结束效果图。

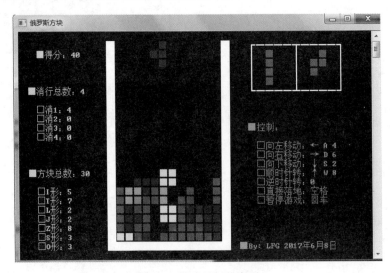

图 E-8　游戏运行状态图

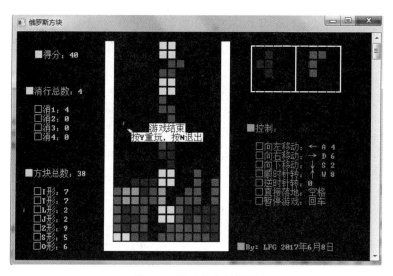

图 E-9 游戏结束效果图

参 考 文 献

[1] 王敬华. C 语言程序设计教程[M]. 北京：清华大学出版社,2005.

[2] 谭浩强. C 程序设计(第三版)[M]. 北京：清华大学出版社,2005.

[3] 谭浩强. C 程序设计题解与上机指导[M].3 版. 北京：清华大学出版社,2005.

图 书 资 源 支 持

感谢您一直以来对清华版图书的支持和爱护。为了配合本书的使用,本书提供配套的资源,有需求的读者请扫描下方的"书圈"微信公众号二维码,在图书专区下载,也可以拨打电话或发送电子邮件咨询。

如果您在使用本书的过程中遇到了什么问题,或者有相关图书出版计划,也请您发邮件告诉我们,以便我们更好地为您服务。

我们的联系方式:

地　　址：北京市海淀区双清路学研大厦 A 座 701

邮　　编：100084

电　　话：010-83470236　010-83470237

资源下载：http://www.tup.com.cn

客服邮箱：2301891038@qq.com

QQ：2301891038（请写明您的单位和姓名）

资源下载、样书申请

书圈

扫一扫，获取最新目录

课 程 直 播

用微信扫一扫右边的二维码，即可关注清华大学出版社公众号"书圈"。